“十三五”国家重点出版物出版规划项目
岩石力学与工程研究著作丛书

大型地下水封洞库围岩流变力学与长期安全性分析

徐卫亚　张　超
王如宾　王环玲　赵海斌　著

科 学 出 版 社
北　京

内 容 简 介

本书介绍大型地下水封洞库围岩流变力学与长期安全性评估方面的研究成果。内容主要包括：开展地下水封洞库围岩的瞬时力学特性、流变力学特性试验研究，描述洞库围岩流变应力应变随时间的变化规律，研究岩石的流变变形速率，分析岩石试样流变宏观破坏形式与试样破坏断口微观断裂机理，揭示岩石试样流变过程中的渗透性演化规律；建立考虑损伤演化的渗流应力耦合流变损伤模型，进行地下水封洞库工程的三维弹塑性数值计算、流变数值计算、流变损伤数值计算以及渗流应力耦合流变损伤数值计算，对比分析不同计算方案下的洞库围岩变形特征，并对地下水封洞库的长期稳定性与安全性进行分析和评价。

本书可供高等院校、科研院所等从事土木工程、能源工程、水利水电、矿山开采等领域的研究生、科技人员、工程设计人员参考使用。

图书在版编目(CIP)数据

大型地下水封洞库围岩流变力学与长期安全性分析/徐卫亚等著. —北京：科学出版社，2016. 9

(岩石力学与工程研究著作丛书)

"十三五"国家重点出版物出版规划项目

ISBN 978-7-03-049994-3

Ⅰ. ①大… Ⅱ. ①徐… Ⅲ. ①地下油库－围岩－流变学－力学－研究 ②地下油库－安全性－分析 Ⅳ. ①TU926

中国版本图书馆 CIP 数据核字(2016)第 225111 号

责任编辑：刘宝莉 / 责任校对：张凤琴
责任印制：张 倩 / 封面设计：左 讯

科 学 出 版 社 出版
北京东黄城根北街 16 号
邮政编码：100717
http://www.sciencep.com

中国科学院印刷厂印刷
科学出版社发行 各地新华书店经销

*

2016 年 9 月第 一 版 开本：720×1000 1/6
2016 年 9 月第一次印刷 印张：14 1/4
字数：285 000

定价：100.00 元

(如有印装质量问题，我社负责调换)

《岩石力学与工程研究著作丛书》编委会

《岩石力学与工程研究著作丛书》序

随着西部大开发等相关战略的实施，国家重大基础设施建设正以前所未有的速度在全国展开：在建、拟建水电工程达30多项，大多以地下硐室（群）为其主要水工建筑物，如龙滩、小湾、三板溪、水布垭、虎跳峡、向家坝等，其中白鹤滩水电站的地下厂房高达90m、宽达35m、长400多米；锦屏二级水电站4条引水隧道，单洞长16.67km，最大埋深2525m，是世界上埋深与规模均为最大的水工引水隧洞；规划中的南水北调西线工程的隧洞埋深大多在400～900m，最大埋深1150m。矿产资源与石油开采向深部延伸，许多矿山采深已达1200m以上。高应力的作用使得地下工程冲击地压显现剧烈，岩爆危险性增加，巷（隧）道变形速度加快、持续时间长。城镇建设与地下空间开发、高速公路与高速铁路建设日新月异。海洋工程（如深海石油与矿产资源的开发等）也出现方兴未艾的发展势头。能源地下储存、高放核废物的深地质处置、天然气水合物的勘探与安全开采、CO_2地下隔离等已引起政府的高度重视，有的已列入国家发展规划。这些工程建设提出了许多前所未有的岩石力学前沿课题和亟待解决的工程技术难题。例如，深部高应力下地下工程安全性评价与设计优化问题，高山峡谷地区高陡边坡的稳定性问题，地下油气储库、高放核废物深地质处置库以及地下CO_2隔离层的安全性问题，深部岩体的分区碎裂化的演化机制与规律，等等，这些难题的解决迫切需要岩石力学理论的发展与相关技术的突破。

近几年来，国家863计划、国家973计划、“十一五”国家科技支撑计划、国家自然科学基金重大研究计划以及人才和面上项目、中国科学院知识创新工程项目、教育部重点（重大）与人才项目等，对攻克上述科学与工程技术难题陆续给予了有力资助，并针对重大工程在设计和施工过程中遇到的技术难题组织了一些专项科研，吸收国内外的优势力量进行攻关。在各方面的支持下，这些课题已经取得了很多很好的研究成果，并在国家重点工程建设中发挥了重要的作用。目前组织国内同行将上述领域所研究的成果进行了系统的总结，并出版《岩石力学与工程研究著作丛书》，值得钦佩、支持与鼓励。

该研究丛书涉及近几年来我国围绕岩石力学学科的国际前沿、国家重大工程建设中所遇到的工程技术难题的攻克等方面所取得的主要创新性研究成果，包括深部及其复杂条件下的岩体力学的室内、原位实验方法和技术，考虑复杂条件与过程（如高应力、高渗透压、高应变速率、温度-水流-应力-化学耦合）的岩体力学特性、变形破裂过程规律及其数学模型、分析方法与理论，地质超前预报方法与技术，工程地质灾害预测预报与防治措施，断续节理岩体的加固止裂机理与设计方法，灾害环境下重大工程的安全性，岩石工程实时监测技术与应用，岩石工程施工过程仿真、动态反馈分析与设计优化，典型与特殊岩石工程（海底隧道、深埋长隧洞、高陡边坡、膨胀岩工程等）超规范的设计与实践实例，等等。

岩石力学是一门应用性很强的学科。岩石力学课题来自于工程建设，岩石力学理论以解决复杂的岩石工程技术难题为生命力，在工程实践中检验、完善和发展。该研究丛书较好地体现了这一岩石力学学科的属性与特色。

我深信《岩石力学与工程研究著作丛书》的出版，必将推动我国岩石力学与工程研究工作的深入开展，在人才培养、岩石工程建设难题的攻克以及推动技术进步方面将会发挥显著的作用。

钱七虎

2007年12月8日

《岩石力学与工程研究著作丛书》编者的话

近二十年来，随着我国许多举世瞩目的岩石工程不断兴建，岩石力学与工程学科各领域的理论研究和工程实践得到较广泛的发展，科研水平与工程技术能力得到大幅度提高。在岩石力学与工程基本特性、理论与建模、智能分析与计算、设计与虚拟仿真、施工控制与信息化、测试与监测、灾害性防治、工程建设与环境协调等诸多学科方向与领域都取得了辉煌成绩。特别是解决岩石工程建设中的关键性复杂技术疑难问题的方法，973、863、国家自然科学基金等重大、重点课题研究成果，为我国岩石力学与工程学科的发展发挥了重大的推动作用。

应科学出版社诚邀，由国际岩石力学学会副主席、岩石力学与工程国家重点实验室主任冯夏庭教授和黄理兴研究员策划，先后在武汉与葫芦岛市召开《岩石力学与工程研究著作丛书》编写研讨会，组织我国岩石力学工程界的精英们参与本丛书的撰写，以反映我国近期在岩石力学与工程领域研究取得的最新成果。本丛书内容涵盖岩石力学与工程的理论研究、试验方法、实验技术、计算仿真、工程实践等各个方面。

本丛书编委会编委由58位来自全国水利水电、煤炭石油、能源矿山、铁道交通、资源环境、市镇建设、国防科研、大专院校、工矿企业等单位与部门的岩石力学与工程界精英组成。编委会负责选题的审查，科学出版社负责稿件的审定与出版。

在本套丛书的策划、组织与出版过程中，得到了各专著作者与编委的积极响应；得到了各界领导的关怀与支持，中国岩石力学与工程学会理事长钱七虎院士特为丛书作序；中国科学院武汉岩土力学研究所冯夏庭、黄理兴研究员与科学出版社刘宝莉、沈建等编辑做了许多繁琐而有成效的工作，在此一并表示感谢。

“21世纪岩土力学与工程研究中心在中国”，这一理念已得到世人的共识。我们生长在这个年代里，感到无限的幸福与骄傲，同时我们也感觉到肩上的责任重大。我们组织编写这套丛书，希望能真实反映我国岩石力学与工程的现状与成果，希望对读者有所帮助，希望能为我国岩石力学学科发展与工程建设贡献一份力量。

《岩石力学与工程研究著作丛书》

编辑委员会

2007年11月28日

前　　言

地下水封洞库处于稳定的地下水位线以下，地下水在岩体裂隙中流动产生复杂渗流场效应，工程地质环境复杂。渗流应力耦合作用下地下水封洞库围岩长期稳定性与安全性是整个石油战略储备工程成败的关键，对地下水封洞库工程的长期安全运营有着至关重要的影响，也是地下水封洞库工程建设中最为关键的科学技术问题之一。

岩石流变力学作为科学研究和工程应用的重要课题，得到了众多国内外专家和学者的广泛关注和持续性研究。地下工程稳定性具有明显的时间效应，洞室围岩周围岩石材料与岩体结构的流变性质是影响大型地下水封洞库、地下隧道、地下结构以及地下洞室群工程长期稳定与运行安全的重要原因之一。许多大型地下工程的变形与失稳破坏并不是瞬间就发生的，而是随时间的推移不断发展而最终完成的。因此，针对大型地下工程，开展岩石流变力学特性试验与理论研究具有十分重要研究意义与研究价值。

我国从2003年开始筹建国家石油储备基地，致力于国家石油战略储备体系，并因此进行了一系列大型地下水封洞库工程的建设。在大型地下水封洞库工程建设及其长期安全运营过程中，不可避免地遇到地下工程岩石及软弱结构面的流变力学问题。地下水封洞库工程规模巨大，地理环境独特，岩体赋存环境极其复杂，其长期稳定性和运行安全性评价方面存在许多理论和技术问题。因此，合理地描述和解释岩石及岩体结构面与时间相关的力学性质和行为，认识其时效变形规律和破坏特征，开展地下水封洞库三维流变数值计算分析，进行长期稳定性评价与安全性评估，具有重要的理论价值和广泛应用前景。

本书撰写大纲由徐卫亚教授提出，张超、王如宾、王环玲等负责撰写。全书共8章：第1章为研究综述；第2、3章主要为试验部分的内容，主要包括地下水封洞库围岩三轴力学特性试验和渗流应力耦合三轴流变力学试验；第4章为地下水封洞库围岩流变本构模型，主要内容包括考虑损伤演化的流变损伤模型和渗流应力耦合流变损伤模型研究；第5～7章为地下水封洞库三维数值计算与分析，主要包括三维弹塑性数值计算、三维流变数值计算以及三维流变损伤数值计算；第8章为地下水封洞库渗流应力耦合长期安全评估技术研究，主要内容包括渗流应力耦合作用下的地下水封洞库流变损伤数值计算，不同数值计算方案下地下水封洞库围岩变形规律对比分析，以及地下水封洞库长期稳定性与安全性的分析与评价。

本书的研究工作得到了“十二五”国家科技支撑计划项目“石油储备地下水封

洞库工程安全技术”(2012BAK03B04)、国家自然科学基金项目(51479049、51409082、11172090、11572110、11272113、51209075),以及中央高校基本科研业务费项目(2014B17714)等基金课题的资助,在此表示衷心感谢。

本书是研究团队近五年来在石油战略储备洞库工程领域所取得的研究成果,期间培养了一批优秀的博士、硕士研究生。感谢闫龙、贾朝军、孟庆祥、刘琳、张强、王盛年、吕军、林志南、王欣、左静、孔茜、曹亚军等所有参与课题研究的研究生所付出的辛勤劳动,同时书中还包含了部分研究生的学位论文相关成果,一并表示感谢。同时感谢中国电建集团中南勘测设计研究院有限公司在石油洞库工程现场调研、岩石试样制取与地质资料收集方面的大力支持和协助。感谢河海大学王伟副教授和张久长博士后对流变力学试验和流变损伤模型研究工作的辛勤付出。

由于作者的水平与时间有限,书中内容难免有不妥之处,恳请各位专家、学者和广大读者批评指正。

目　　录

第1章 绪 论

1.1 概 述

国家石油战略储备大型地下水封洞库工程环境复杂，位于地下水位线以下，油、水、气多相介质相互作用，应力场和渗流场相互耦合，人工水幕系统与岩体裂隙天然流场相互作用，以上因素相互影响、相互耦合，其物理力学作用机制十分复杂。尤其是地下水封洞库投入使用后，基本不会再进行维修，一般至少要保证正常运行50年。要确保地下水封洞库在长期工作状态下的安全性，就必须开展渗流应力耦合作用下的大型地下水封洞库围岩流变力学与长期安全性分析研究，而且需要岩石力学与工程学科和工程地质、水工结构等学科开展协同攻关，进行大型地下水封洞库长期安全性评估方面的创新性研究。

目前，国际上石油储备库划分为地上油库和地下油库两大类(王梦恕和杨会军，2008)。地上油库一般均为钢罐储存；地下油库有多种不同的形式，主要包括人工专制岩盐洞穴、废弃矿井巷道加水幕系统、人工不衬砌硬岩洞库加水幕系统(简称地下水封洞库)、地质条件较好的含水层储油、枯竭的油气层储油5种形式。其中，地下水封岩洞油库是储存原油和成品油的最好形式。

我国于20世纪70年代开始，进行试验储油洞库的研究与建造。1977年，由我国设计并修建了第一座原油地下水封储油洞库，由两个容量分别为5万m^3和10万m^3的洞室组成，主要用于原油的储存。20世纪80年代，我国修建了一座容量仅为4000m^3的地下成品油储库。随着我国大力发展国民经济，中央政府对石油的战略储备也得以重视，从国外大量进口石油与液化天然气等石油产品，地下水封储备库的建造得到大力发展(杜国敏等，2006；高飞，2010；李宝宁，2012；于崇，2010)。目前，我国已建造了两座投入使用的地下液化石油气洞库，分别位于汕头和宁波，总容量达到70万m^3。

为了加强国家能源安全，应对突发事件，我国从2003年开始筹建国家石油储备基地，致力于建立国家石油储备体系，因此，进行了一系列大型地下水封洞库工程建设。目前，我国石油战略储备规划建设的石油储备库多为大型地下水封洞库，如第二期4个储库中黄岛洞库库容为300万m^3、惠州洞库库容为500万m^3、湛江洞库库容为500万m^3，第三、四期石油储备建设的大部分项目也采用大型地下水封洞库。

地下水封洞库一般选择建造在区域稳定、地下水位线以下的岩体中。在主洞室开挖之前，地下水位线需在洞顶以上高程，这样才可满足洞室周围岩层空隙处于饱和状态，地下水封石油密封原理如图 1.1 所示。

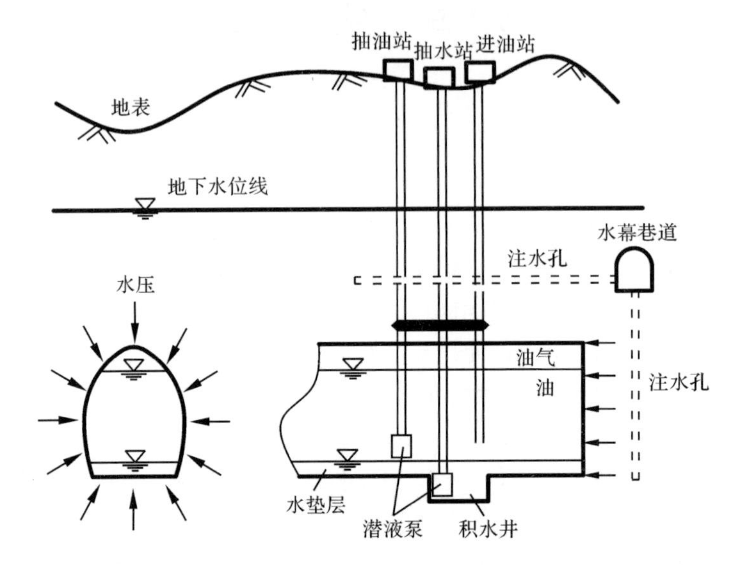

图 1.1　地下水封岩洞油库的密封原理(王梦恕和杨会军,2008)

地下水封洞室开挖完成后，地下水由周围岩体向地下洞室内流动，当在洞室中注入石油产品时，油与水相互接触的界面上存在一定压力差，接触面上的水压力均大于油压力，这样使得石油产品不会通过洞室围岩中的节理裂隙等渗漏。由于水与油的比重不同，利用油比水轻、油与水不相溶的性质，通过节理裂隙等涌入洞室的水沿洞壁汇集到洞室底部形成水床，当水床水位达到一定高度时，利用水泵将水抽出，这就是地下水封储备库的原理(杨明举和关宝树,2001)。

地下水封洞库工程规模巨大，地理环境独特，岩体赋存环境极其复杂。在地下水封洞库工程建设及其长期安全运营过程中，不可避免地遇到岩石及软弱结构面的流变力学问题，尤其是渗流场与应力场耦合作用下的洞库围岩长期稳定性与安全性，是整个石油战略储备工程成败的关键，对地下水封洞库工程的长期安全运营有着至关重要的影响，也是地下水封洞库工程建设中最关键的技术问题之一。因此，基于地下水封洞库围岩长期流变力学试验成果，开展洞库围岩流变力学性质研究，揭示岩石时效变形规律和流变破坏特征；并通过不同计算方案下的地下水封洞库三维数值计算结果，对地下水封洞库长期稳定性与安全性进行分析与评价，研究成果具有重要的理论研究意义和工程应用价值。

1.2 地下工程岩石流变力学试验研究现状

岩石流变力学特性是地下工程中的普遍现象。对于隧道和大型地下洞室群工程，其洞室围岩的受力和变形只有从岩体流变学的观点和方法出发，才能对诸如毛洞施工失稳、围岩变形位移及其对支衬结构形变压力的历时持续增长发展，以及衬砌支护与围岩的时效相互作用等工程实际问题做出有说服力的合理解释（孙钧，2007）。岩石流变力学试验是了解和掌握其流变力学特性的主要手段，国内外众多学者、专家均对此开展了深入研究。

Griggs（1939）通过室内岩石流变试验，进行了一些软弱岩石的流变力学试验，试验结果表明，当施加的载荷为12.5%～80.0%的岩石极限抗压强度时，软岩则会产生流变变形、破坏等现象。Maranini和Brignoli（1999）通过单轴压缩、三轴压剪的方法对石灰岩进行了流变力学的试验研究，分析了此类岩石的流变变形破坏机制，得出不同围压下石灰岩的破坏机理。Li和Xia（2000）通过单轴压缩流变试验，研究了红砂岩、泥岩、粉砂岩等软弱岩石的流变特性，根据研究结果可以看出，在施加恒定荷载的条件下，上述软弱岩石均出现了三个典型的流变阶段，即流变速率从减小到稳定，最后增大直至岩石发生破坏的三个阶段，不同岩石的岩性、应力水平直接影响着各流变阶段的出现及其延续时间。Okubo等（1991）自主研发了刚性岩石力学伺服试验系统，利用该具有伺服控制的试验系统成功测试了单轴压缩情况下砂岩、安山岩以及大理岩等试样的流变变形过程，通过该流变试验获得了各种岩石试样在加速流变阶段应变与时间的关系曲线，根据试验关系曲线推导了描述岩石三个流变阶段的本构方程。

孙钧等（1989，1990）从软岩和节理裂隙发育岩体的流变试验研究、流变模型辨识与参数估计、流变力学手段在收敛约束法及隧道结构设计优化中的应用、高应力隧洞围岩非线性流变及其对洞室衬护的力学效应，以及岩石流变损伤与断裂研究等方面，阐述了岩石流变力学及其工程研究的若干进展。徐卫亚等（2005a，2005b，2006）、杨圣奇等（2006，2007）、蒋昱州等（2009，2010，2011）、王如宾等（2010）、张治亮等（2010，2011）、李良权等（2010）、张玉等（2014）通过岩石全自动流变伺服系统对工程岩体绿片岩、大理岩、板岩、砂岩、蚀变岩、黑云花岗片麻岩、角闪斜长片麻岩、变质火山角砾岩、柱状节理玄武岩、坝基挤压带、破碎带岩体、结构面、断层等软弱岩体进行了一系列岩石三轴流变力学试验、剪切流变力学试验，研究了岩石的流变力学特性和长期强度参数。夏才初等（2009）对锦屏大理岩进行恒轴压分级卸围压应力路径下的三轴流变试验，得到轴压恒定、不同围压下的应力-应变-时间曲线。陈卫忠等（2009）详细介绍了泥岩现场大型真三轴流变试验过程、方法和试验成果，深入分析流变变形随时间的变化规律，提出泥岩非线性经验幂函数型流变模型及其参数。以上研究结果揭示，不仅软弱岩石以及含有泥质充填物和夹层破碎带的松散岩体具有流变性质，而且在高应力水平状态下，中等强度岩石或者节理发育的硬岩也会发生一定程度的流变。

但是，地下工程围岩总是赋存于复杂的地质环境之中，影响岩石流变特性的主要因素不仅是应力大小，还包括地下水渗流环境、温度、湿度、岩石内部材料构成以及围压加载状态等。复杂环境状态下的岩石流变变形规律主要是通过室内试验进行研究。目前，已有不少流变试验成果考虑到岩石的含水状态影响，朱合华和叶斌(2002)开展了干燥和饱水两种状态下的岩石流变试验，探讨了岩石流变受含水状态影响的规律性。岩体三向应力状态下的三轴流变试验是真实反映工程岩体流变力学特性的重要手段。杨圣奇等(2006)利用岩石全自动流变伺服仪对饱和状态下坚硬大理岩和绿片岩进行了三轴压缩流变试验，基于硬岩三轴流变试验结果，研究了硬岩在不同围压作用下的轴向应变以及侧向应变随时间的变化规律。孙钧和胡玉银(1997)通过试验分析了三峡工程永久船闸高边坡岩体饱和花岗岩在劈裂拉伸条件下的流变关系，论证了水对增强岩石抗拉强度时效性的不利影响；陈占清等(2006)利用破碎岩石渗透特性试验系统研究了饱和含水状态下石灰岩散体的流变试验，分析了流变过程中的孔隙度变化率与当前孔隙度、应力水平之间的关系。由于目前流变试验设备还很不完善，对于复杂多场耦合状态下，尤其是渗流应力耦合作用下岩石流变力学试验研究成果非常少。

研究结果指出，渗流与应力的耦合作用对岩石的流变变形规律有着显著影响，是地下工程长期稳定性分析中必须考虑的重要因素。地下水渗流对岩石流变的影响主要包括物理化学作用和力学作用，前者使岩石性状逐渐恶化，后者主要表现为静水压力的有效应力作用和动水压力的冲刷作用；而洞室围岩的流变变形、失稳乃至破坏，与岩石内部材料构成、含水状态、应力状态、围压加载状态以及地下水渗流环境有关；在流变试验过程中，岩石试样的破坏机制不仅与应力加载路径、围压大小、节理面分布有关，还可能受到渗流应力耦合作用的控制。然而，迄今还没有完整反映这些因素对岩石流变变形及长期强度的影响规律，并对其破坏机制和屈服准则认识还不够深刻，对岩石流变变形过程中的渗透演化规律缺乏研究，有待通过试验进行系统研究。

1.3 岩石流变本构模型研究现状

关于岩石流变本构模型的研究，从第一届国际岩石力学会议迄今，得到了充足的发展，积累了许多研究成果。根据巫德斌等(2004)、韦立德等(2002,2005)、张贵科和徐卫亚(2006)、蒋昱州等(2009)、李良权等(2009)、张治亮等(2011)、夏才初等(2009)、闫子舰等(2009)、高延法等(2008)、朱杰兵等(2008)、陈炳瑞等(2005)、宋飞等(2005)对于岩石流变本构模型的研究成果,可以发现,目前建立岩石流变本构模型主要采用如下两种方法进行:一种是通过岩石流变试验,直接将岩石流变试验曲线用经验方程法来拟合,或者根据流变试验结果,通过采用模型元件的串并联组合来建立岩石流变本构模型,然后通过对元件模型进行辨识以及参数反演等方法,确定待定的流变元件模型参数;另一种是采用非线性流变元件理论、内时理论、断裂力学以及损伤力学理论来建立岩石流变本构模型,根据该方法建立的流变本构模型能较好地描述岩石的加速流变阶段。

目前,流变本构模型主要是基于岩体等效连续介质模型的基本假设,虽然能在一定程度上反映岩石流变变形的初始流变、稳态流变以及加速流变三个阶段,但是由于缺乏系统的岩石渗流耦合作用流变试验研究成果作支撑,该模型很难完整反映岩石在复杂状态下的流变变形规律,而且对岩石流变本构模型的研究需要从试验、理论以及应用等多个角度开展。

岩石的流变特性与岩石损伤紧密相关(Haupt,1991;Shao et al.,2006;Fabre and Pellet,2006)。岩石流变损伤本构模型可用来描述岩石的流变损伤全过程。佘成学(2009)引进岩石时效强度理论及 Kachanov 损伤理论,建立考虑时间损伤的非线性黏弹塑性流变模型,该模型可以统一描述软岩和硬岩的流变破坏过程,既可以描述软岩在加速流变阶段的渐变破坏过程,又可以描述硬岩在加速流变阶段的陡然破坏过程。在岩体非线性黏弹塑性流变本构理论方面取得了一系列成果:Steipi 和 Gioda(2009)将西原模型中的黏塑性参数描述为黏塑性应变的线性函数,提出改进的西原模型;Gao 等(2010)提出考虑温度和湿度影响的非线性流变模型;丁秀丽等(2005)通过开展室内岩石压缩流变试验,研究了不同类型软、硬岩石的流变破坏特征,据此建立了岩石的流变本构模型并进行参数辨识;徐卫亚等(2006)通过对绿片岩三轴流变试验数据的研究,分析绿片岩流变加速阶段的损伤演化规律,对于广义 Bingham 流变模型,在衰减和稳态流变阶段引入非线性函数,在加速流变阶段引入损伤,建立绿片岩的流变损伤本构关系;陈卫忠等(2007)基于三轴流变试验成果,研究了盐岩非线性流变损伤本构模型。

虽然现有的流变本构模型实现了岩石损伤与流变的耦合,但尚不能完全反映渗透压力对流变变形的影响;渗流-应力-损伤耦合模型没有考虑时间效应,但也不能模拟岩石的流变变形规律。因此,非常有必要通过开展系统的岩石渗流应力耦合流变力学试验,深入分析岩石的流变损伤断裂过程和渗透演化规律,建立岩石的渗流应力耦合非线性流变本构模型,并应用该模型开展岩石工程的长期稳定性研究。

1.4 地下工程围岩长期稳定性研究现状

大量的地下工程研究发现,处于软弱岩层内的地下洞室开挖后,短期内处于稳定状态,随着工程的运行,洞室围岩在各种因素影响下,在后期运行期会出现较大的蠕动变形现象,甚至出现冒顶、底鼓、滑塌现象,洞室的长期稳定性得不到保障,因此,对地下洞室来说,开挖完工之后,处于运行期的洞室长期稳定性应该得到关注。

Shiotani(2006)认为岩石破裂虽是一个短暂的过程,但需要经过一个微裂隙发展到宏观裂隙的长期变形过程,并利用声发射技术对岩石边坡长期稳定性进行了评估。Ghorbani 和 Sharifzadeh(2009)基于位移反分析法对 Siah Bisheh 抽水蓄能电站厂房洞室在饱和状态下的长期稳定性进行了分析评价。围岩流变特性是影响地下洞室变形和长期稳定性的重要因素,蒋昱州等(2008)采用数值模拟方法,模拟了地下洞室围岩的流变力学特性,对开挖洞室与软弱夹层交汇处围岩随着时间而变化的长期变形进行了分析,认为岩体流变效应对水电站地下洞室长期稳定性分析是非常必要的。周先齐和王伟(2012)对向家坝大型地下洞室围岩的长期稳定性进行了分析,将大型地下洞室围岩长期稳定时间和最大变形的判据应用于向家坝大型地下洞室围岩长期稳定流变时间和最大变形的确定中,得到了向家坝大型地下洞室围岩长期稳定流变时间和最大变形,研究了支护措施对长期稳定性的影响。

地下洞室在运行期间,受到地下水、动荷载、人为扰动等因素影响,洞室围岩强度会慢慢降低,此时对于洞室围岩稳定性的评价,应该基于岩石的长期强度,而不是瞬时强度,这样对洞室的稳定性评价才是合理、可靠的。因此,为了对洞室围岩的长期稳定性进行评价,必须首先对洞室围岩的长期强度进行研究,确定出合理的长期强度参数。目前应用最广泛的岩石长期强度确定方法是等时应力-应变曲线簇法,当岩石流变曲线中稳态流变阶段比较明显时,可以采用稳态流变速率法来确定岩石长期强度(李良权等,2010)。

为了开展岩石工程长期稳定性数值计算与分析,需根据试验资料分析诸如软岩、节理发育硬岩和软弱夹层等岩石随时间增长而发展黏性流变规律和通过参数辨识得到相应流变模型参数,其研究成果对解决工程实际问题、确定岩土工程设计参数以及岩石工程长期稳定性问题有着重要意义。

1.5 本书主要内容

我们依托大型地下水封洞库工程,通过开展一系列的试验研究,建立了地下水封洞库围岩渗流应力耦合流变损伤模型，开展地下水封洞库三维弹塑性数值分析、流变数值分析、流变损伤数值分析，进行地下水封洞库渗流应力耦合长期稳定性与安全性研究。本书主要内容如下：

(1) 开展相同渗压、不同围压下二长花岗岩瞬时三轴力学试验，以及相同围压、不同渗压下闪长岩三轴力学试验，分析二长花岗岩和闪长岩的应力-应变规律和强度特性，揭示岩石试样在三轴压缩条件下的瞬时破裂形式，以及渗透系数随应力、应变的演化规律。

(2) 开展地下水封洞库围岩二长花岗岩和闪长岩的渗流应力耦合三轴流变力学试验研究，重点分析二长花岗岩三轴流变试验过程中轴向、环向和体积应变随时间的变化规律，揭示岩石流变破坏形式和流变破裂机理，研究岩石流变全过程和加速流变阶段的渗透性演化规律。

(3) 分析地下水封洞库围岩力学参数损伤劣化规律，研究考虑损伤演化的流变损伤模型，以及渗流应力耦合流变损伤模型；建立考虑损伤演化的流变损伤数值计算流程，以及渗流应力耦合流变损伤数值计算流程。

(4) 开展大型地下水封洞库三维弹塑性、三维流变、三维流变损伤数值分析，对比分析不同计算条件下的地下水封洞库围岩应力与位移变化规律，研究围岩的长期流变作用对地下水封洞库变形和长期稳定性的影响机理。

(5) 开展渗流应力耦合作用下地下水封洞库流变损伤数值分析，对弹塑性、流变、流变损伤以及渗流应力耦合流变损伤四种计算条件下的洞库围岩变形规律进行对比分析，研究洞库围岩在长期运行过程中的变形规律，并对地下水封洞库工程长期稳定性与安全性进行分析评价。

第 2 章　地下水封洞库围岩力学特性试验

岩石的强度与变形特性是岩石力学与工程研究领域的重要内容，是岩石力学理论计算和相关设计工作的基础。近年来，随着岩石力学试验设备和技术手段的提高，岩石力学试验水平发展很快，并且在岩石强度与变形特性方面取得了丰富的研究成果。岩石的全程应力-应变曲线是研究岩石瞬时力学特性的重要方法，在地下水封洞库工程领域中，洞库围岩处于三向应力状态之下，开展岩石的三轴瞬时力学特性试验，可以获得岩石的瞬时抗压强度、弹性模量等常规力学参数，以及瞬时全程应力-应变试验曲线。同时，为了合理确定地下水封洞库围岩流变力学特性分级试验的应力水平，并与长期荷载作用下的岩石力学特性进行比较分析，也非常有必要开展岩石三轴压缩瞬时力学特性的试验研究。因此，本章采用最新的岩石全自动三轴渗流-流变伺服系统，主要针对大型地下水封洞库围岩的二长花岗岩和闪长岩，进行渗透水压力作用下的瞬时三轴力学特性试验，研究地下水封洞库围岩的瞬时力学特性，分析二长花岗岩和闪长岩的瞬时破坏规律与渗透特性演化规律。

2.1　试验设备与试样制备

2.1.1　试验设备

地下水封洞库围岩的瞬时三轴力学试验，以及第 3 章所开展的三轴流变力学试验均采用岩石全自动三轴渗流-流变伺服系统，如图 2.1 所示。该系统由法国国家科研中心、法国里尔科技大学和河海大学共同开发研制。设备由加压系统、恒定稳压装置、液压传递系统、压力室装置、水压系统以及自动数字采集系统组成。其中控制围压、偏压和孔压的三个高精度高压泵，可以实现各项压力的伺服控制。岩石全自动三轴流变伺服仪可实行全程计算机控制与分析，操作全自动化，保证安全、实时、精确地分析流变全过程，自动采集的数据可与计算机交换，实现流变全过程数字化成图。

该试验系统可完成岩石单轴、三轴常规压缩试验和流变试验，还可以完成三轴排水压缩、三轴不排水压缩、渗透试验、化学腐蚀试验等。围压的施加范围为 0～60MPa，最大偏压可达 500MPa。应变测量系统由直线位移传感器（linear variable differential transformer，LVDT）和应变测量环组成。对于三轴压缩试验，岩石的轴向应变采用 3 个高精度 LVDT 来记录岩石变形，其中两个主 LVDT 位于围压室内部，直接记录试样的轴向变形，最大量程为 10mm，精度为 0.001mm；辅助 LVDT 位于围压室外部记录偏压施加端子位移，最大量程为 50mm，精度为 0.001mm。岩石的环向应变则由套在试样上的应变测量环测量。岩石在试验过程中应力-应变全过程曲线可通过由应力应变传感器组成的采集系统由电脑进行自动记录。

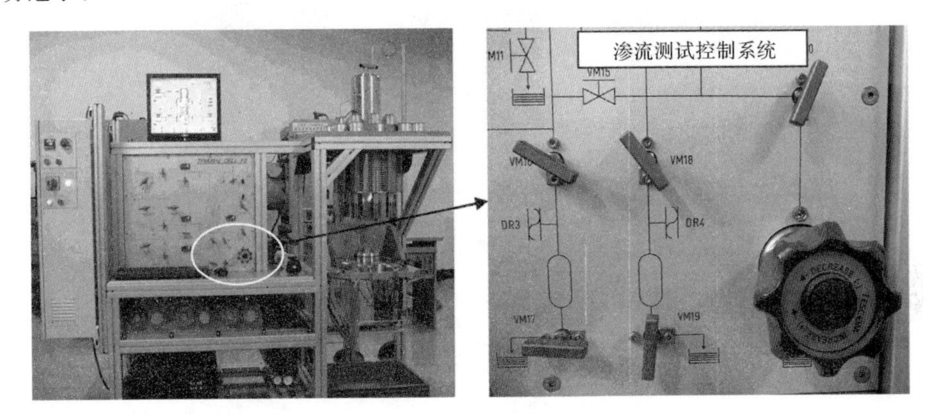

图 2.1　岩石全自动三轴渗流-流变伺服系统

2.1.2　试样制备

开展渗流应力耦合瞬时三轴力学试验的岩石试样取自地下水封洞库工程现场。根据《水利水电工程岩石试验规程》(SL 264－2001)、《工程岩体试验方法标准》(GB/T 50266－2013)以及国际岩石力学学会推荐的标准，制备标准试样，尺寸为 ϕ50mm×100mm(直径×高度)。

典型二长花岗岩、闪长岩的标准试样如图 2.2 所示。

(a) 二长花岗岩标准试样

(b) 闪长岩标准试样

图 2.2　地下水封洞库围岩标准试样(用于三轴力学试验)

2.2　试验方案和试验方法

2.2.1　试验方案

根据地下水封洞库工程地质勘查报告和地应力检测结果,选取最大围压等级为 6MPa。为比较不同围压对岩石力学特性的影响,设定试验围压等级为 6MPa、4MPa 和 2MPa。由于地下水封洞库围岩处于不同的渗压作用下,且围岩的岩石孔隙度较低,因此,采用放大渗压的方法,设定试验所施加的渗压等级分别为 3MPa、2MPa 和 1MPa。试验前,首先需要对岩石试样进行饱水试验,使试样达到完全饱和。

二长花岗岩、闪长岩具体的三轴瞬时力学试验方案如表 2.1 和表 2.2 所示。

表 2.1　二长花岗岩三轴瞬时力学试验方案

试样	围压/MPa	渗压/MPa	试样直径/mm	试样高度/mm	加载速率/(MPa/min)
B01	2	1	50.07	97.66	7.5
B02	4	1	50.08	96.74	7.5
B03	4	2	50.08	102.55	7.5
B04	4	3	50.16	102.20	7.5
B05	6	1	50.06	102.18	7.5
B06	6	2	49.75	101.87	7.5
B07	6	3	50.11	98.65	7.5

表 2.2　闪长岩三轴瞬时力学试验方案

试样	围压/MPa	渗压/MPa	试样直径/mm	试样高度/mm	加载速率/(MPa/min)
D01	4	1	50.10	101.55	7.5
D02	4	2	50.06	98.53	7.5
D03	4	3	49.97	100.12	7.5

2.2.2 试验方法

瞬时三轴力学试验在岩石全自动三轴渗流-流变伺服系统上进行，为了减少温度变化对试验的影响，实验室内温度保持在 20℃±0.5℃。根据岩石全自动三轴渗流-流变伺服系统的操作规程，三轴瞬时力学试验过程一般由以下步骤构成：

(1) 将已进行饱水试验后的岩石试样称重、拍照后，用游标卡尺测量试样直径与高度，采用多次测量取平均值的方法，减少测量误差。

(2) 根据试验的要求，将试样用高性能塑胶套装好，装入试验机三轴压力室内，调整轴向和环向应变计至初值。

(3) 给围压室内充液压油，排除压力室内空气后，采用手动加载和伺服加载相结合的方法施加围压至预定值，待围压达到预定值后采用伺服控制的方式使围压保持稳定。

(4) 围压稳定后进行渗压的加载，渗压应小于围压，试验过程保持渗压稳定。

(5) 进行偏应力的预加载，将仪器压头与试样上表面充分接触。接触后卸除这部分偏应力值，将轴压泵中油加满，设定轴向加载应力上限值，以 2.8MPa/min 的加载速率施加轴向应变直至试样破坏。

(6) 试样破坏后，取出试样，对主要破裂面拍照，处理试验数据。

注意，所制备试样的标准尺寸为 50mm×100mm(直径×长度)，其两端不平整误差不得大于 0.05mm，试样长度、直径误差不得大于 0.30mm，端面应垂直于试样轴线，最大偏差不得大于 0.25°。

2.3　二长花岗岩三轴力学试验成果与分析

根据如图 2.3 所示典型岩石的应力-应变全过程曲线，可将岩石变形过程分为不同的阶段。微裂隙压密阶段(OA 段)，试样中原有微裂纹闭合，试样被压密，应力-应变曲线呈现上凹型；AC 段分为两个部分，AB 段为线弹性阶段，应力-应变曲线呈线性关系；随着荷载的逐步增加，应力-应变关系曲线变为曲线，这一阶段为 BC 段，该阶段为岩石内部的微裂纹稳定发展阶段；非稳定破裂发展阶段(CD 段)，该阶段岩石出现破坏现象，体积压缩转换为扩容，该阶段发生体积扩容现象；

破坏后阶段(D 点以后),D 点时岩石的承载力达到了最大,到达峰值之后,岩石内裂纹迅速扩展致使内部结构完全破坏并出现了宏观的破裂面。

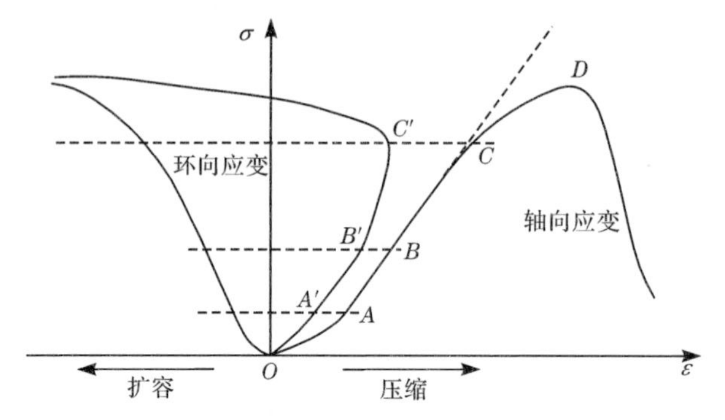

图 2.3　典型岩石的应力-应变全过程曲线

采用岩石全自动三轴渗流-流变伺服系统,对地下水封洞库围岩进行了瞬时三轴力学试验。根据瞬时三轴力学试验数据,可以绘制不同围压、不同渗压作用下的偏应力-轴向/环向/体积应变试验曲线。为清晰反映轴向、环向和体积应变之间的对比关系,省去峰后变形部分;环向应变是指由环向应变测量环所测得的应变值,体积应变按照式(2.1)计算:

$$\varepsilon_V = \varepsilon_1 + 2\varepsilon_3 \tag{2.1}$$

式中,ε_V 为体积应变;ε_1 为轴向应变;ε_3 为环向应变,压为正,拉为负。

2.3.1　瞬时三轴力学试验曲线

二长花岗岩为地下水封洞库围岩的典型岩石,对其开展相同渗压、不同围压作用下的瞬时三轴力学试验研究,得到二长花岗岩的应力-应变试验曲线,如图 2.4 所示。

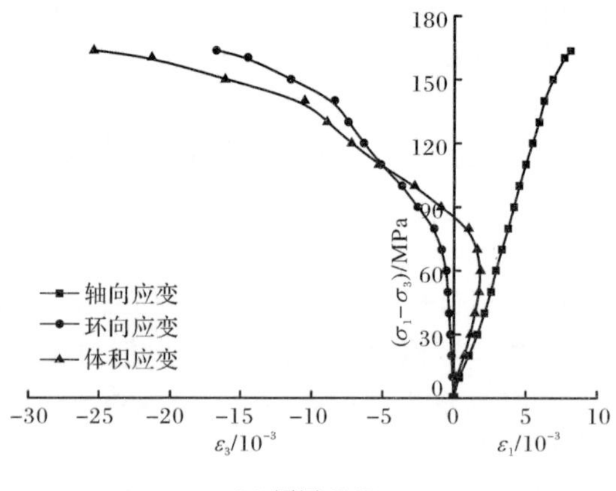

(a) 围压 2MPa

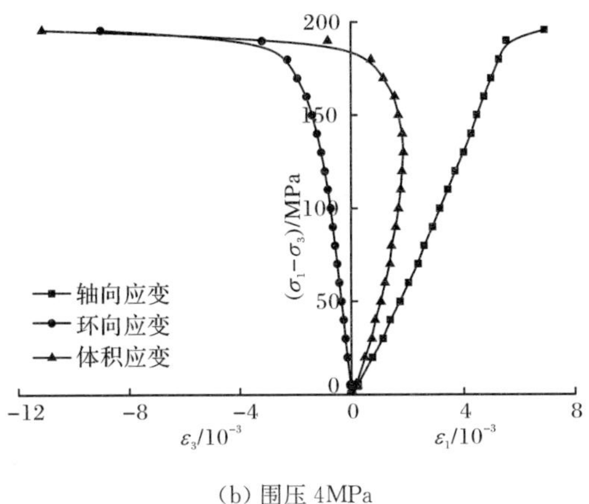

(b) 围压 4MPa

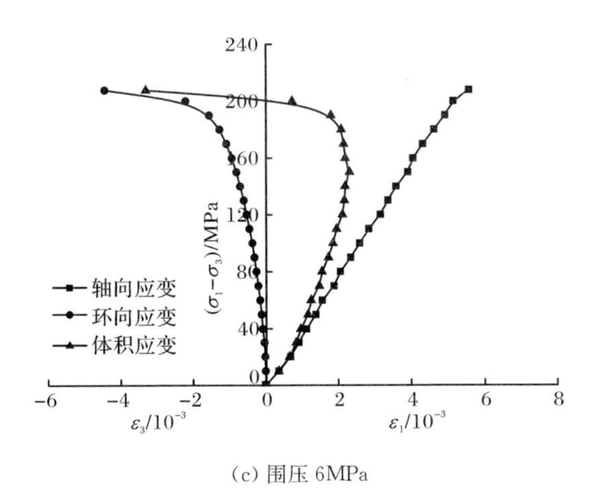

(c) 围压 6MPa

图 2.4 不同围压作用下二长花岗岩的应力-应变试验曲线(渗压 1MPa)

2.3.2 二长花岗岩应力-应变规律与强度特性

根据二长花岗岩的瞬时三轴应力-应变试验曲线,可以得到二长花岗岩的力学参数,如表 2.3 所示。

采用摩尔-库伦强度准则,得到二长花岗岩的强度参数,其中黏聚力为 21.7MPa,内摩擦角为 56.6°。

从表 2.3 二长花岗岩的主要力学参数中可以看出,在相同渗压作用下,随着围压的增加,岩石的屈服强度和峰值强度均有逐渐增加的趋势。在渗压 1MPa 作用下,围压从 2MPa 增加到 4MPa,屈服强度和峰值强度分别增加了 36.7%和 13.9%;围压从 4MPa 增加到 6MPa,屈服强度和峰值强度分别增加了 5.1%和 6.1%,屈服强度和峰值强度增长均呈下降的趋势。其中,B01 试样屈服强度最低,为其峰值强度的91.6%，而B02试样和B05试样屈服强度约为其峰值强度的97.0%和96.1%，可以看出，在低围压条件下，试样容易屈服；随着围压的增加，试样的屈服强度变化逐渐趋于稳定；围压的增加，有效地提高了试样的屈服强度和峰值强度。

表2.3　二长花岗岩主要力学参数

试样	试样直径/mm	试样高度/mm	围压/MPa	渗压/MPa	峰值应力/MPa
B01	50.07	97.66	2	1	163.48
B02	50.08	96.74	4	1	195.70
B05	50.06	102.18	6	1	207.62

屈服应力/MPa	峰值轴向应变/10^{-3}	屈服轴向应变/10^{-3}	弹性模量/GPa	变形模量/GPa
149.76	8.08	6.88	21.78	21.39
189.80	6.89	5.53	34.32	30.63
199.52	5.97	5.09	39.20	38.56

下面从三个方面分析二长花岗岩的应力-应变规律。

1. 偏应力-轴向应变规律

在渗压1MPa和不同围压作用下二长花岗岩的偏应力-轴向应变试验曲线如图2.5所示。可以发现，在相同渗压条件下，随着围压的增加，岩石的峰值轴向应变逐渐减小，围压的增加，有效限制了岩石破坏过程中的变形，屈服点处的应变值亦有相似的特点。

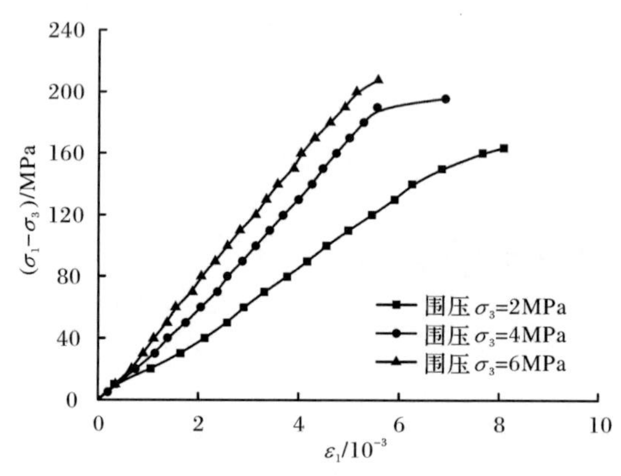

图2.5　不同围压作用下二长花岗岩的偏应力-轴向应变试验曲线(渗压1MPa)

表2.3给出了二长花岗岩的杨氏模量(弹性模量和体积模量)，岩石的弹性模量均大于体积模量。渗压1MPa时，随着围压的增加，岩石试样杨氏模量变化较明显，围压从2MPa增加到4MPa时，岩石试样的杨氏模量变化最大，而从4MPa增加到6MPa时，增加量减小，说明有效地增加围压等级可以明显增加岩石试样的刚度。

围压在 2～6MPa 内，岩石偏应力-轴向应变曲线均表现为非线性—线性—非线性的变化规律，前期经过较短时间的压密阶段后进入线弹性阶段，达到屈服强度后，进入裂纹的扩展阶段，之后岩石试样迅速破坏，达到峰值强度。

2. 偏应力-环向应变规律

在渗压 1MPa 和不同围压作用下二长花岗岩的偏应力-环向应变试验曲线如图 2.6 所示，环向应变取绝对值。

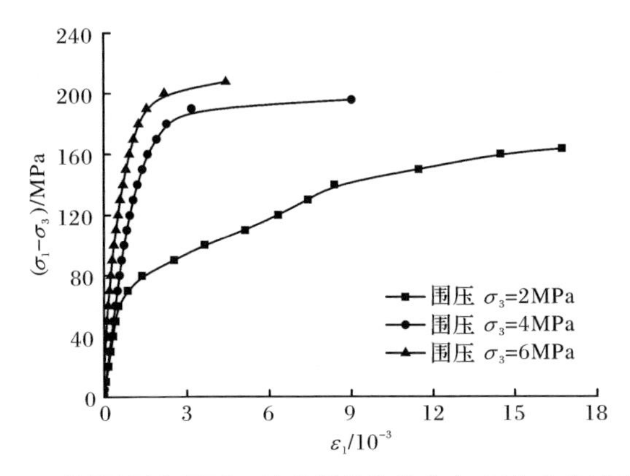

图 2.6　不同围压作用下二长花岗岩的偏应力-环向应变试验曲线

（渗压 1MPa，ε_3 取绝对值）

由图 2.6 可知，环向应变前期增加的速度较慢，表现为线性增加的趋势，且屈服点前在相同应力条件下环向应变值远小于轴向应变，后期偏应力达到屈服应力后环向应变加速增长，达到峰值应力后由于宏观裂纹的出现导致环向应变增加到最大值，此时环向应变与轴向应变相差不大。在渗压 1MPa 和围压 4MPa 作用下二长花岗岩的偏应力-轴向应变/环向应变试验曲线中，在偏应力加载初期，轴向应变远大于环向应变，经过前期轴向压密阶段后，在轴向应变线弹性阶段，比值以稳定速率减小，环向应变的变化率大于轴向应变。

从图 2.7 所示二长花岗岩的偏应力-轴向应变/环向应变试验曲线对比还可以看出，在偏应力作用下，环向应变首先达到屈服，环向屈服点前，环向应变远小于轴向应变，屈服点后，环向应变迅速增加。由此可见，对于二长花岗岩这类硬岩，其宏观裂纹是环向应变变化的主要因素，对轴向应变的增长影响较小，偏应力的压密阶段主要是对岩石试样中横向天然裂纹的压缩，对竖向微裂纹的压缩较少，因此，轴向应变曲线前期表现为非线性，而环向应变表现为线性；当偏应力达到一定值后，裂纹的发展趋于稳定，随着应力的增加，应变均呈线性增加的趋势；在接近屈服应力阶段，由于宏观竖向贯通裂纹的出现，环向应变增加到最大值，而轴向应变变化不大，表现为脆性破坏。具体而言，即在岩石破坏过程中，早期岩石试样表面首先产生剪切滑移，但在围压的控制下，表面的剪切破坏并未引起岩石的破坏，岩石两端面未出现明显的裂纹破坏，当环向应变表现为非线性时，轴向应变仍线性增加，因此，环向应变比轴向应变更灵敏地反映岩石的损伤和破坏。

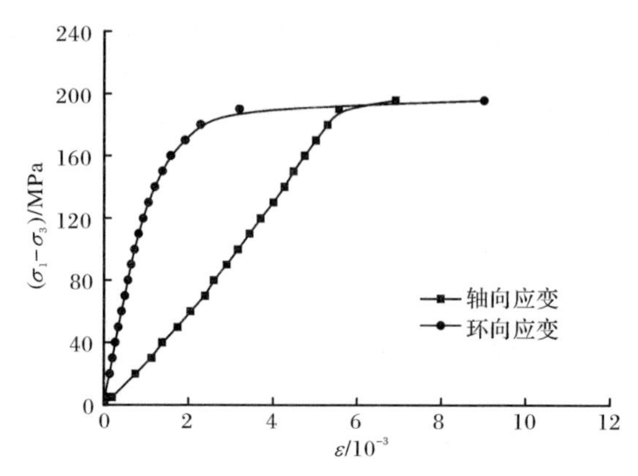

图 2.7 渗压 1MPa 和围压 4MPa 作用下二长花岗岩的偏应力-轴向应变/环向应变试验曲线对比

3. 偏应力-体积应变规律

岩石试样在加载过程中主要经历体积压缩和扩容两个阶段。在体积压缩阶段，岩石裂纹逐渐压缩，随着偏应力的逐渐增大，新生裂纹的出现与扩展造成岩石试样体积扩容，这种扩容作用最终将导致岩石的破坏。典型岩石的偏应力-体积应变曲线如图 2.8 所示；在渗压 1MPa 和不同围压作用下二长花岗岩的偏应力-体积应变试验对比曲线如图 2.9 所示。

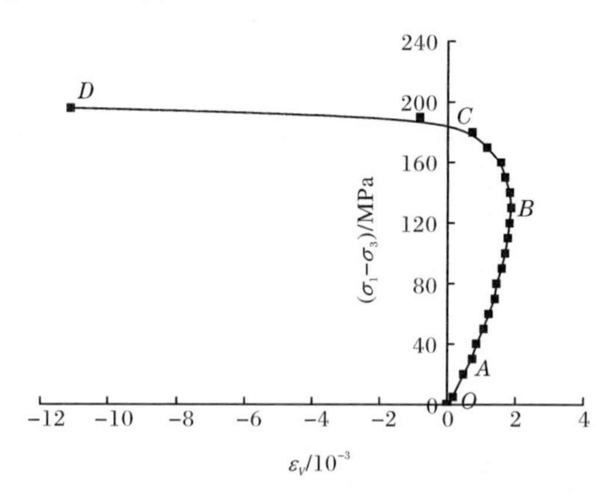

图 2.8 典型岩石的偏应力-体积应变试验曲线

图 2.8 为在围压 4MPa 和渗压 1MPa 作用下典型岩石的偏应力-体积应变试

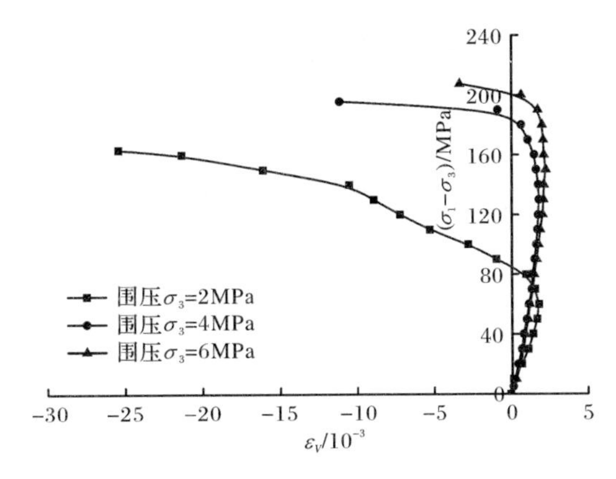

图 2.9　不同围压作用下二长花岗的岩偏应力-体积应变试验曲线对比(渗压 1MPa)

验曲线,岩石试样体积应变在偏应力作用下主要经历四个阶段:*OA* 段为体积压密阶段,岩石试样体积应变呈非线性变化,该阶段时间较短,主要为岩石晶粒重新排列和微裂纹开始闭合;*AB* 段体积应变呈线性增加,随着偏应力的增加,这部分以原生微裂纹闭合和新生裂纹产生为主;*B* 点为体积应变的拐点,岩石试样体积应变由压缩变为扩容;*BC* 段为宏观裂纹出现前的过渡阶段,主要为裂纹的扩展阶段,主裂隙面逐渐产生,但由于围压和晶粒间作用力的限制,并未立即破坏;*CD* 段体积应变迅速增大,岩石试样发生宏观破裂。*D* 点为岩石试样峰值强度点。

图 2.9 为在渗压 1MPa 和不同围压作用下二长花岗岩的偏应力-体积应变试验曲线。从图 2.9 中可以看出,峰值点的体积应变值随着围压的增加而减小。当围压从 2MPa 分别增加到 4MPa 和 6MPa 时,其峰值体积应变分别减小了 56.2% 和 87.0%。由图 2.8 可知,峰值体积应变与偏应力基本上呈线性关系。在相同渗压条件下,体积应变扩容转折点随着围压的增加而增加,并且在高围压下这种增加的趋势更加明显。

2.3.3　二长花岗岩试样瞬时破坏形式

岩石的破裂形式与岩石的应力状态、应力历史、加载条件、岩石性质和温度等一系列因素有关。在室温、低围压、高加载速率或高应变率条件下,岩石易表现为张拉脆性破坏,而在高温、高围压、低加载速率或低应变率条件下,岩石破坏形式主要表现为剪切破坏。大量的试验和观察表明,岩石最常见的破坏形式主要有脆性断裂破坏、脆性剪切破坏、延性破坏以及弱面剪切破坏。

二长花岗岩试样在渗压 1MPa 和不同围压作用下的瞬时破坏形式如表 2.4 所示。

表 2.4　二长花岗岩试样破裂形式及素描图

围压 2MPa	围压 4MPa	围压 6MPa

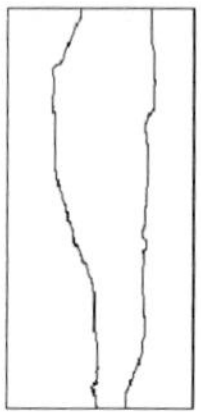	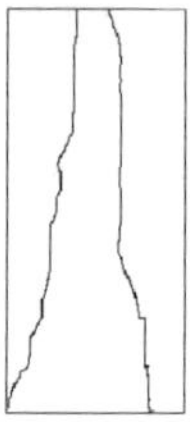	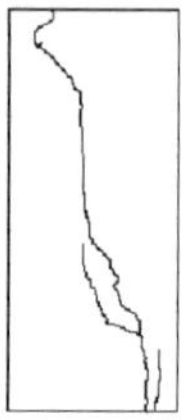
B01	B02	B05

由表 2.4 可知，二长花岗岩的破坏以张拉破坏为主，各应力条件下的破裂方式有以下特点：

(1) 从岩石宏观破裂面来看，三轴压缩试验各应力状态下均出现至少一条主要破裂面。在低围压时，宏观破裂面有所增多。

(2) 二长花岗岩在围压 2MPa 和 4MPa 作用下破坏裂纹较光滑，而在围压 6MPa 作用下裂纹出现较多的搭接，且裂纹处出现更多的小岩屑。在低围压作用下，岩石试样表现为更多的脆性，而随着围压的增加，岩石试样延性增加，在围压 6MPa 作用下岩石试样出现更多的错动，孔隙两壁之间的摩擦力在高围压下更大，阻碍了贯通裂纹的出现。

(3) 二长花岗岩的破坏以张拉破坏为主，伴随着局部的剪切破坏。岩石的主要破裂面与主应力方向夹角在 30°左右，受主应力的影响较大，且围压主要控制岩石试样宏观裂纹的出现。

2.4　闪长岩三轴力学试验成果与分析

2.4.1　瞬时三轴力学试验曲线

对地下水封洞库围岩闪长岩进行了围压 4MPa 和不同渗压作用下的瞬时三轴力学试验，闪长岩的应力-应变过程曲线如图 2.10 所示。

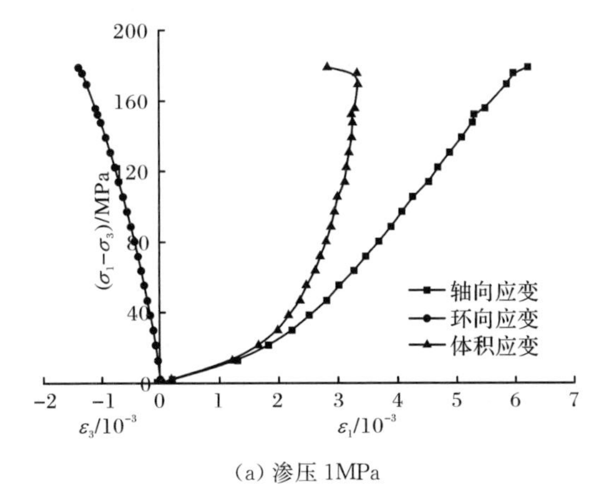

(a) 渗压 1MPa

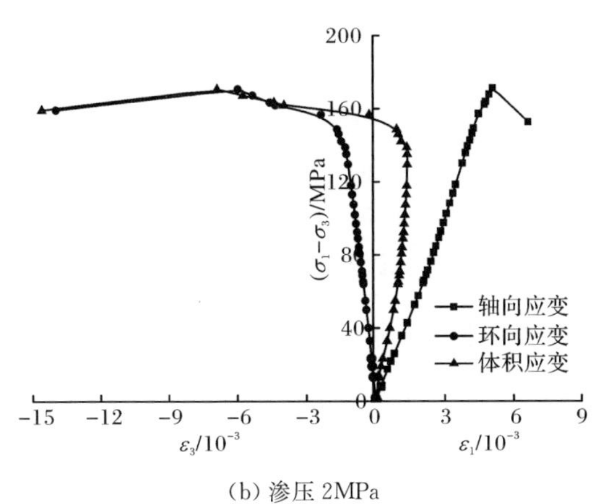

(b) 渗压 2MPa

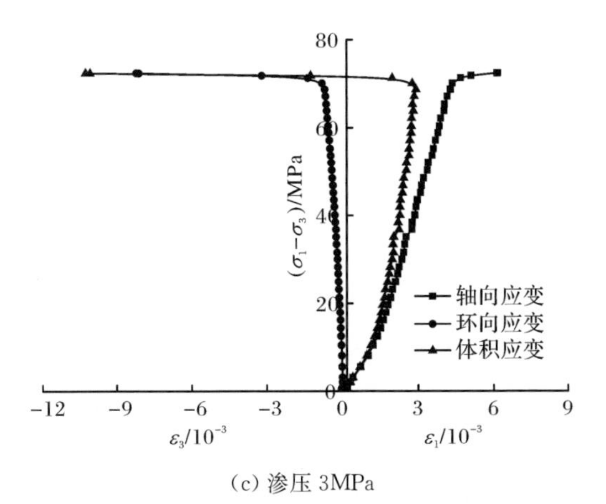

(c) 渗压 3MPa

图 2.10　不同渗压作用下闪长岩的应力-应变试验曲线(围压 4MPa)

图 2.10(a)所示为闪长岩 D01 试样的应力-应变关系曲线，从图中可以看出，开始加载阶段岩石处于塑性变形阶段，曲线呈上凹型，岩石变形属于非线性压密阶段，主要表现为岩石中微裂纹闭合；当偏应力施加至 42MPa 时，轴向应变与应力的关系曲线变为直线，直线变形阶段为可恢复的弹性变形，当偏应力在 130MPa 后，岩石出现塑性变形，变形明显增大。闪长岩在渗压 1MPa 作用下的强度为 179.9MPa。

图 2.10(b)所示为闪长岩 D02 试样的应力-应变关系曲线，从图中可以看出，D02 试样在开始加载阶段没有表现出明显的塑性变形，主要是岩石试样相对致密，微裂纹较少；当偏应力施加至 30MPa 时，轴向应变与应力的关系曲线变为线性关系，直线变形阶段为可恢复的弹性变形；当偏应力增加到 135MPa 后，岩石逐渐出现非稳定扩展阶段，偏应力增加到 154MPa 时，岩石试样出现扩容现象，应变发生突变，岩石试样破坏。

图 2.10(c)所示为闪长岩 D03 试样的应力-应变关系曲线，从图中可以看出，开始加载阶段岩石处于压密阶段，主要表现为岩石中微裂纹闭合，但塑性变形不明显；当应力施加至 15MPa 时，轴向应变与应力的关系曲线变为线性关系，直线变形阶段为可恢复的弹性变形，当偏应力增加到 65MPa 后，岩石逐渐出现非稳定扩展阶段，应变发生突变，岩石体积增加直至岩石试样破坏。

2.4.2 闪长岩应力-应变规律与强度特性

根据闪长岩在围压 4MPa 和渗压 1MPa、2MPa、3MPa 作用下的瞬时三轴应力-应变试验曲线，可以得到闪长岩的力学参数，如表 2.5 所示。

表 2.5 闪长岩主要力学参数

试样	围压/MPa	渗压/MPa	弹性模量/GPa	变形模量/GPa	峰值强度/MPa
D01	4	1	29.8	24.8	179.9
D02	4	2	35.7	33.3	171.1
D03	4	3	20.1	13.7	68.7

通过对上述三个试样的分析，认为在加载初期，轴向和环向曲线都具有较好的线性特征，岩石内部的原生微裂隙发生闭合，试样处于弹性阶段。随着偏应力的增大，曲线开始向上凸并趋于水平，斜率不断减小，这是由于在高应力下，内部微裂隙大幅增长且局部发生破坏，导致岩石抵抗变形的能力降低。在低应力作用下，轴向应变较大，环向应变不明显，岩石主要处于轴向压缩阶段；随着偏应力的增大，环向应变量急剧增加，甚至超过轴向应变，环向膨胀逐渐占据主导，岩石发生扩容，这是试件内部微裂隙大量增加并扩展的结果。

下面从三个方面分析闪长岩的应力-应变规律。

1. 偏应力-轴向应变规律

在围压 4MPa 和不同渗压作用下闪长岩的偏应力-轴向应变试验曲线如图 2.11所示。从图 2.11 和表 2.5 可以看出，在围压 4MPa 时，不同渗压作用下的岩石的峰值强度相差较大，渗压 1MPa 时闪长岩的强度最高，约为渗压 3MPa 时的 3 倍。而渗压 2MPa 时的试验结果比渗压 1MPa 时的试验结果略低。弹性模量以及割线模量的变化规律与峰值强度的变化规律大致相同。D02 试样的弹性模量为 D03 试样的 1.7 倍左右。而 D01 试样的弹性模量为 D02 试样的 88.36%。对于闪长岩的变形模量，D03 试样的结果为 D02 试样的 1/3，为 D01 试样的 55%。造成以上现象主要是因为岩石试样钻取于地下水封洞库现场，闪长岩在洞库中呈细长竖直方向条状分布，所取岩石试样的离散性较大；其次闪长岩为细晶-隐晶结构，块状构造，原生的裂隙发育情况不一。D03 试样中，发育着较多原生裂隙，则强度较低、力学性能较差。在钻探以及加工过程中，都会造成岩石试样内部的不均匀损伤。在试验过程中渗压较小，且岩石试样的孔隙率较低，因此渗压对岩石的强度影响较小。在渗压 1MPa、2MPa 时，岩石试样经历初始压密阶段后，由于晶格之间的错动重组，导致了岩石试样的应变回弹现象，进而增加了岩石试样的屈服强度。

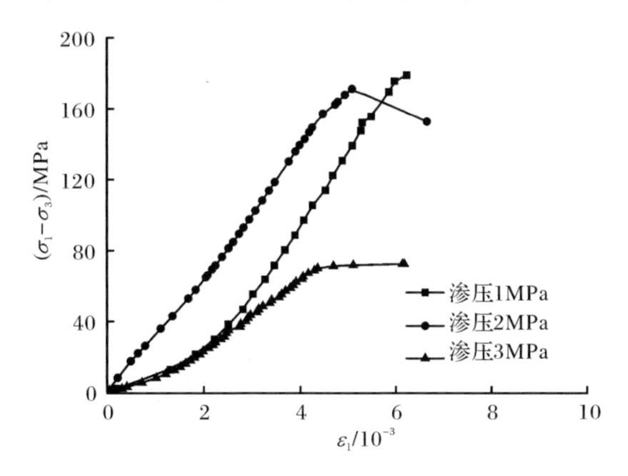

图 2.11　不同渗压作用下闪长岩的偏应力-轴向应变试验曲线(围压 4MPa)

2. 偏应力-环向应变规律

在围压 4MPa 和不同渗压作用下闪长岩的偏应力-环向应变试验曲线如图 2.12 所示，环向应变取绝对值。在轴向荷载作用下，岩石试样发生压缩破坏过程中，其内部强度较低的材料在达到其承载极限后，发生了局部屈服、弱化，产生了轴向塑性变形，同时必然伴随着环向的塑性变形。岩石的环向应变可以从另一个方面反映岩石试样的屈服破坏特征。将轴向应变试验曲线和环向应变试验曲线进行对比，可以发现，在岩石试样达到峰值强度前，环向应变要明显小于轴向应变，并且没有初始压密阶段的环向塑性变形，曲线几乎为直线；随着荷载的增加，环向应变最先出现非线性变形。因此环向应变比轴向应变更灵敏地反映岩石破坏过程中的损伤和变形的发生及发展。

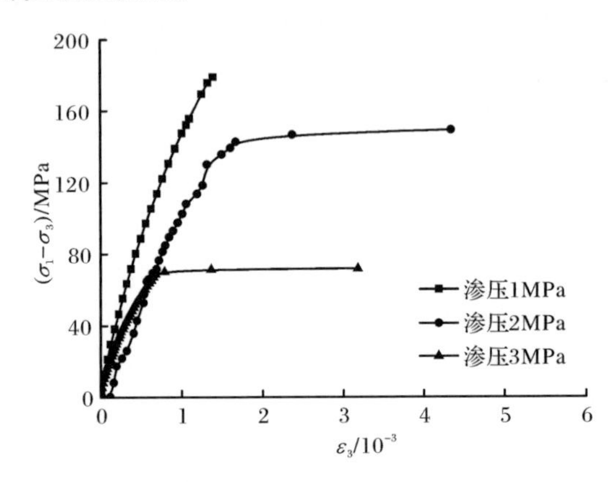

图 2.12 不同渗压作用下闪长岩的偏应力-环向应变试验曲线(围压 4MPa)

在不同渗压作用下闪长岩试样的环向应变变化规律与轴向应变变化规律大致相同。但是，在渗压 2MPa 作用下的试样环向应变未出现明显的轴向应变压密回弹阶段。

3. 偏应力-体积应变规律

在围压 4MPa 和不同渗压作用下闪长岩的偏应力-体积应变试验曲线如图 2.13 所示。在荷载作用下，岩石试样主要经历体积压缩和剪切扩容并最终破坏。通过对闪长岩在围压 4MPa 和渗压 1MPa、2MPa、3MPa 作用下的常规三轴压缩体积应变试验曲线分析可知，由于闪长岩原生裂隙以及岩石试样质地不均匀等因素，体

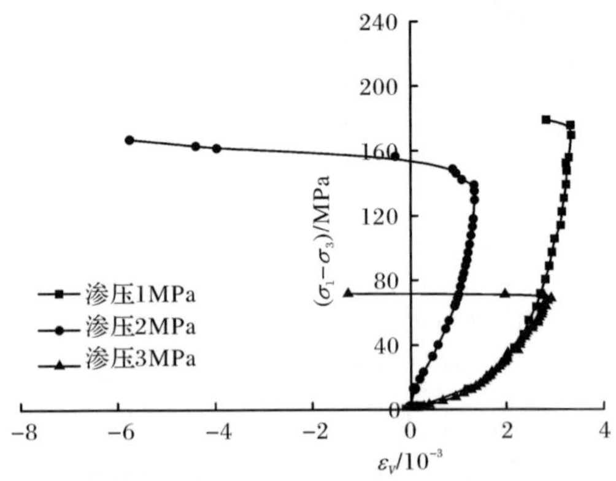

图 2.13 不同渗压作用下闪长岩的偏应力-体积应变试验曲线(围压 4MPa)

积应变规律离散性较强，但依然能够得出体积应变在偏应力加载过程中的变化情况。体积应变有两个明显的特征点，即体积应变拐点和体积膨胀起始点，分别是岩石体积由压缩向膨胀转化的拐点和发生真实膨胀的起始点。

2.4.3　闪长岩试样瞬时破坏形式

闪长岩试样在三轴压缩作用下，主要的破坏形式有脆性劈裂破坏、剪切破坏和塑性流动破坏。岩石的破坏形式除受到岩石性质的影响外，在试验过程中围压对破坏形式的影响也很大，当围压逐渐增加时，岩石破坏形式由脆性劈裂破坏逐渐向延性流动破坏转变，岩石的应变也随之增大。闪长岩试样在不同渗压作用下的瞬时破坏形式如表 2.6 所示。

表 2.6　闪长岩试样破裂形式及素描图

渗压 1MPa	渗压 2MPa	渗压 3MPa

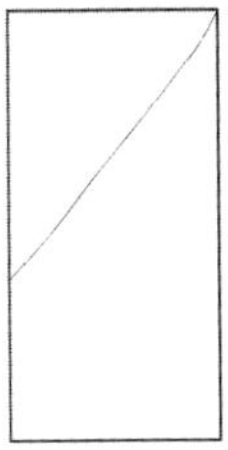	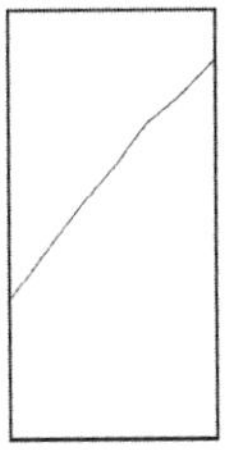	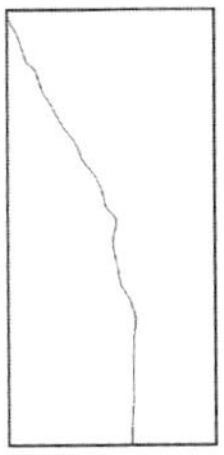
D01	D02	D03

从表 2.6 中可以看出，在渗压 1MPa 时，D01 试样出现脆性剪切破坏，破裂角度为 45°左右，破裂面平整，出现少许的岩石碎屑。在渗压 2MPa 时，D02 试样出现与 D01 试样相似的脆性剪切破坏，破裂角度为 45°左右，破裂面平整，出现少许的岩石碎屑。与 D01 试样不同的是，D02 试样的剪切入口出现在岩样侧边，而 D01 试样则出现在岩样上顶端部位。D03 试样是在围压 4MPa 和渗压 3MPa 时进行试验，其破坏情况与 D01 试样和 D02 试样有所差异，D03 试样除有一条沿对角线的主破裂面外，还有几条竖向裂纹。通过岩石破裂的情况可以看出，该岩石试样破坏是从脆性劈裂破坏向剪切破坏过渡。

2.5　地下水封洞库围岩渗透演化规律分析

近年来，随着先进试验设备和方法的不断研发，复杂应力条件下岩石变形，渐进破裂过程中孔隙、微裂纹扩展，剪切破裂面贯通等引起的渗透性演化规律及其对宏观力学行为响应的研究得到较快发展，目前基于岩石应力-应变过程中的渗透特性研究日渐成熟，且研究成果也较为丰富。地下水封洞库围岩的渗透性演化规律与围岩稳定和安全性紧密相关，非常有必要开展地下水封洞库围岩在应力应变全过程中的渗透特性研究，分析岩石渗透系数随应力、应变的演化规律。为了便于分析，通常做如下假设：

(1) 假设岩石内部孔隙、微裂纹均匀分布，岩石属于各向同性介质。

(2) 将岩体中的渗流视为等效连续介质渗流，整个介质空间中包含岩体介质中的渗流与介质固相骨架。

(3) 假定渗压泵中水为不可压缩流体，水的物理力学性质为室温 20℃时的物理力学性质。

(4) 假定两个数据记录点间隔内，岩石的渗透系数维持不变，岩石渗透具有平均性质的渗流规律。采用达西定律测试岩石试样的渗透率，渗透率的求解公式为

$$k=\frac{QH\mu}{A\Delta t\Delta P} \tag{2.2}$$

式中，k 为岩石试样渗透率，m^2；Q 为 Δt 时刻渗流流体流入体积，m^3；μ 为水的动力黏滞系数；H 为岩石试样的高度，m；t 为时间，s；A 为岩石试样的横截面面积，m^2；ΔP 为岩石试样两端渗透压差，Pa。

现选择闪长岩进行地下水封洞库围岩渗透演化规律分析。

2.5.1　轴向应变与渗透率的关系

图 2.14 为闪长岩在围压 4MPa 和渗压 1MPa、2MPa、3MPa 作用下的轴向应变-渗透率关系曲线。由图 2.14 可知，在围压 4MPa 时，不同渗压作用下的岩石渗透率与轴向应变的变化趋势基本相同。当岩石处于压密阶段时，随着轴向应力的增大，闪长岩内部微裂纹被压密，岩石的渗透率由开始的较大值逐渐减小；当岩石进入弹性变形阶段时，岩石的渗透率变化幅度较小，在某一恒定值上下波动；当岩石进入屈服阶段时，岩石内部的微裂纹扩展并形成宏观的断裂面，此时，岩石的渗透率开始缓慢增加，随着岩石宏观破裂面的出现，岩石的渗透率急剧增加，渗透率最大值出现在闪长岩峰值强度附近。

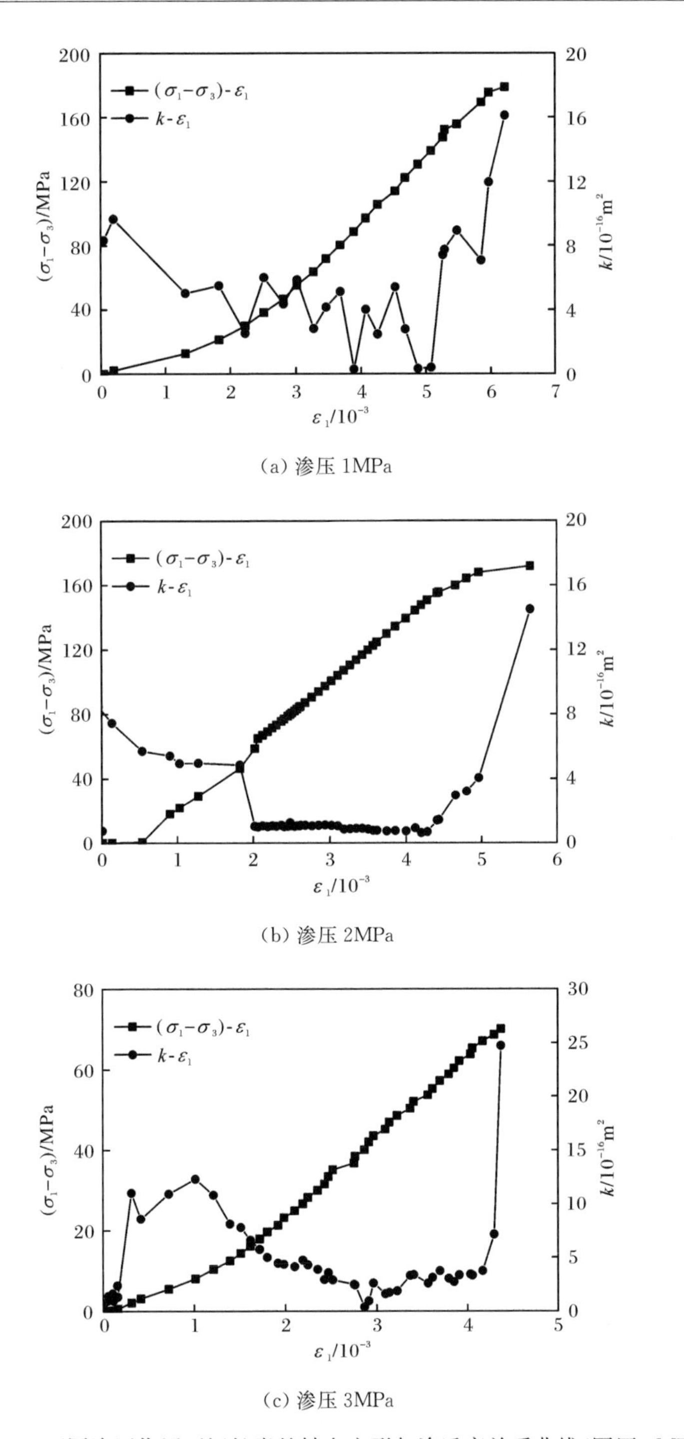

(a) 渗压 1MPa

(b) 渗压 2MPa

(c) 渗压 3MPa

图 2.14　不同渗压作用下闪长岩的轴向变形与渗透率关系曲线(围压 4MPa)

2.5.2　环向应变与渗透率的关系

图 2.15 为闪长岩在围压 4MPa 和渗压 1MPa、2MPa、3MPa 作用下的环向应变与渗透率的关系曲线。在相同围压(围压 4MPa)和不同渗压作用下，闪长岩的渗透率与岩石环向变形的变化规律趋势基本相同。

在围压 4MPa 和渗压 2MPa、3MPa 作用下，环向应变与渗透率的变化规律与渗压 1MPa 下的变化规律相近，在初始阶段，渗透率先减小，之后在某一值上下波动，随着微裂纹的逐步扩展，渗透率逐渐增加，当出现宏观破裂面后，岩石的渗透率急剧增加。

根据上述分析，结合图 2.14 与图 2.15，可以得出闪长岩在围压 4MPa 和渗压 1MPa、2MPa、3MPa 作用下的渗透结果如表 2.7 所示。

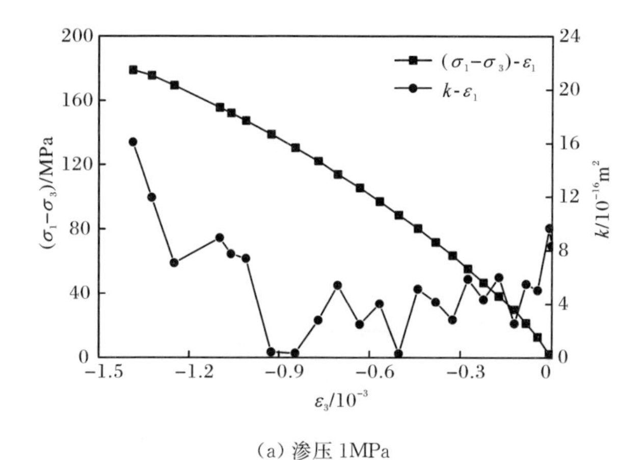

(a) 渗压 1MPa

(b) 渗压 2MPa

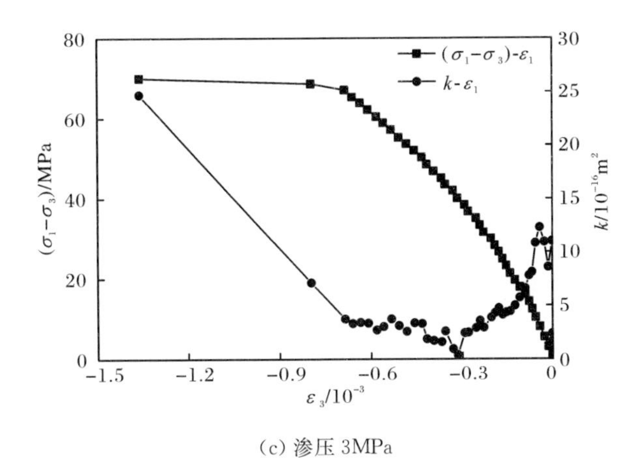

(c) 渗压 3MPa

图 2.15　不同渗压作用下闪长岩的环向变形与渗透率关系曲线(围压 4MPa)

表 2.7　闪长岩渗透率范围

试样	围压/MPa	渗压/MPa	峰值强度/MPa	渗透率变化范围/$10^{-16}\mathrm{m}^2$
D01	4	1	179.9	3.0～6.0
D02	4	2	171.1	0.2～1.5
D03	4	3	68.7	2.0～3.5

2.6　本章小结

本章针对地下水封洞库围岩，开展了相同渗压、不同围压下二长花岗岩瞬时三轴力学试验，以及在相同围压和不同渗压作用下闪长岩瞬时三轴力学试验；结合瞬时力学试验成果曲线，分析了二长花岗岩和闪长岩的应力-应变规律和强度特性，确定了二长花岗岩和闪长岩的瞬时力学参数，进而揭示了岩石试样在三轴压缩条件下的瞬时破裂形式；通过开展地下水封洞库围岩在应力-应变全过程中的渗透特性试验分析，揭示了岩石渗透系数随应力、应变的演化规律。

第3章　地下水封洞库围岩渗流应力耦合流变力学试验

研究地下水封洞库围岩渗流应力耦合流变力学特性试验是开展地下水封洞库工程长期稳定性与安全性分析及评价的重要基础。就目前兴建的石油储备地下水封洞库工程而言，其洞库围岩始终处于地下水位之下，受到复杂渗流应力耦合作用，以及水-油-气多相耦合作用。随着地下水封洞库工程的建设施工，洞库围岩的力学特性不仅表现为弹性和塑性的性质，而且具有与时间相关的性质，即工程岩体表现出流变特性，尤其是在复杂渗流应力环境相互作用下，使岩体材料和岩体内部结构发生改变与改组，从而产生随时间的流变变形、应力松弛、时效强度和流变损伤断裂等现象，进而造成洞库工程结构与环境介质产生长期变形，进一步影响地下水封洞库工程结构局部或整体的长期稳定性。

本章采用岩石全自动三轴流变伺服仪，对大型地下水封洞库围岩二长花岗岩、闪长岩进行考虑渗流应力耦合作用的三轴流变力学试验。基于试验结果，探讨研究岩石轴向流变规律、环向流变规律、体积流变规律、岩样破裂机制与断口微细观分析，以及岩石流变应力-应变特性与长期强度等内容，为建立渗流应力耦合作用下的流变本构模型以及开展地下水封洞库工程围岩长期稳定性研究提供重要的参考依据。

3.1　渗流应力耦合三轴流变力学试验

3.1.1　试样制备

开展渗流应力耦合三轴流变力学试验的岩石试样取自地下水封洞库工程现场。根据《水利水电工程岩石试验规程》(SL 264－2001)、《工程岩体试验方法标准》(GB/T 50266－2013)以及国际岩石力学学会推荐的标准，制备标准试样，尺寸为 ϕ50mm×100mm(直径×高度)。

典型二长花岗岩、闪长岩的标准试样如图 3.1 所示。

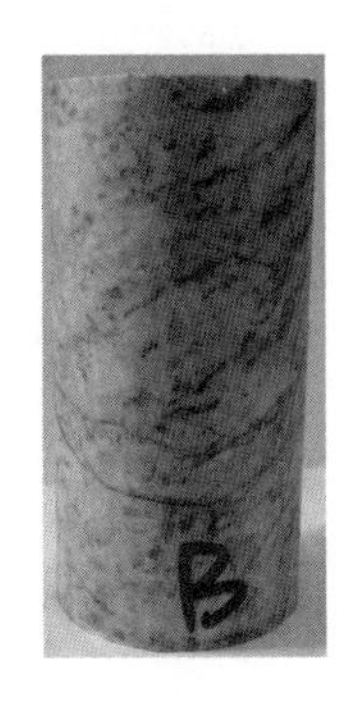
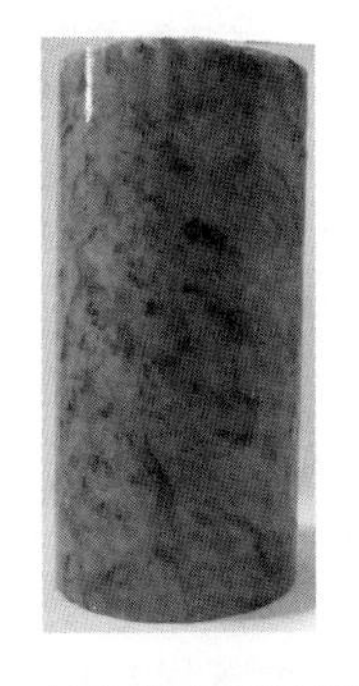

(a) 二长花岗岩标准试样

(b) 闪长岩标准试样

图3.1　地下水封洞库围岩标准试样(用于三轴流变力学试验)

3.1.2　流变力学试验方案和试验方法

开展大型地下水封洞库围岩的三轴流变力学试验,就必须确定流变力学试验的试验方案和试验方法。三轴流变试验的破坏强度一般小于三轴试验瞬时强度,三轴流变力学试验首级偏应力一般为瞬时峰值强度的50%,每级增量依据相同应力条件下的瞬时试验确定。各级荷载加载速率为1.5MPa/min,各级荷载作用时间约为72h,具体二长花岗岩、闪长岩的三轴流变试验方案如表3.1和表3.2所示。

表3.1　二长花岗岩三轴流变力学试验方案

试样	围压/MPa	渗压/MPa	试样直径/mm	试样高度/mm
B08	4	1	49.50	100.30
B09	4	2	49.98	100.10
B10	4	3	50.50	99.97

表 3.2　闪长岩三轴流变力学试验方案

试样	围压/MPa	渗压/MPa	试样直径/mm	试样高度/mm
D04	4	1	50.20	99.90
D05	4	2	49.94	100.23
D06	4	3	50.37	99.78

开展岩石渗流应力耦合流变力学试验的试验方法如下：

(1) 试验前应对试验用岩样进行饱水试验；并将已进行饱水试验后的岩石称重、拍照后，用游标卡尺测量岩石直径与高度，采用多次测量取平均值的方法，减少测量误差。

(2) 根据试验的要求，将试样用高性能橡胶套装好，装入试验机三轴压力室内，调整轴向和环向应变计至初值。

(3) 给三轴压力室内充油，排除压力室内空气后，采用手动加载和伺服控制相结合的方法施加围压至预定值，待围压达到预定值后采用伺服控制的方式使围压在试验过程中始终保持稳定。

(4) 围压稳定后进行渗压的加载，渗压应小于围压，由于试验周期长，应实时注意渗压泵中水量，及时补水加压，试验过程中保持渗压基本稳定。

(5) 进行偏应力的预加载，将仪器压头与试样上表面充分接触。接触后卸除这部分偏应力值，将轴压泵中油加满，根据三轴压缩试验结果，设定第一级荷载，以 2.8MPa/min 的加载速率施加第一级荷载。

(6) 在第一级加载维持 72h 后，视岩石流变应变情况，进行第二级应力水平加载，加载完成后，保持轴向应力不变。进行第三级加载及其更高级加载，重复上述操作，直至岩石在最后一级破坏。

(7) 试样破坏后，取出试样，对破裂面拍照，处理试验数据。

由于三轴流变试验的周期较长，因此对试验机的要求较高。岩石三轴渗流-流变伺服仪可实现对岩石流变过程中渗压、围压、应力、应变的实时记录，且具有较高的精度，为试验分析提供了可靠的依据。

3.1.3　渗流应力耦合三轴流变力学试验曲线

对编号为 B08～B10 的二长花岗岩分别进行围压 4MPa 和渗压 1MPa、2MPa、3MPa 作用下的流变力学试验。根据试验结果，绘制出围压 4MPa 和不同渗压作用下二长花岗岩的时间-应变试验曲线，如图 3.2 所示，图中曲线上的数字为轴向偏应力。图 3.2(a)未获得相应的环向应变数据，因此，图中只显示了时间与轴向应变的试验曲线。

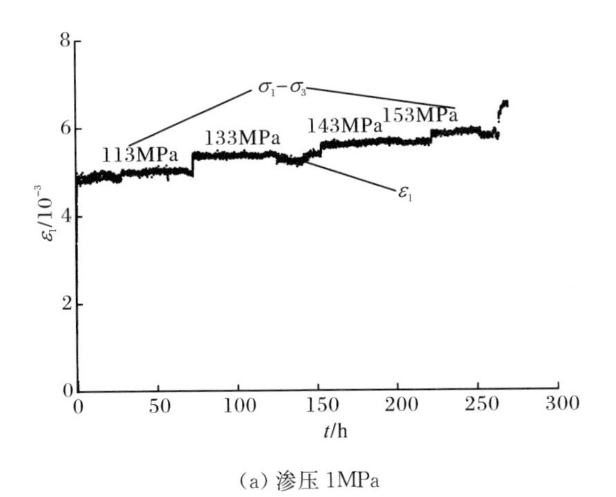

(a) 渗压 1MPa

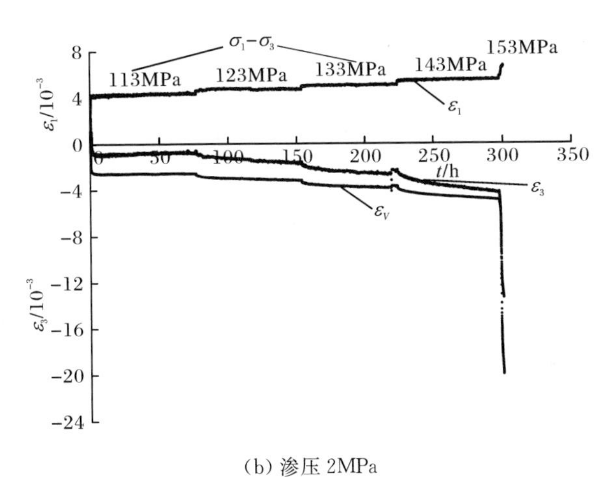

(b) 渗压 2MPa

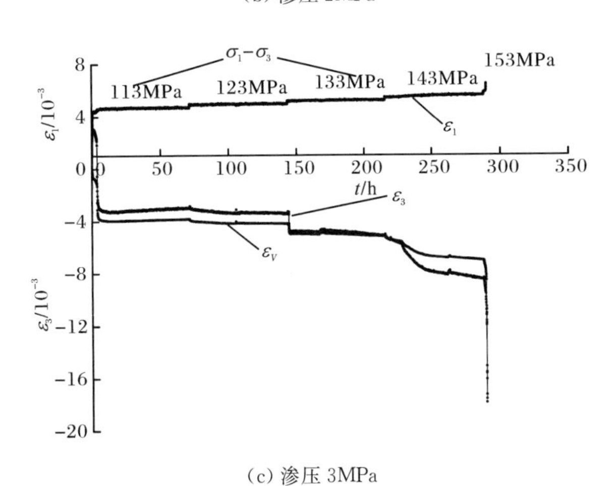

(c) 渗压 3MPa

图 3.2　不同渗压作用下二长花岗岩的流变试验曲线(围压 4MPa)

对编号 D04～D06 的闪长岩进行围压 4MPa 和渗压 1MPa、2MPa、3MPa 作用下的三轴渗流应力耦合流变力学试验。基于三轴流变试验结果，绘制出围压 4MPa、不同渗压条件下闪长岩的三轴流变试验曲线，如图 3.3 所示，三轴流变力学试验曲线包括轴向应变与时间关系曲线、环向应变与时间关系曲线以及体积应变与时间关系曲线。

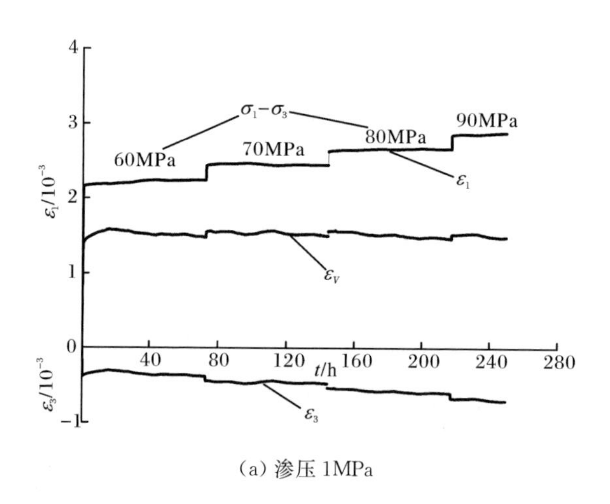

(a) 渗压 1MPa

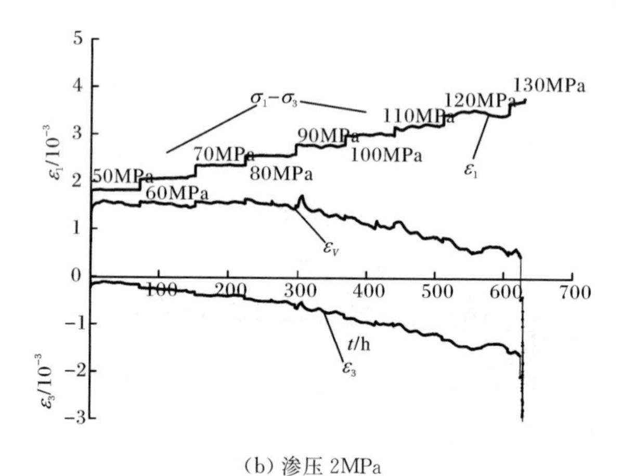

(b) 渗压 2MPa

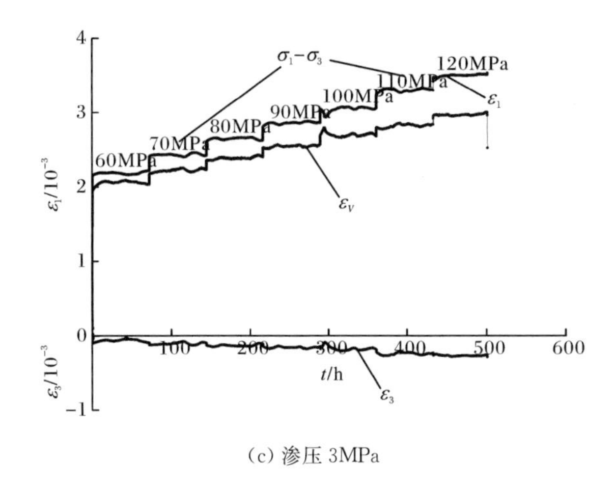

(c) 渗压 3MPa

图 3.3 不同渗压作用下闪长岩的流变试验曲线(围压 4MPa)

3.2 洞库围岩流变变形特性分析

典型的流变曲线主要分为三个阶段:衰减流变阶段、稳态流变阶段、加速流变阶段。衰减流变阶段,流变速率逐渐减小为零或者很小的数值;稳态流变阶段,流变速率维持在某一固定值不变;加速流变阶段,流变速率随时间的增加逐渐增大,直至岩石破坏。现基于地下水封洞库围岩渗流应力耦合三轴流变力学试验曲线,对渗流应力耦合作用下三轴流变力学特性进行分析。试验结果有助于进一步了解和认识地下水封洞库围岩长期荷载作用下的流变力学特性,对工程施工及长期安全运营具有一定的指导意义。

现以二长花岗岩为例,对地下水封洞库围岩进行流变变形特性分析。主要内容包括:轴向应变与时间的变化规律、环向应变与时间的变化规律、体积应变与时间的变化规律,探讨洞库围岩三轴流变过程中的变形特性和加速流变特性。

3.2.1 轴向应变-时间变化规律

一般而言,在低应力条件下岩石的流变现象并不明显,当岩石偏应力等级小于岩石发生流变的应力阈值时,出现衰减流变;当偏应力等级等于或大于发生流变的应力阈值时,岩石会出现加速流变阶段,直至破坏。根据图 3.2 所示的各试验条件下时间-轴向应变试验曲线可知,在偏应力等级较低时,二长花岗岩的流变现象并不十分明显。表 3.3 给出了各级偏应力水平下的轴向流变量与稳态轴向流变速率。

表 3.3　各级偏应力水平下的轴向流变量与稳态轴向流变速率

试样	围压/MPa	渗压/MPa	偏应力/MPa	轴向流变量/10^{-6}	稳态轴向流变速率/$10^{-6}h^{-1}$
B08	4	1	113	145	0.5
			133	69	1.0
			143	89	1.2
			153	691	14.7
B09	4	2	113	435	1.2
			123	143	1.8
			133	174	2.5
			143	280	3.8
			153	1768	235.2
B10	4	3	113	389	0.4
			123	70	1.0
			133	72	1.0
			143	206	2.9
			153	1558	816.2

从表 3.3 中可以看出，最后一级应力水平之前流变量随着偏应力的增加而增加，由于第一级应力水平起点的确定带有人为因素且第一级偏应力增幅较大，因此，第一级荷载下轴向流变量较大，稳态轴向流变速率亦有相似的规律；在偏应力等级较高时，二长花岗岩出现加速流变，轴向流变量与稳态轴向流变速率远大于低偏应力条件下，分别达到了 691×10^{-6}、1768×10^{-6} 和 1558×10^{-6}，稳态流变速率分别为 $14.7\times10^{-6}h^{-1}$、$235.2\times10^{-6}h^{-1}$ 和 $816.2\times10^{-6}h^{-1}$。

最后一级应力水平持续时间较短，岩石的流变随着时间的延续主要经历了三个阶段：衰减流变阶段、稳态流变阶段和加速流变阶段。在最后一级应力水平持续时间内，衰减流变阶段持续时间相对较短，只有稳态流变阶段和加速流变阶段。围压 4MPa、渗压 2MPa 分阶段发生加速流变破坏，主要是由于围压的作用使初期宏观裂纹出现后立即闭合，随着时间的延长，流变量持续增加，直至发生流变破坏。最后一级偏应力水平之前总流变量分别为 303×10^{-6}、1032×10^{-6} 和 737×10^{-6}，最后一级偏应力水平流变量分别为 691×10^{-6}、1768×10^{-6} 和 1558×10^{-6}，超出之前所有应力水平流变变形量之和。

3.2.2　环向应变-时间变化规律

由图 3.2 所示的试验成果可以看出，环向流变曲线和轴向流变曲线有相似的特性，在低应力水平下，岩石的环向流变量较小，除第一级偏应力起始点确定具有人为因素外，偏应力水平越高，环向流变量亦越大，稳态环向流变速率也越大。这主要是由于岩石试样在偏应力作用下，随着裂隙的逐渐发展，在高应力条件下，裂隙的发展更加完全；随着损伤的积累，裂隙扩展速率亦逐渐增加。表3.4给出了各级应力水平下环向流变量与稳态环向流变速率值，最后一级应力水平下，其环向流变量和流变速率是前几级应力水平下的数倍甚至数十倍，这与轴向应力具有相似的规律。

表3.4　各级偏应力水平下的环向流变量与稳态环向流变速率

试样	围压/MPa	渗压/MPa	偏应力/MPa	环向流变量/10^{-6}	稳态环向流变速率/$10^{-6}h^{-1}$
B09	4	2	113	897.3	1.8
			123	427.3	5.9
			133	432.2	6.2
			143	1077.3	14.7
			153	12084.9	1607.7
B10	4	3	113	3219	3.6
			123	316.9	4.4
			133	950.6	13.2
			143	1820.1	25.2
			153	16409.4	8598.8

从表3.4可以看出，最后一级环向流变量远大于之前所有应力水平流变变形量之和，分别从2834.1×10^{-6}和6306.6×10^{-6}迅速增加到12084.9×10^{-6}和16409.4×10^{-6}。对比不同渗压下流变量可知，岩石最后一级应力水平之前的流变量和最后一级的流变量均随渗压的增加而增加，说明渗压作用增加了岩石的环向变形量。对比图3.3中最后一级轴向应变量和环向应变量，岩石的环向应变曲线与轴向应变曲线具有相似的变化规律，但是环向流变量和流变速率远大于轴向流变量和流变速率，环向应变对偏应力的增加更加敏感，这主要与岩石在偏应力作用下的裂纹发展方向有关，裂纹在与岩石试样中轴线平行的各个面上逐渐发展，随着偏应力的增加，岩石试样由各向压缩状态发展为沿环向膨胀、轴向压缩，因此，竖向裂纹的贯通与扩展造成了环向应变增加较快，而轴向裂纹处于压缩状态，发展较慢。

3.2.3　体积应变-时间变化规律

由岩石流变过程全程试验曲线可以看出，随着偏应力水平荷载的增加，各岩石试样均经历了先压缩后膨胀的过程。

由图3.2岩石试样体积应变-时间曲线可知，在第一级偏应力条件下，岩石试样经历了极短暂的体积压缩过程，然后迅速膨胀，直至岩石破坏。体积流变曲线与轴向、环向有相似的发展趋势。岩石的体积应变是轴向应变和环向应变的综合反映，其与时间的关系要比轴向和环向更为复杂，体积流变曲线出现较大的波动。表 3.5 为各级偏应力水平下的体积流变量和稳态体积流变速率值。

表 3.5 各级偏应力水平下的体积流变量与稳态体积流变速率

试样	围压/MPa	渗压/MPa	偏应力/MPa	体积流变量/10^{-6}	稳态体积流变速率/$10^{-6}h^{-1}$
B09	4	2	113	1360.1	6.6
			123	912.5	11.8
			133	690.5	9.8
			143	1874.3	25.5
			153	22402.1	2980.3
B10	4	3	113	6048.8	7.0
			123	563.9	7.8
			133	1828.9	25.4
			143	3434.2	47.5
			153	31261.2	16381.4

从表 3.5 中可以看出，最后一级偏应力作用下岩石试样体积流变量和流变速率均大于前几级，在各级应力条件下，除了由应力瞬时加载引起的应变外，岩石的体积流变量随时间变化相对较小。对于岩石发生膨胀扩容的现象，主要是由于在偏应力作用下，岩石内部矿物颗粒发生错动和滑移，造成颗粒与颗粒之间间距增加，微裂纹出现，随着流变时间的延长，微裂纹逐渐聚集贯通形成宏观裂隙的结果。

对比不同渗压的流变力学试验结果，随着渗压的增加，岩石体积流变量逐渐增加，这也从另一方面说明渗压增加了岩石的变形量，在一定程度上弱化了围压的作用。对工程岩体而言，特别是高渗压条件下，在设计与施工过程中需考虑渗压对工程长期稳定性的影响。

3.2.4 岩石流变变形速率分析

基于二长花岗岩流变力学试验结果，分析洞库围岩的流变变形速率变化规律。由 3.2.1～3.2.3 节分析结果可知，二长花岗岩轴向、环向和体积流变速率均表现出明显的衰减流变、稳态流变和加速流变阶段。在衰减流变阶段，流变速率逐渐趋于零；在稳态流变阶段，流变速率趋于稳定，变形持续增长；最后一级加载后的加速流变阶段，流变速率持续增大，直至试样发生破坏。本节以围压 4MPa 和渗压 2MPa、3MPa 作用下试验为例，对流变全过程流变速率进行分析。

渗压 2MPa 作用下流变速率变化曲线如图 3.4 所示。渗压 2MPa 作用下流变速率呈如下规律：在衰减流变阶段，流变速率在短时间内由最大值减小至某一恒定值，该过程持续10h；在稳态流变阶段，流变速率趋于平稳，但由于内部结构不均匀变化和渗透影响，曲线出现部分波动，最终在固定值上下波动。例如，围压4MPa、应力113MPa时，荷载刚开始作用时，流变速率为$486.4\times10^{-6}h^{-1}$，0.5h后流变速率为$155.1\times10^{-6}h^{-1}$，1h后流变速率为$61.4\times10^{-6}h^{-1}$，9h后流变速率为$1.63\times10^{-6}h^{-1}$，并最终稳定在$1.27\times10^{-6}h^{-1}$。环向流变速率亦有相似变化规律，且应力较高的曲线，位置较高。最后一级加载后出现加速流变阶段，流变速率随时间呈U形发展，如图3.5所示，最后一级偏应力作用时间约为5.5h，偏应力作用初期流变速率即已处于较高水平，初期轴向流变速率为$951.4\times10^{-6}h^{-1}$，随着荷载作用时间的延长，流变速率逐渐减小，3.3h处轴向流变速率下降为$138.1\times10^{-6}h^{-1}$，由此可知，在最后一级偏应力作用下，岩石试样变形速率均大于前面各级荷载，而在加速流变阶段，流变速率直线上升；相对于轴向应变而言，最后一级荷载作用下环向应变速率变化更加明显，环向应变对应力的敏感性更强。

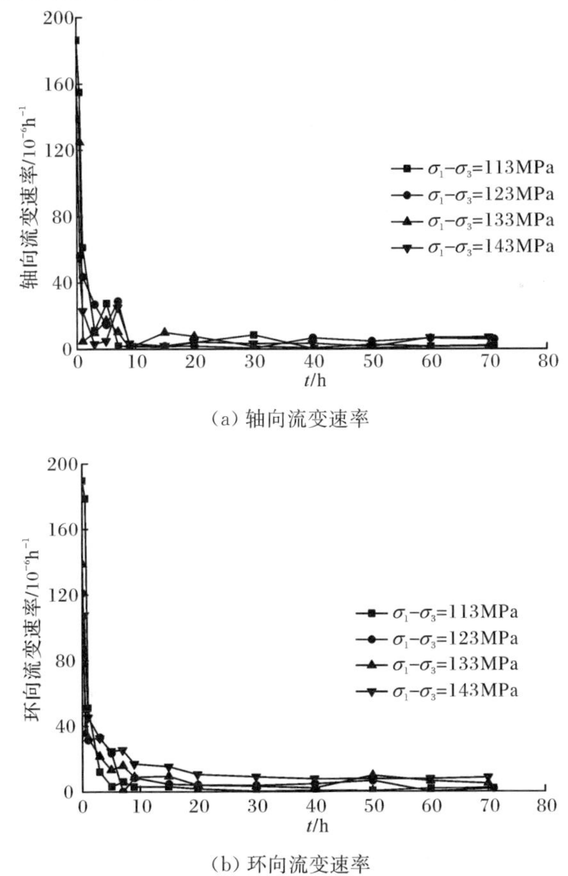

(a) 轴向流变速率

(b) 环向流变速率

图3.4　围压4MPa和渗压2MPa作用下二长花岗岩的流变速率曲线

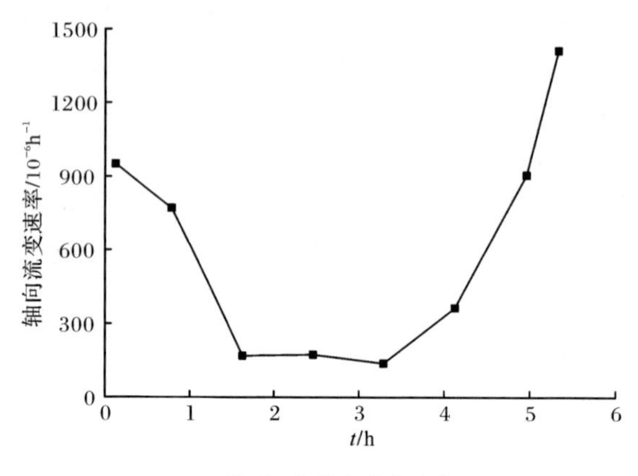

(a) 最后一级轴向流变速率

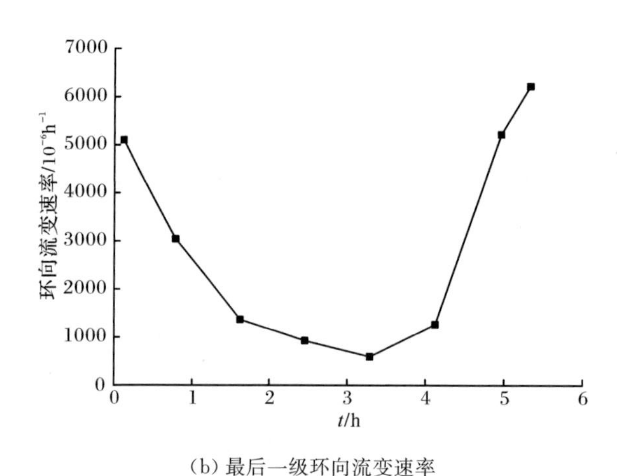

(b) 最后一级环向流变速率

图 3.5 最后一级荷载作用下二长花岗岩的流变速率曲线
(围压 4MPa 和渗压 2MPa)

渗压 3MPa 作用下二长花岗岩的流变速率变化曲线如图 3.6 所示,其应变速率的规律性与渗压 2MPa 时对基本一致,在特定应力作用下,曲线经历了明显的衰减流变和稳态流变阶段。渗压 3MPa、偏应力 113MPa 应力水平时,初始加载阶段,应变速率为 $222.1\times10^{-6}h^{-1}$,恒定荷载作用 0.5h 后,流变速率为 $112.7\times10^{-6}h^{-1}$,1h 后流变速率为 $11.02\times10^{-6}h^{-1}$,9h 后流变速率为 $16.95\times10^{-6}h^{-1}$,最终稳定在 $1.8\times10^{-6}h^{-1}$左右,且应力水平的提升直接导致稳定流变阶段流变速率的提升;偏应力 123~143MPa 时,稳定流变阶段对应的流变速率分别为 $2.1\times10^{-6}h^{-1}$、$3.1\times10^{-6}h^{-1}$和 $6.2\times10^{-6}h^{-1}$;在高应力作用下,由于出现较多的裂纹造成岩石内部结构的不均匀性增加,流变速率的波动更大。渗压 3MPa 最后一级荷载作用下二长花岗岩的流变速率曲线如图 3.7 所示,在偏应力 153MPa 作用下,加载初期流变速率从较大值逐渐减小，加速流变阶段流变速率呈线性增加，对比轴向与环向流变速率可知，环向流变速率在0.5h处即迅速增加，而轴向流变速率经过约1.3h的稳定过渡期，在1.5h处迅速增加，环向流变速率更能反映岩石内部裂纹在偏应力下的发展。

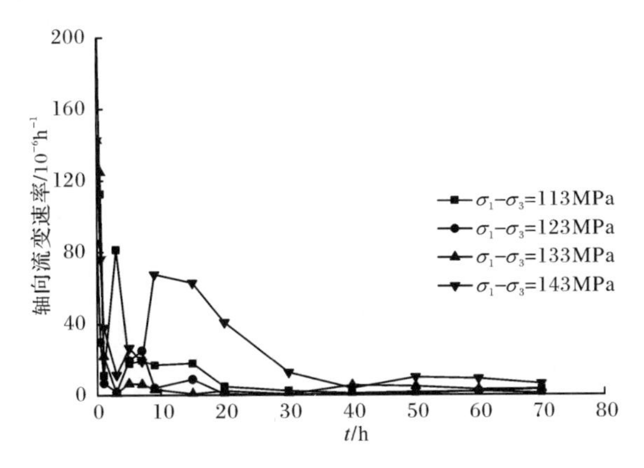

(a) 轴向流变速率-时间曲线

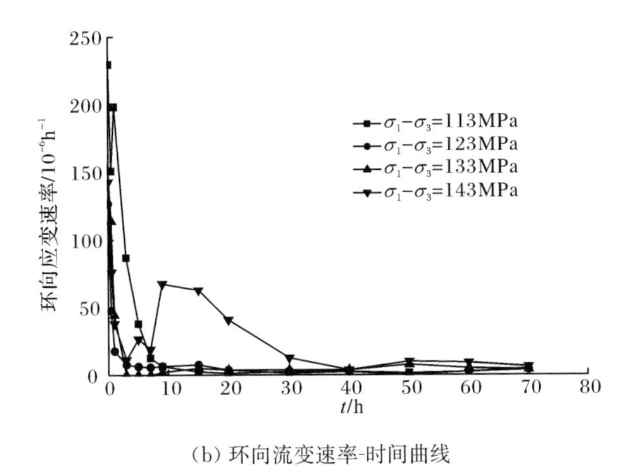

(b) 环向流变速率-时间曲线

图3.6　渗压3MPa作用下二长花岗岩的流变速率-时间变化曲线

3.2.5　岩石流变力学性质与瞬时力学性质对比分析

为进一步研究比较瞬时应力和长期荷载对岩石力学特性的影响，对洞库围岩流变力学性质与瞬时力学性质进行比较分析。二长花岗岩三轴流变试验与三轴压缩试验偏应力-轴向应变曲线如图3.8所示。

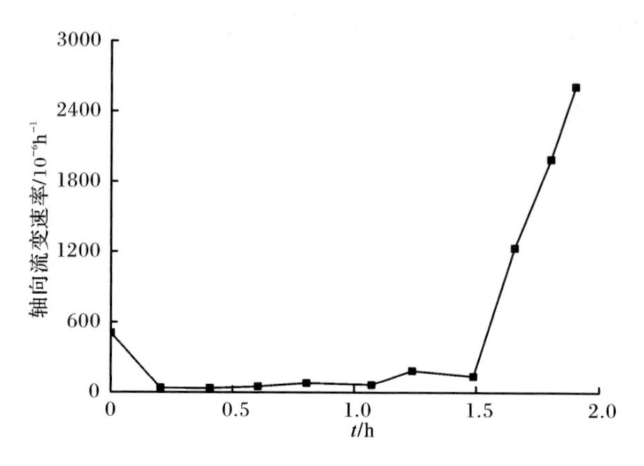

(a) 轴向流变速率-时间曲线

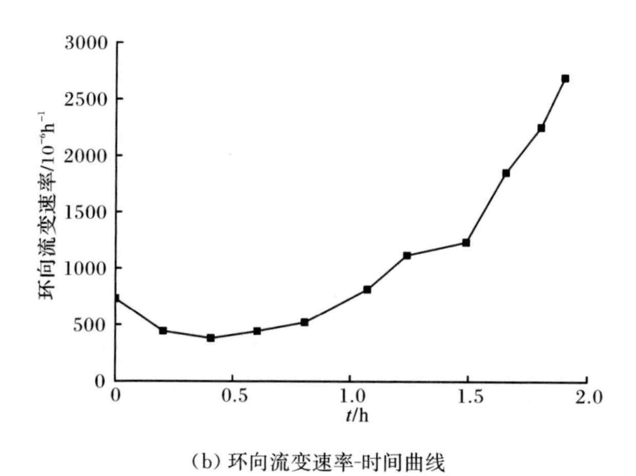

(b) 环向流变速率-时间曲线

图 3.7　渗压 3MPa 最后一级荷载作用下二长花岗岩的流变速率-时间变化曲线

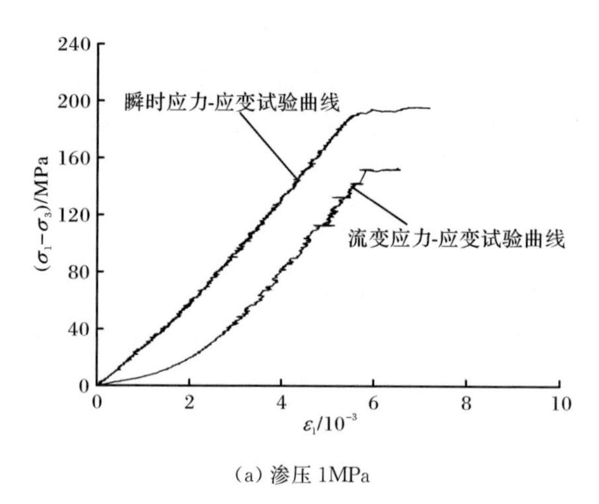

(a) 渗压 1MPa

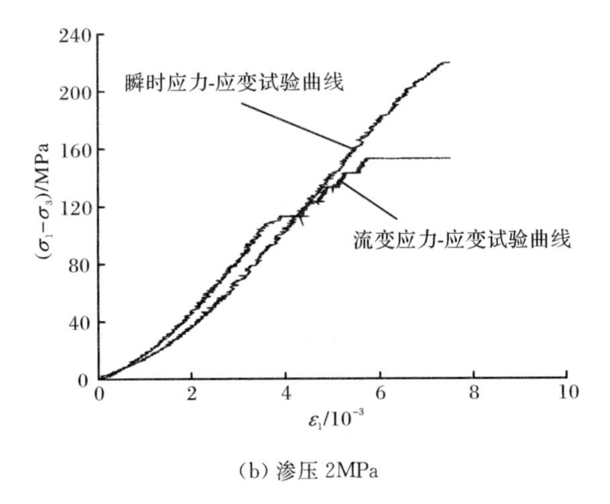

(b) 渗压 2MPa

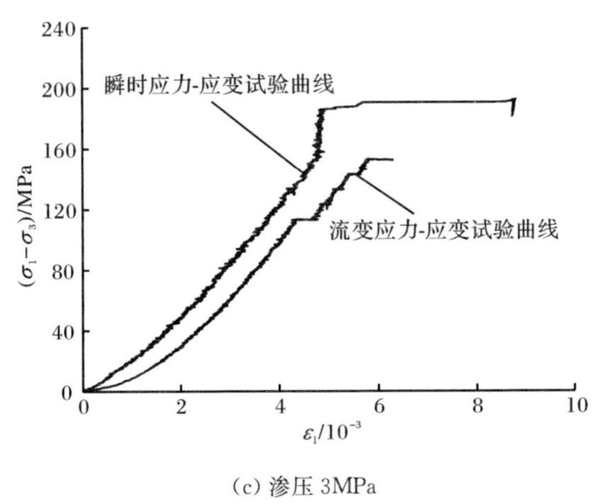

(c) 渗压 3MPa

图 3.8　不同渗压作用下二长花岗岩的瞬时力学试验与流变力学试验对比曲线(围压 4MPa)

由图 3.8 可知，在初始加载阶段，由于瞬时试验与流变试验采用相同的加载方式，流变弹性模量与瞬时弹性模量相接近。瞬时试验和流变试验在初始加载阶段均经历了初始压密阶段和线弹性阶段，初始压密阶段时间较短，流变试验中对岩石的压密程度比瞬时试验高，而在线弹性阶段，随着偏应力增加，瞬时试验的应变变化率与流变试验相当。

对比瞬时试验和流变试验曲线可以看出，流变试验第一级荷载稳定时，岩样仍然处于线弹性阶段，并未进入非线性阶段，但在偏应力长期作用下，岩样轴线应变仍在继续发展，这表明岩样内部裂纹并未因为荷载的稳定而稳定，而是随着荷载作用时间的延长，逐渐扩展贯通，内部损伤仍在发展；随着后一级偏应力的增加，进一步加速岩石内部的损伤，裂纹沿着晶粒边界逐渐发展为宏观贯通裂纹，而对瞬时力学试验而言，其内部损伤发展主要与偏应力有关，因此，岩石瞬时强度远大于流变强度。

对大部分岩土工程而言，在施工与维护过程中均会遇到渗流应力耦合问题，岩石介质内部产生渗流，弱化岩石晶粒之间的连接，降低有效应力，特别是在荷载长期作用下，岩石的损伤程度随着作用时间的延长逐渐增加，当损伤积累到最大时，岩石出现加速流变破坏，由此可以看出，渗流、应力和荷载作用时间是影响岩石力学特性的重要因素。

3.3 岩石试样流变破坏形式与断口微观分析

3.3.1 岩石试样流变宏观破坏形式

不同渗压作用下二长花岗岩和闪长岩试样的流变破坏形式如表 3.6 所示。

二长花岗岩在围压 4MPa 和渗压 1MPa、2MPa 和 3MPa 作用下主要表现为轴向张拉破坏和剪切破坏，其中以轴向张拉破坏为主。破坏后岩石试样的两端截面与裂纹处有较多的细小岩屑，岩石试样破坏过程中挤压作用明显。随着所施加应力水平的增加，二长花岗岩的结构形式亦发生相应的变化，集中表现为流变过程中大量细观裂纹的产生和扩展，同时导致岩石轴向应变的增加，体积扩容效应亦越来越明显。在持续荷载作用下，随着加载时间的延长，在加载初期形成的细观裂纹持续增宽并伴随着新微裂纹的产生与扩展，这些未贯通的细观裂纹在荷载作用下逐渐形成宏观裂纹，宏观裂纹发展到一定程度时，在一定等级偏应力条件下某条宏观裂纹很快形成贯通的破坏面，岩石试样发生加速流变破坏。从表 3.6 中可知，岩石试样表面均存在一条上下贯通裂纹，同时出现多条未完全贯通的宏观裂纹，裂纹周围有大量的细小裂隙，破坏面与岩石试样轴线的夹角大致为 60°～90°。岩石试样表面挤压破坏十分明显，裂纹表面上有明显擦痕和大量由于两裂隙面摩擦作用产生的岩石粉末，并且随着渗压的增加，岩石粉末越集中，贯通裂纹表面比未贯通裂纹更加光滑，表明高渗压对破坏后裂隙面的冲刷作用更加明显。

闪长岩在围压 4MPa 作用下的流变破坏形式主要表现为剪切破坏，并伴随着一定程度的轴向劈裂破坏，在端面应力集中区域，出现了岩石的剥落。渗压不同，闪长岩的破坏差别不大。这是由于岩石变形破坏主要受围压控制，当围压相同时，渗压相对于闪长岩的屈服强度较低，对其破坏形态影响有限。随着施加的应力水平的增加，闪长岩的结构不断发生变化，集中表现为流变过程中大量细观裂纹产生和扩展，并导致岩石体积扩容。在持续荷载作用下，随着时间增长，在稳态流变阶段形成的裂纹宽度逐步增加，并伴随着新裂纹萌生扩展。因此，在应力不变情况下，应变持续增加，宏观表现为岩石流变变形。当裂纹扩展达到阈值时，就会贯通成连续破裂面，最终导致岩石试样流变破坏。从破坏形式可以看出，破坏面与岩石试样轴向的夹角为25°～30°；岩石试样表面显示的剪切面明显，在剪切面上有明显摩擦痕迹和细小粉末。

表3.6　不同渗压作用下岩石试样流变破坏形式

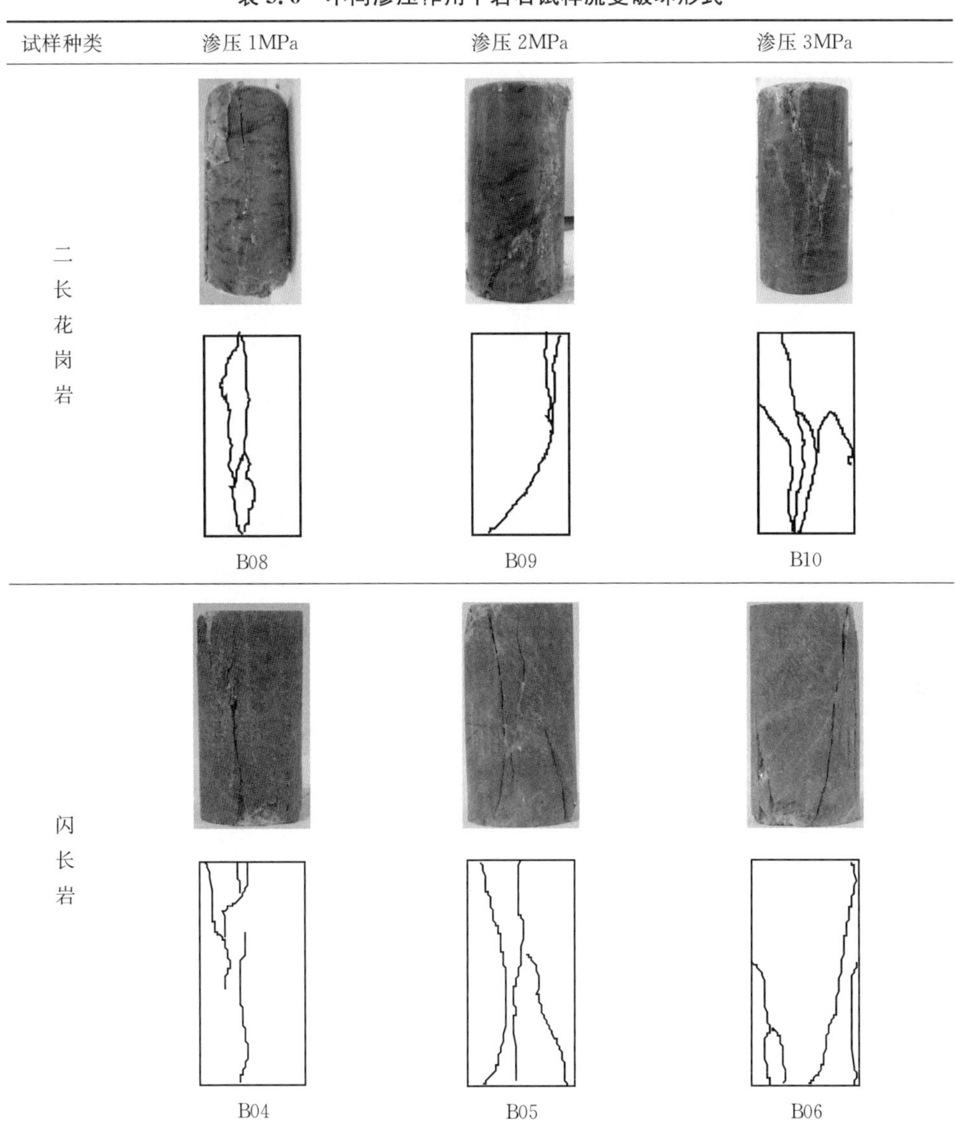

3.3.2　岩石试样破坏断口扫描电镜试验及微观断裂机理

扫描电镜原理是由电子枪发射并经过聚焦的电子束在样品表面扫描，激发样品产生各种物理信号，经过检测、视频放大和信号处理，在荧光屏上获得能反映样品表面各种特征的扫描图像。在岩石力学研究过程中，扫描电镜试验早已被广泛使用于分析岩石破裂特性研究中，取得了广泛的研究成果。

三轴流变力学试验所采用的二长花岗岩试样为暗红色或黑色，以铁质胶结为主。利用高分辨率扫描电子显微镜对围压 4MPa 和渗压 2MPa 作用下的岩石试样流变试验破裂断口进行了扫描电镜试验。为了确切地了解岩石在应力条件下渗压对岩石裂隙开裂扩展的影响，将破坏后的岩石试样取出后烘干，取宏观贯通裂隙表面部位的岩块制成岩石薄片，进行了电镜扫描，如图 3.9 所示，其中图 3.9(a)为流变破坏后的岩石试样照片，图 3.9(b)为烘干后的岩石试样照片，图 3.9(c)为岩石原样薄片照片，图 3.9(d)为流变破坏后的岩石试样薄片照片。

(a) 流变破坏后的岩石试样照片

(b) 破裂岩石烘干后的岩石试样照片

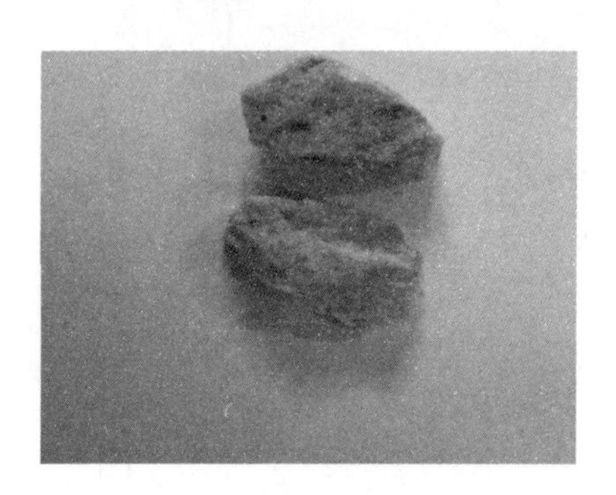

(c) 岩石原样薄片照片

(d) 流变破坏后的岩石试样薄片照片

图 3.9　典型二长花岗岩试样流变破坏断口照片

分别对二长花岗岩原样和流变破坏后试样进行了电镜扫描试验，得到了不同放大倍数的断口显微照片，放大 250 倍、500 倍、1000 倍、2000 倍、5000 倍和 10 000 倍的岩石断口电镜扫描照片如图 3.10 和图 3.11 所示。

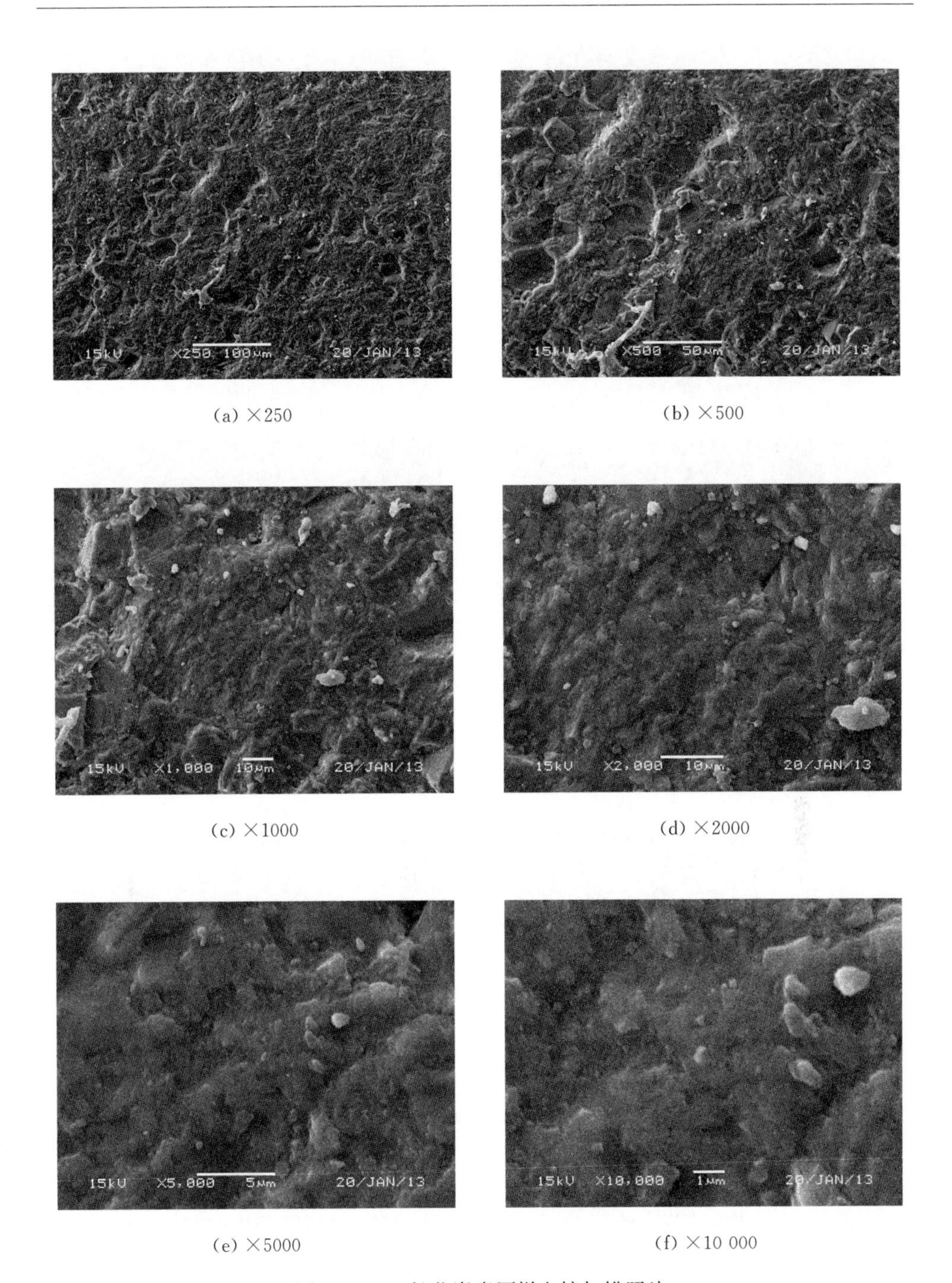

(a) ×250　(b) ×500

(c) ×1000　(d) ×2000

(e) ×5000　(f) ×10 000

图 3.10　二长花岗岩原样电镜扫描照片

(a) ×250　　(b) ×500

(c) ×1000　　(d) ×2000

(e) ×5000　　(f) ×10 000

图 3.11　二长花岗岩试样流变破坏后断口电镜扫描照片(围压 4MPa、渗压 2MPa)

由图 3.9 可以看出，二长花岗岩主要以晶粒胶结为主，孔隙度很低。在轴向荷载作用下，岩石晶粒之间胶结逐渐消失，主要表现为颗粒滑移、错动与晶格缺陷的扩展、贯通，逐渐形成多条微裂纹。由图 3.10 和图 3.11 可以明显得出以下结论：

（1）从流变破坏后岩石断口微观照片可知，裂纹破坏面主要为拉伸破坏，与岩石宏观破坏相似。

（2）流变破坏后岩石断口出现较多的细观裂纹，断口破裂面与岩石原样相比更为光滑和整洁，但是断口处有较多的微小岩石碎屑，这主要是由岩石试样在轴向荷载作用下裂隙面相互摩擦而成。

（3）流变破坏后，晶粒与晶粒之间的黏结力减小，由放大5000倍的照片对比可知，流变破坏后晶粒与晶粒之间出现明显微裂隙，这主要是晶体之间黏结力在偏应力的作用下消失所致。

（4）从试验前后照片可知，由于晶格缺陷的扩展和贯通，微裂纹聚集，流变破坏后岩石试样孔隙率明显增加。

（5）岩石流变过程中，随着晶粒间微观裂纹的出现，在恒定渗压作用下，水逐渐渗透进入岩石的微裂纹中，渗压的作用加速了裂纹的扩展和贯通，对岩石内部损伤起积极的作用。

为了进一步了解流变破坏后裂隙面的扩展情况，选取一条主要微裂纹放大500倍进行跟踪拍摄，如图3.12所示。由图3.12可以明显看出，裂纹主要沿着晶粒的初始缺陷发展，裂纹的扩展方向与岩石试样的初始缺陷有关。由于岩石试样的离散性，在初始缺陷处裂纹发展迅速，出现光滑的贯通裂纹，然而在初始缺陷较小处有挤压与错动，出现成片的鱼鳞状花纹，并有大量细小岩屑。

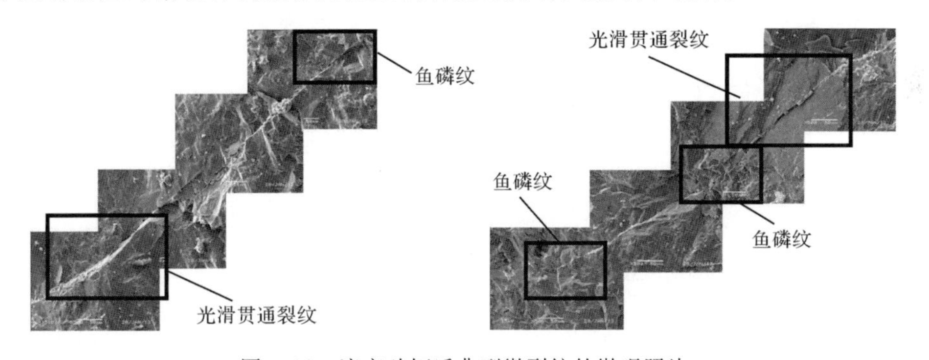

图3.12　流变破坏后典型微裂纹的微观照片

3.4　岩石试样流变过程中的渗透性演化规律

对二长花岗岩试样B08、B09和B10开展了围压4MPa和渗压1MPa、2MPa、3MPa作用下的流变试验。根据三轴流变力学试验曲线可知，二长花岗岩表现出了明显的流变特性，而且渗压和应力大小对二长花岗岩的流变变形影响显著。

3.4.1 三轴流变过程中渗透性试验结果

在三轴流变试验过程中，在岩石试样一端分别施加 1MPa、2MPa 和 3MPa 的渗压，另一端采用排水的方式。渗压通过计算机伺服控制，试验过程中保持基本稳定。岩石全过程时间-轴向应变-渗透率试验曲线如图 3.13 所示(以渗压 2MPa 和 3MPa 为例)。

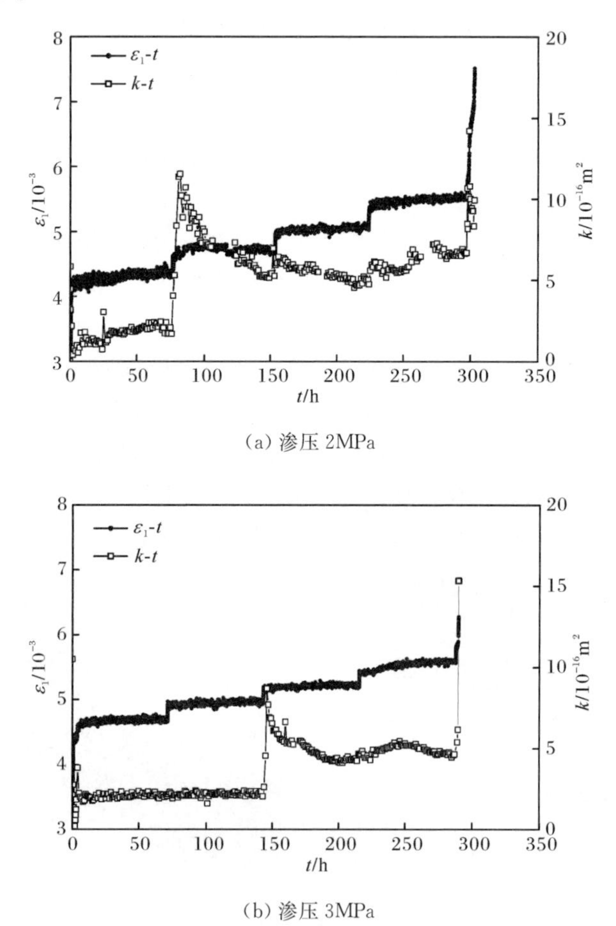

(a) 渗压 2MPa

(b) 渗压 3MPa

图 3.13 不同渗压作用下二长花岗岩的流变全过程时间-轴向应变-渗透率试验曲线(围压 4MPa)

3.4.2 三轴流变过程中渗透演化规律分析

渗压 2MPa 作用下的岩石流变全过程渗透率变化曲线如图 3.13(a)所示。在第一级偏应力作用下，时间-渗透率与时间-轴向应变具有相似的变化趋势，在衰减流变阶段，岩石渗透率呈现缓慢上升的趋势，主要受到岩石内部裂纹在第一级偏应力作用下产生和扩展的影响，而在稳态流变阶段，岩石内部裂纹发展趋于缓慢，在此阶段岩石试样渗透率亦趋于稳定。流变过程中渗透率最小值出现在第一级荷载的衰减流变阶段。在第一级荷载作用过程中，内部裂纹的发展是渗透率变化的主要原因，初期裂纹发展快，渗透率增加，后期裂纹发展慢，渗透率稳定。而在第二级偏应力加载过程中，岩石渗透率出现明显的增加，达到 $11.71\times10^{-16}\mathrm{m}^2$，第二级荷载衰减流变阶段岩石渗透率由初期的较大值逐渐减小，主要原因可以解释为在偏应力增加过程中，岩石内部裂纹迅速发展，出现渗透水流可以通过的贯通裂纹，因此前期渗透率较大，而随着偏应力的稳定，裂纹发展速率逐渐减小，在围压和偏应力共同作用下，初期裂纹开始闭合，因此岩石试样渗透率逐渐减小，在第二级荷载稳态流变阶段末端出现短暂的稳定阶段；在下一级荷载作用下，岩石渗透率曲线亦有相似的特性。由渗透率-时间曲线可知，各级偏应力作用初期均出现渗透率增加，而后随着荷载的稳定，渗透率迅速减小，最后趋于稳定状态。

由岩石流变试验曲线可以看出，在偏应力为153MPa时岩石试样出现加速流变破坏，在此过程中渗透率由稳定逐渐增加，渗透率的最大值出现在加速流变阶段。由以上试验结果不难看出，在岩石流变破坏过程中，衰减流变阶段呈现缓慢上升的趋势，稳态流变阶段渗透率基本稳定，而在加速流变阶段渗透率随宏观贯通裂纹的出现达到最大值。

渗压3MPa作用下的岩石流变全过程渗透率试验曲线如图3.13(b)所示。在第一级偏应力增加过程中，岩石裂纹随应力增加而发展，岩石渗透率随着偏应力的增加而增加，其渗透率最小值出现在第一级偏应力的衰减流变阶段，其增长趋势与轴向应变-时间试验曲线相似。在稳态流变阶段，岩石渗透率基本趋于稳定，这主要是由于在恒定荷载作用下，岩石内部裂纹发展缓慢，对渗透率的影响较小。而在第三级偏应力作用下，渗透率出现瞬时的递增，出现与渗压2MPa第二级偏应力加载过程中相似的特点，裂纹在偏应力和围压共同作用下的扩展和闭合是渗透率发生改变的主要原因。对比渗压2MPa和3MPa作用下的岩石流变全过程渗透率试验曲线可知，在渗透率出现最大增长点后，岩石试样渗透率均大于最大增长点之前，主要原因可以总结为最大增长点之前微裂纹的发育并不完全，而在最大增长点后由于宏观裂纹已出现，裂纹的发展比前期更加完全，岩石试样渗透率明显增加。

在最后一级偏应力作用下，岩石发生加速流变破坏，由于宏观贯通裂纹的出现，渗透率迅速增加，达到最大值。相比实验室所用岩石试样尺寸而言，实际岩体具有更多的节理和天然裂隙面，而实验室所用岩石试样尺寸较小，但对宏观贯通裂纹出现后岩石渗透特性的研究成果亦可以为实际岩体施工提供参考。

3.4.3 加速流变阶段的渗透演化规律分析

岩体作为复杂的不连续体，岩石被大量的节理、裂隙、断层和破碎带等软弱结构面分割。在渗流应力耦合流变力学试验过程中，在最后一级偏应力作用下，岩石试样内部出现大量宏观裂纹，可较好地模拟真实岩体中节理、裂隙等条件，因此给出了最后一级偏应力作用下岩石的应变-时间-渗透率试验曲线，如图 3.14 所示。

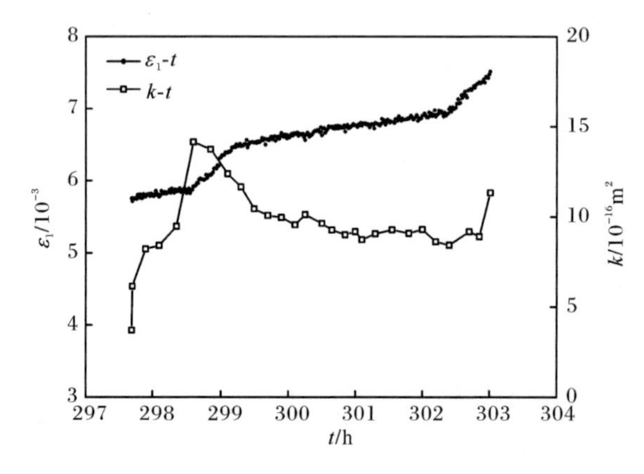

(a) 轴向应变-时间-渗透率

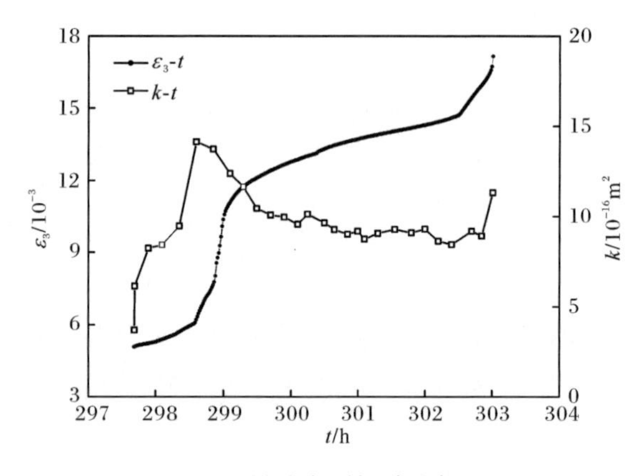

(b) 环向应变-时间-渗透率

图 3.14 最后一级偏应力作用下岩石的轴向/环向应变-时间-渗透率试验曲线(渗压 2MPa)

从图 3.14 中可以发现，在最后一级 153MPa 应力加载水平作用下，岩石试样渗透率呈现与应变变化相似的规律。以围压 4MPa、渗压 2MPa 试验曲线为例，在加载初期，岩石试样渗透率处于较低水平，随着荷载作用时间的延长，由于裂纹的扩展，岩石渗透率出现小幅度的上升，在 299h 处，岩石试样裂纹贯通造成应变出现陡增，在此过程中，岩石渗透率亦在短时间内出现增大的现象，这主要与岩石试样内部出现宏观裂纹形成有利于渗透水流通过的裂隙有关。此时岩石并未破坏，而是在围压与偏应力作用下应变速率减小，出现了维持3h左右的稳态流变阶段，该时间段内，岩石试样渗透率呈小幅度减小的趋势；随着应变量的增加，岩石最终发生加速流变破坏，渗透率亦出现较大幅度的增幅。

渗压3MPa作用下亦有相似的变化规律，如图3.15所示，在经过较长时间的稳态流变阶段后，加速流变破坏在短时间内发生，渗透率在稳定流变阶段基本维持不变，当进入加速流变阶段后，渗透率随着应变的增加而增加，与加速流变曲线有相同的变化趋势。

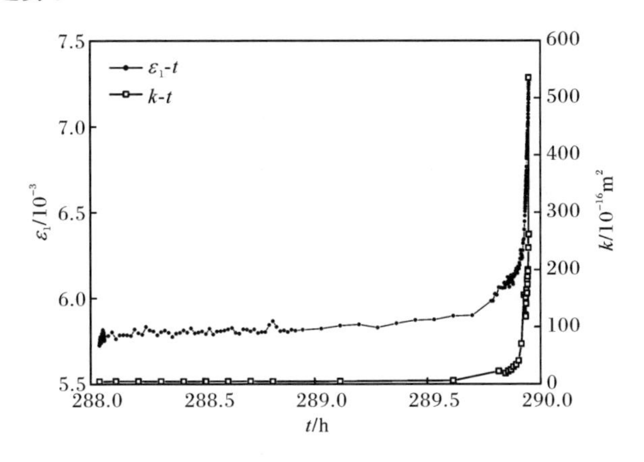

(a) 轴向应变-时间-渗透率

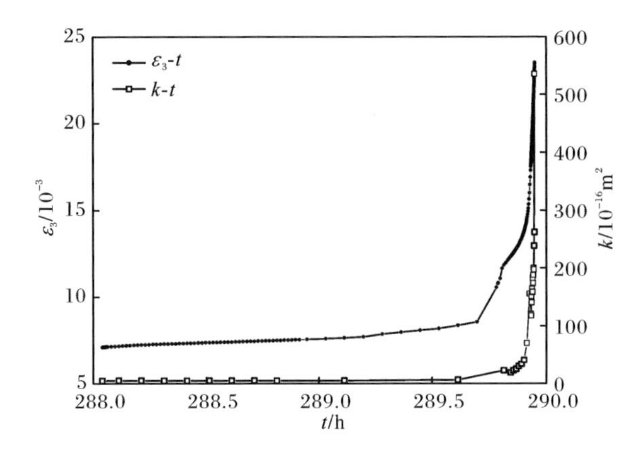

(b) 环向应变-时间-渗透率

图3.15　渗压3MPa最后一级偏应力作用下岩石的轴向/环向应变-时间-渗透率试验曲线

天然节理、裂隙和断层给渗透水流提供了天然通道，通过对岩石试样破坏后渗透率的研究,可以发现,岩石渗透率的变化趋势与岩体中裂隙有直接相关性,渗流是除应力作用外对岩石流变力学特性影响最为显著的因素,对诸如坝基岩石、隧洞围压等产生不良的影响,本试验可为工程维护提供参考。

3.5 本章小结

本章开展了地下水封洞库围岩二长花岗岩和闪长岩的渗流应力耦合三轴流变力学试验研究。重点分析了二长花岗岩三轴流变试验过程中轴向、环向和体积应变随时间的变化规律,研究了洞库围岩的流变变形速率,揭示了岩石流变破坏形式和流变破裂机理,最后对岩石三轴流变过程和加速流变阶段的渗透性演化规律进行了分析。

研究成果为建立渗流应力耦合作用下的流变本构模型以及开展地下水封洞库工程围岩长期稳定性数值分析研究提供了重要的参考依据。

第4章 地下水封洞库围岩渗流应力耦合流变损伤模型

在复杂渗流应力耦合地质环境下，石油战略储备大型地下水封洞库围岩的流变力学性质及其时效特征是岩石材料的固有力学特性。根据岩石三轴流变力学试验成果，建立符合工程实际的流变本构模型，并辨识相应的流变模型参数，是岩石流变力学研究的一项重要内容。流变本构模型能正确地描述工程岩体内在的本质规律，可以反映复杂应力状态下岩石的流变特性和变形机制。许多重大岩石工程建设迫切需要了解渗流应力耦合环境下的岩石流变力学特性，以促进岩石工程建设的顺利进行，并确保岩石工程在长期运营过程中的安全性与稳定性。当前岩石流变本构模型理论与方法的研究仍是岩石流变力学研究中的热点和难点问题之一，尤其是反映复杂应力状态、渗流应力耦合环境下的流变损伤模型理论更需要进一步深入研究。

4.1 地下工程岩石渗流应力耦合分析理论

国家石油战略储备大型地下水封洞库处于稳定的地下水位线以下一定的深度，通过人工在地下岩石中开挖出一定容积的洞室，利用稳定地下水的“水封”作用密封储存在洞室内的油品。地下水封洞库在洞室开挖前，地下水通过节理裂隙等渗透到岩层的深部并完全充满岩层空隙。当储油洞库开挖形成后，周围岩石中的裂隙水就向被挖空的洞室流动，并充满洞室。在洞室中注入油品后，由于岩壁中充满地下水的静压力大于储油静压力，油品始终被封存在由岩壁和裂隙水组成的封闭空间里，使油品不会渗漏出去。同时利用油比水轻，以及油水不能混合的性质，流入洞内的水则沿洞壁汇集到洞底部形成水垫层，油始终处在水垫层之上，并定期将多余的水提升到地表，从而达到长期储存油品的目的(王梦恕和杨会军，2008)。因此，可以发现，地下水封洞库工程在其运营期内将长期处在渗流场与应力场的耦合环境之中。

4.1.1 岩石渗流应力耦合分析基本方程

对于地下水封洞库围岩介质的渗流场与应力场的两场耦合问题，需要选择合适的数学和物理模型来描述。对于任意的岩石介质，按照其介质模型的尺度规模，可将其分为多孔连续介质、拟连续介质、块体介质等。对于完整块体岩石，其内部存在孔隙、微裂纹等，试验过程中所采用的岩石试样为取自完整岩石的柱状试样，因此，进行岩石渗流应力耦合是基于以下基本假定(Biot，1941；赵阳升，1994；杨天鸿，2004；黄书岭，2008；王芝银和李云鹏，2008)：

(1) 岩石介质内部孔隙、微裂纹均匀分布，其骨架介质视为多孔连续介质模型，介质中只存在固体和液体两相，其中气体很少，可以忽略，且孔隙、微裂隙内处于相对饱和状态，岩石介质中的渗流和介质固相骨架同时存在于整个介质空间之中。

(2) 岩石介质骨架在孔隙水压作用下服从弹性力学的所有基本假设，即遵守广义胡克定律。

(3) 岩石介质中的水渗流在微段水压力梯度上遵循达西定律。

(4) 岩石介质在孔隙水压力作用下，遵循修正的 Terzaghi 有效应力定律。

(5) 饱和岩石多孔介质的体积变形由两部分组成，即岩石固体骨架的变形和孔隙的变形。

(6) 岩石材料介质中的渗流遵循 Biot 渗流耦合理论。

下面讨论用于岩石渗流应力耦合分析的基本方程(赵阳升，1994)。

1. 应力平衡基本方程

均质各向同性介质模型是岩石工程界广泛应用的一种模型，可直接应用经典弹性理论进行分析。

1) 应力平衡方程

$$\sigma_{ij,j}+F_i=0 \tag{4.1}$$

2) 几何方程

$$\boldsymbol{\varepsilon}_{ij}=\frac{1}{2}(u_{i,j}+u_{j,i}),\quad i,j=x,y,z \tag{4.2}$$

3) 边界条件

$$T_i=\boldsymbol{\sigma}_{ij}n_j,\quad u_i=\bar{u} \tag{4.3}$$

式(4.1)～式(4.3)中，$\boldsymbol{\sigma}_{ij}$ 为应力张量；$\boldsymbol{\varepsilon}_{ij}$ 为位移张量；u 为位移；F 为外力；n 为孔隙率。

2. 连续性基本方程

在建立岩石渗流应力耦合分析的连续性方程时，可忽略岩体中流体的黏性影响，视岩体由岩石骨架和渗流两部分组成，分别建立这两种组分的物理特性及水力特性的控制方程，然后考虑它们在岩体中所占的体积将单相控制方程相加，最后得到岩体的连续性方程(王芝银和李云鹏，2008)。

1）渗流运动方程

$$\nu=-\frac{K}{\rho_{\mathrm{f}}g}\nabla p=-\frac{K}{\mu_{\mathrm{f}}}\nabla p=-\frac{K_i}{\mu_{\mathrm{f}}}p_{,i} \tag{4.4}$$

2）物性状态方程

（1）渗流状态方程：

$$\rho_{\mathrm{f}}=\rho_{\mathrm{f0}}\exp(p-p_0) \tag{4.5}$$

（2）岩石骨架状态方程：

$$\rho_{\mathrm{s}}=\rho_{\mathrm{s0}}\left[1+\alpha_{\mathrm{s}}(p-p_0)-\frac{\dot{\sigma}_V-\dot{\sigma}_{V0}}{3K_{\mathrm{s}}(1-\phi)}\right] \tag{4.6}$$

或者

$$\rho_{\mathrm{s}}=\rho_{\mathrm{s0}}\left[1+\alpha_{\mathrm{s}}(p-p_0)-\frac{K(\varepsilon_V-\varepsilon_{V0})}{3K_{\mathrm{s}}(1-\phi)}\right] \tag{4.7}$$

3）岩体孔隙状态方程

$$\phi=\phi_0\exp[\alpha_\phi(p-p_0)+\alpha_\sigma(\dot{\sigma}_V-\dot{\sigma}_{V0})] \tag{4.8}$$

或者

$$\phi=\phi_0\exp[\alpha_\phi(p-p_0)+3K_{\mathrm{m}}\alpha_\sigma(\varepsilon_V-\varepsilon_{V0})] \tag{4.9}$$

4）质量守恒方程

（1）流体的质量守恒方程：

$$\frac{K_i}{\mu_{\mathrm{f}}}p_{,ii}=\phi\frac{\partial p}{\partial t}+\frac{\partial\phi}{\partial t}+\phi\frac{\partial\varepsilon_V}{\partial t} \tag{4.10}$$

（2）岩石骨架质量守恒方程：

$$\frac{(1-\phi)}{\rho_{\mathrm{s}}}\frac{\partial\rho_{\mathrm{s}}}{\partial t}-\frac{\partial\phi}{\partial t}+(1-\phi)\frac{\partial\varepsilon_V}{\partial t}=0 \tag{4.11}$$

式(4.4)～(4.11)中，ρ_{f}、ρ_{s}分别为流体和岩石骨架的密度；ρ_{f0}、ρ_{s0}分别为流体和岩石骨架在参考压力p_0下的密度；ε_{V0}为参考有效体积应力$\dot{\sigma}_{V0}$条件下的岩体的体积应变；K_i为沿i方向的渗透系数；μ_{f}为流体的动黏度；p为孔隙水压力；ϕ_0为参考压力p_0下的岩体孔隙度；α_ϕ为孔隙弹性压缩系数；α_{s}为岩石骨架的压缩系数；α_σ为定压岩体孔隙压缩系数；K_{s}为岩石骨架的弹性体积模型；K_{m}为岩体的弹性体积模型；ε_V为有效体积应力变化引起的体积应变。

4.1.2　岩石的渗流耦合特性

岩石是在地质环境中生成、演化而形成的，并且作为工程岩体现今仍赋存于地质环境（如地应力环境、地下水环境及地质动力环境等）之中，高坝坝基岩石时时刻刻承受着地应力以及外界工程压力作用，而其中就包含着孔隙水压力。对于相对完整的孔隙岩石，在大多数情况下，孔隙、微裂隙、小裂隙中的水压力是对岩石的强度最有影响的因素，如果饱和岩石在荷载作用下不易排水或不能排水，则岩石孔隙、微裂隙、小裂隙中的水就有孔隙水压力,岩石孔隙内渗流压力的变化,一方面使得岩石内部有效应力发生变化,固体颗粒所承受的压力亦发生变化,进而使得岩石强度、渗透系数、孔隙度等发生变化;另一方面,这些变化又反过来影响岩石孔隙内部渗流流动和压力分布。对于裂隙岩体,其在应力作用下产生变形,使得岩体中的裂隙、孔隙张开或闭合,而裂隙中的渗流与开度近似呈立方关系,因而将大大改变裂隙岩体的渗流特性;另外,水在裂隙岩体中发生渗流时,产生渗压,会改变岩体中的应力场,同时岩体中的渗压对岩体中的裂隙面的变形规律产生影响,也就是说,裂隙岩体中的渗流和应力之间存在着相互作用、相互影响的耦合关系(柴军瑞,2001;夏才初和孙宗颀,2002;叶源新和刘光廷,2005;徐德敏,2008)。

尤其是对地下水封储油洞库工程而言,由于其整个库区都位于地下水位以下,因此洞库围岩的渗流耦合问题是无法回避的。首先,由于在工程施工过程中的开挖、爆破等工程扰动,使得岩土体周围的初始应力进行二次分布,初始应力的重新分布将影响岩土体的微观组织结构,这一变化导致地下水渗流特性发生相应的改变;其次,由于地下水的存在,岩土体中会产生两种水压力(即动水压力与静水压力),静水压力与动水压力的叠加效应使得岩土体中产生劈裂扩展、剪切变形和岩土体的位移变化,上述变化引起了孔隙度和连通性的增加,一系列的改变引起了渗流场与应力场的变化,这些变化最终直接影响岩土体的整体稳定性。整个过程是渗流场与应力场互相影响、互相调整并逐步发展成为一个稳定状态的过程(赵阳升,2010)。

叶源新和刘光廷(2005)对孔隙岩石渗流应力耦合特性的现有成果进行了详尽的总结和分析,认为研究该耦合问题的方法有三种:一是直接根据渗流应力耦合试验结果,得到岩石渗透系数与应力应变关系的经验公式;二是根据已有耦合试验研究成果设定耦合特性关系的函数形式,利用力学方法推导并确定耦合特性的关系式;三是以物理模型为基础,利用力学工具建立耦合关系式。也就是说,目前主要通过渗流应力耦合试验得到的经验公式、以岩石孔隙为桥梁得到的岩石渗流应力耦合间接公式,以及耦合机理分析理论模型三个方面研究岩石渗流应力耦合特性,得出反映渗流场与应力场耦合的数值模型,即

$$\begin{cases}\dfrac{\partial(\dot{\sigma}_{ij}+\delta_{ij}\alpha p)}{\partial x_{ij}}+f_j=0, \quad i,j=1,2,3\\ \dfrac{1}{\gamma_w}\left[\dfrac{\partial}{\partial x}\left(K_x\dfrac{\partial p}{\partial x}\right)+\dfrac{\partial}{\partial y}\left(K_y\dfrac{\partial p}{\partial y}\right)+\dfrac{\partial}{\partial z}\left(K_z\dfrac{\partial p}{\partial z}\right)\right]+\dfrac{\partial}{\partial z}K_z=\dfrac{\partial n}{\partial z}\end{cases} \tag{4.12}$$

式中,$\dot{\sigma}_{ij}$ 为有效应力张量,且$\sigma_{ij}=\dot{\sigma}_{ij}+\delta_{ij}\alpha p$ 为总应力张量;p 为孔隙水压力;$0\leqslant\alpha\leqslant1$ 为等效孔隙压系数;δ_{ij} 为 Kroneker 符号;f_j 为体积力;K_x、K_y、K_z分别为 x、y、z 方向渗透系数;$\gamma_w=\rho g$ 为流体容重;ρ 为流体密度;n 为孔隙率。

在岩石渗流应力耦合分析之中，渗流与应力之间的关系是通过渗透系数 K 来体现，而渗透系数 K 又是应力、应变或孔隙率的函数，孔隙率一般又是应力或应变的函数，因此，渗透系数可表示为应力、应变的函数：

$$K_{x,y,z}=f(\sigma) \quad 或 \quad K_{x,y,z}=f(\varepsilon) \tag{4.13}$$

式(4.13)表示渗透系数-应力方程或渗透系数-应变方程，此方程是进行渗流应力耦合数值分析的控制方程，可称为渗流-应力耦合本构方程或渗流-应变耦合本构方程，将其与式(4.12)联合就可进行渗流应力耦合分析。

研究岩石全应力-应变阶段的渗流应力耦合特性是进行岩石渗流应力耦合试验研究的最新进展，叶源新和刘光廷(2005)分析了目前国内关于这方面的研究，总结归纳出岩石在全应力-应变过程中渗透率变化规律。

(1) 弹性阶段：岩石渗透率随应力的增大而略有降低(原生微裂隙闭合阶段)，或者渗透率变化不大(原生裂隙不发育)。

(2) 塑性阶段：随着岩石新生裂隙的扩展、贯通，其渗透率先是缓慢增加，而后急剧增大，在峰前或者峰后达到极大值；之后，随应变的增加，渗透率可能继续增加，可能平缓降低，也可能急剧降低。

虽然对岩石渗流应力耦合的研究已经取得了较大的发展，但还有很多工作要做，主要体现为以下方面(叶源新和刘光廷，2005)：

(1) 岩体内含许多孔隙、裂隙、节理、断层、软弱夹层等，需要开展含孔隙、裂隙岩体组合渗流应力耦合分析的数值模型，以适应工程应用的要求。

(2) 针对岩石的各向异性特性，需要开展真三轴渗流应力耦合试验设备，以促进各向异性渗流应力耦合规律的研究。

(3) 基于应力非单调变化对岩石渗透性的影响，需要开展应力非单调变化情况下的岩石渗流应力耦合试验，且应该对岩石变形的不可逆性对其渗透性的影响引起足够的重视。

(4) 通过岩石渗透率变化来观测和反映岩石损伤破裂状况，同时利用脉冲或者超声波法测试岩石的损伤情况来解释岩石渗流应力耦合机理，以促进渗流应力耦合特性的宏观规律和微观机理之间的联系，为深入挖掘渗流应力耦合作用发生发展的内在原因提供途径，这是很值得研究的发展方向。

(5) 综合考虑水-岩的物理、化学、力学效应，进行渗流应力耦合分析，以使研究工作更加符合工程实际。

岩石中孔隙、微裂隙渗透率很低，但是其中的孔隙水压力依然存在，而且由于渗透性较低，形成较高的水压力梯度，其渗流力学的宏观响应不容忽视；块体岩石的渗透性与结构面(裂隙、节理、断层等)相比，可以认为不透水，但在岩石压缩破坏过程中，随着岩石内部裂纹的萌生、扩展，将和原生结构面相贯通，其渗透率发生重大变化(杨天鸿，2004)。

4.1.3 岩石渗透特性与应力耦合关系

在岩石渗流应力耦合分析中,岩石渗透系数不再是常量而是一个变量,通常表示成应力或应变与孔隙率的函数,它们之间的关系如式(4.13)所示,该关系式为岩石渗流应力耦合分析的关键。目前对于岩石的渗透系数与应力耦合关系的研究,主要是从多孔岩体介质模型、等效连续岩体介质模型以及裂隙岩体介质模型三个方面进行的。

1. 多孔岩体介质模型

一般情况下,对于相对完整的岩体可当成多孔连续介质来考虑,用连续多孔介质模型来研究渗透系数与应力(应变)之间的耦合关系。

Louis(1969)基于某坝址岩体中不同深度的钻孔抽水试验资料总结出各向平均渗透系数与应力状态之间的经验公式:

$$K=K_0\exp(-\alpha\sigma),\quad \sigma\approx\gamma H-p \tag{4.14}$$

式中,K 为渗透系数;K_0 为地表渗透系数;γH 为覆岩重量;p 为孔隙水压力;α 为系数。

McKee 等(1988)对埋藏较深的岩石提出渗透系数与应力之间的关系:

$$K=K_0\mathrm{e}^{C\sigma} \tag{4.15}$$

式中,σ 为岩石应力;K_0、C 为常数。

李世平等(1995)根据大量不同围压、孔隙水压力条件下的应力-应变渗透试验,得出相应的渗透-应变方程:

$$K_i=a_i+b_i\varepsilon+c_i\varepsilon^2+d_i\varepsilon^3+e_i\varepsilon^4,\quad i=1,2,3 \tag{4.16}$$

式中,K_i 为渗透系数张量;a_i、b_i、c_i、d_i、e_i 为常数;ε 为应变。

赵阳升(1994)通过大量的煤岩渗透试验,得出煤样渗透系数与体积应力、孔隙水压力之间的拟合公式:

$$K=a\exp(-b\Theta+cp) \tag{4.17}$$

式中,a、b、c 分别为拟合常数; p 为平均渗透水压力;$\Theta=\sigma_1+\sigma_2+\sigma_3$ 为体积应力。

冉启全和顾小芸(1998)认为岩石的体积变化等于岩石的孔隙体积变化,经过简单推导,得出岩石渗透系数与体积应变之间的关系式:

$$\frac{K}{K_0}=\frac{(1+\varepsilon_V/n_0)^3}{1+\varepsilon_V} \tag{4.18}$$

式中,n_0 为初始孔隙率;ε_V 为体积应变;K_0 为初始渗透系数。

杨天鸿(2004)提出岩石渗透系数是孔隙变化量的函数,并根据已有试验成果,得出渗透系数与孔隙率之间的关系式:

$$K_{ij}(\sigma,p)=K\exp(a\Delta n),\quad \Delta n=\frac{p}{Q}-\alpha\varepsilon_V=\frac{p}{H}-\frac{\sigma_{ii}}{3H} \tag{4.19}$$

式中，a 为耦合参数，表征应力、应变对渗透系数的影响程度，根据试验确定；p 为孔隙水压力；Δn 为孔隙变化量；ε_V 为体积应变；Q、H、α 为 Biot 常数。

卢平等(2002)根据 Kozeny-Carmen 方程，提出如下渗透系数与体积应变之间关系：

$$\frac{K}{K_0}=\frac{1}{1+\varepsilon_V}\left(1+\frac{\varepsilon_V}{\varphi_0}\right) \tag{4.20}$$

式中，ε_V 为体积应变；K_0 为初始渗透系数；φ_0 为初始孔隙率。

体积应变参数本身是有效应力及岩体本身特性的综合反映。因此，不论岩石变形是线性的还是非线性的，弹性的或是弹塑性的，式(4.20)的表征关系式应都是有效的，其可作为研究多孔介质岩体流固耦合的一个重要关系式(张向霞，2006)。

2. 等效连续岩体介质模型

考虑岩石渗流力学的固体变形与地下水的相互作用，具体表现为：岩体应力变化导致岩体裂隙宽度变化，从而改变了裂隙岩体的渗透系数，裂隙渗流压力改变，导致作用于裂隙上的有效应力变化，使岩体发生变形，并同时使岩体裂隙变形，进而导致裂隙岩体渗透系数变化。

赵阳升(1994)给出岩石裂隙组的等效渗透系数公式：

$$K_e = \frac{1}{12}\sum_{i=1}^{n} b_i^3 f_i \tag{4.21}$$

式中，K_e 为等效渗透系数；b_i 为第 i 根裂隙宽度；f_i 为第 i 根裂隙的线性密度。

根据式(4.21)，可以获得裂隙岩体的等效宽度：

$$b_e=\sqrt{12\mu K_e},\quad K_e=\frac{1}{12\mu}b_e^2 \tag{4.22}$$

在等效连续介质的固体变形模型下，岩体的变形为 ε，它表示单位长度岩体的变形。假设岩块不可变形，故变形 ε 可以认为是等效宽度为 b_e 的裂隙宽度变化，并将其代入式(4.22)，即可以得到裂隙岩体等效渗透系数的变化(赵阳升，1994)：

$$K'_e=\frac{1}{12\mu}(b_e-\varepsilon)^2 \tag{4.23}$$

式(4.23)中 ε 是由求解固体变形得到的，这就是说使用 Romm 模型求解裂隙岩体渗流时，必须耦合求解固体变形方程。对于等效连续介质模型的有效应力采用修正的太沙基有效应力规律。

3. 裂隙岩体介质模型

Snow(1968)针对裂隙岩体渗透特性伴随加(卸)载次数的增多而减小并趋于稳定的现象提出下述计算裂隙岩体渗透系数的经验公式：

$$K_n = K_0 + \frac{K_N (2b)^2}{s}(p - p_0) \tag{4.24}$$

式中，K_n为水平裂隙渗透系数；K_0为初始压力p_0下渗透系数；$2b$为裂隙张开度；K_N为裂隙的法向刚度系数；s为裂隙间距。

Jones(1975)针对碳酸岩类建议的对数型岩石裂隙渗透系数经验公式：

$$K_f = K_0 \left(\log \frac{\sigma_n}{\sigma}\right)^3 \tag{4.25}$$

式中，σ为法向有效应力；σ_n为使$K_f = 0$时的法向有效应力；K_0为试验常数。

刘继山(1987)根据指数型σ_n-ΔV_j曲线，并假定$b_n = b_m$，得到如下公式：

$$K_f = \frac{g b_{m0}^3}{12\mu} e^{-\frac{2\sigma_n}{A_n}} \tag{4.26}$$

式中，$A_n = b_{m0} K_{n0}$；b_{m0}、K_{n0}分别为初始水力隙宽和初始法向刚度系数；σ_n为法向有效压力。

赵阳升(1994)通过研究三维应力作用下天然粗糙单裂隙的渗透特性，提出如下裂隙岩体渗透系数的经验公式：

$$K_f = \frac{g b_{m0}^3}{12\mu} \exp\left\{\frac{-3[\sigma_2 + \nu(\sigma_1 + \sigma_3) - \beta P]}{K_n}\right\} \tag{4.27}$$

式中，σ_1、σ_3为平行于裂隙的应力；σ_2为垂直于裂隙的应力；P为裂隙中的空隙水压力；b_{m0}为初始裂隙宽度；K_n为法向刚度系数；ν为泊松比；β为裂隙内连通面积和总面积之比。

4.2 地下水封洞库围岩流变损伤特性分析

大型地下洞室工程围岩中存在着大量断层、节理以及软弱夹层等不连续面，正是这些不连续面造成了岩体与岩石材料的巨大区别，岩体结构控制岩体变形、破坏及其力学特性，岩体变形由岩石材料变形和岩体结构变形共同组成，这些特性决定了岩体本质上是不连续体。因此，岩石是一种自然损伤材料。岩体中的断层、裂隙及节理，由于挤压破碎以及地下水的活动，经常会形成软弱带或泥化带，即软弱夹层，软弱夹层的强度较低，且变形量大，具有显著的时间效应，因而软弱夹层的流变力学特性直接影响岩体工程的长期稳定性。

4.2.1 洞库围岩变形的时效性

地下水封洞库围岩变形具有明显的时效性。在恒定的应力作用下，岩石蠕变变形的理论曲线如图 4.1 所示。曲线 a 的 OA 段为加载后瞬时产生的弹性应变。蠕变曲线的三个区段如下：

(1) AB 段是应变速率随时间增长而逐渐递减的初期蠕变，此阶段也称为衰减蠕变。

(2) BC 段是应变速率随时间增长呈定值稳定状态的第二期稳态蠕变，此阶段也称为等速蠕变。此阶段历时的长短主要取决于应力水平和加载速率。

(3) CD 段是试件达到破坏前应变速率呈加速增长的第三期蠕变，此阶段也称为加速蠕变。

随着岩体属性、应力状态以及环境条件的不同，蠕变曲线的性状也是不同的。当应力水平低于某一限值时，则不产生蠕变，如图 4.1 中曲线 b 所示。当应力水平较高且接近岩石的强度时，可能三个区段的蠕变反映不明显，变形将急剧发展直至试样破坏，如图 4.1 中曲线 c 所示。当应力水平较低时，可能只产生衰减蠕变和稳态蠕变，即曲线上的 AB 和 BC 两个区段的蠕变。

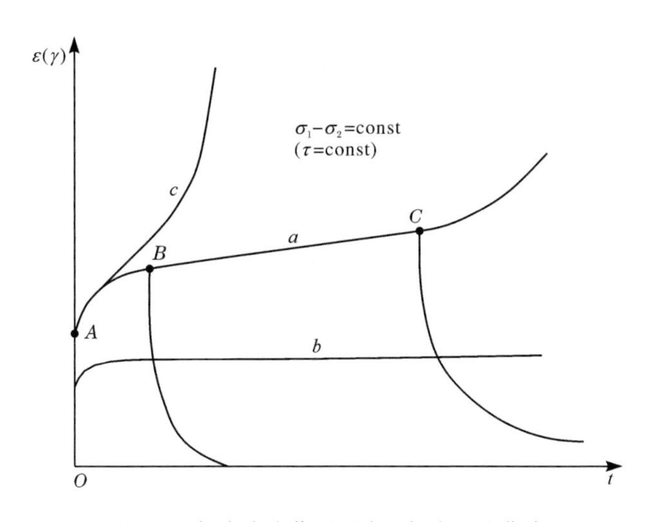

图 4.1　恒定应力作用下岩石蠕变理论曲线

4.2.2　洞库围岩强度的时效性

地下水封洞库围岩在长期承受荷载条件下，表现出的长期强度比短时加载的弹塑性强度低许多。岩石这种与荷载大小、荷载作用时间和流变相关的强度称为岩石的长期强度。影响岩石长期强度大小的原因很多。按照不同的工程需要和研究目的，长期强度概念可以有多种理解，通常有以下三种(孙钧，1999)：

(1) 长期强度是岩石经受某一恒定荷载持续作用，在历时多年后才发生的破坏荷载。

(2) 长期强度是岩石在经历了一定的应力路径和时间后，于很长时间内发生宏观完全分离破坏时所对应的荷载水平。

(3) 在特定的工程中还可以把岩石应力松弛达到稳定应力水平的值视为岩石

的长期强度。

因此,岩石的长期强度是相对于加载方式而言的,不同的试验方法要由不同的方法来确定。对于多个岩石单级恒载试验,取试样破坏前受载时间足够长的最高荷载水平为岩石的长期强度,或通过数据拟合处理取破坏时间趋近于无穷大时的最高荷载作为岩石长期强度。对单个试样的分级加载试验,首先由荷载增量相同、加载时间间隔不同的一组试验,确定出破坏所需时间与破坏荷载量值的关系,把破坏时间足够大或是趋于无穷大时所对应的最小荷载作为相应荷载下的长期强度。

具体的操作步骤如下:

(1) 获得每一级应力水平下的应变-时间等荷载曲线,应用 Boltzmann 叠加原理进行叠加,叠加后的应变-时间等荷载曲线如图 4.2 所示。

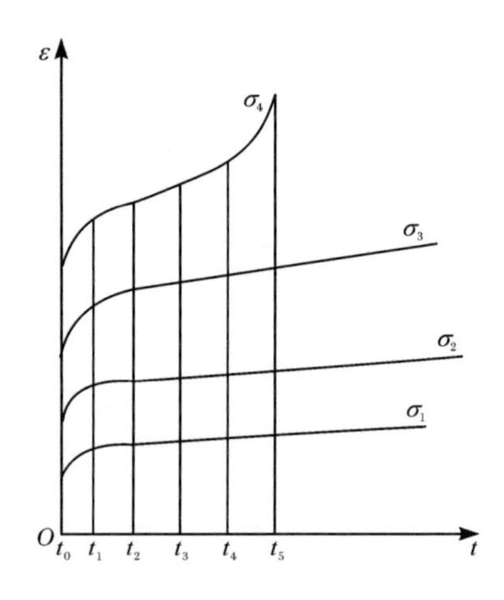

图 4.2 叠加应变-时间等荷载曲线

(2) 根据图 4.2,以不同时间 t 为参数,可以得到一簇应力-应变关系等时曲线,如图 4.3 所示。根据 $t \gg 0$ 曲线的变化趋势,绘制 $t=\infty$时的曲线,其水平渐近线在应力轴上的截距即为长期强度。

按瞬时破坏强度计算方法,计算长期强度,可得到长期黏聚力和内摩擦角。长期模量定义为岩体经长期受力以后,应力与稳定应变的比值。因此,试样达到长期强度时,应力与应变的比值即为试样长期变形模量。

4.2.3 渗流场环境下洞库围岩流变损伤特性分析

大量现场试验研究结果表明,地下洞室开挖后的围岩存在一个力学性质变差的破损区(EDZ)。地下洞室开挖会因岩体的移除,而使围岩向开挖临空面移动,

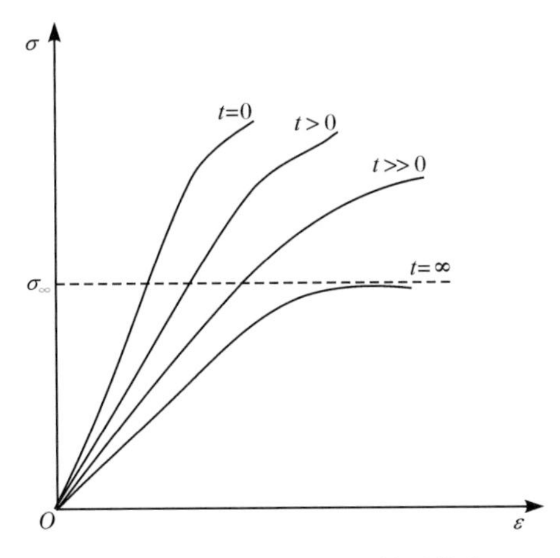

图 4.3　叠加应力-应变等时曲线

进而导致开挖区周围围岩发生应力调整和二次应力重分布。这种原岩应力状态的改变导致洞壁周边压力约束的下降和差应力的增大,进而导致围岩损伤。围岩损伤的工程效应使洞壁位移增大、岩石裂纹增多、完整性下降、松散性增大和水力特性增加等。主要表现为损伤区内岩石强度下降、黏聚性逐渐丧失、弹性模量降低、泊松比增大和波速下降等。表层围岩力学性质发生明显劣化的原因,一方面是卸荷作用使得原处于密闭状态下的细微裂隙趋于张开,另一方面洞壁环向应力的劈裂作用和施工扰动进一步加剧了原有裂隙的扩展和新裂隙的产生。

地下洞室开挖前处于三向应力状态,岩体开挖后的临空面形成新的二向应力状态。应力状态发生较大的调整,而且越靠近开挖面,调整的程度越大。从弹性力学可知,在洞室开挖面上会形成应力集中,而岩体移除产生的卸荷作用使得围岩失去一侧的约束,导致所处力学环境劣化,这两方面的原因可能导致围岩屈服破坏。在地下洞库围岩二次应力调整过程中,临空面约束的失去和开挖引起的差应力增大都导致了围岩的损伤破坏。围岩的损伤劣化均与裂纹的张开扩展有关。

岩体开挖损伤后裂隙比原岩增大,进而导致弹性模量降低。事实上,工程岩体内部都存在一些原生微裂隙。通常,微裂隙接触面上的法向应力小于岩体的宏观围压,但在微裂纹的尖端部位,集中的法向应力却大于岩体围压。根据岩石断裂力学的观点,这种应力的集中效应会因岩石外部宏观应力的增大而显著增加,形成集中于微裂纹尖端的局部张拉应力和剪应力,微裂纹因此而进一步扩展张开。所以,当地下洞室围岩侧向开挖卸荷后,使新的微裂隙萌生扩展和原有裂隙间产生新的裂隙网络,形成更大的贯通裂隙。有研究表明,微裂隙的增加会使围岩的表观摩擦强度增大,其原因是裂纹网络促使岩石内部的摩擦角上升。但微裂缝的扩展却降低了岩石的整体性,使其表现出黏聚性丧失的特征。

对于地下水封洞库工程，复杂渗流场环境下的岩石损伤对于洞库围岩的变形破坏往往具有决定性作用。在洞库围岩的变形初期，围岩变形取决于黏、弹、塑性与损伤的耦合作用，但是洞库围岩发生大变形直至破坏则完全取决于岩石的损伤和断裂，因此，损伤变形是洞库围岩变形的主体。

研究地下洞库围岩流变损伤时，可认为围岩损伤产生于岩石流变的第三阶段。同时，产生软化现象的根本原因在于岩石的损伤作用，在给定表观应力前提下，岩石材料损伤变量和应变最终都有一个对应的固定值。具有流变特性的洞库围岩，在渗流场环境下的洞库围岩发生流变变形，使其内部产生新的裂缝以及裂缝的不断扩展，从而导致洞库围岩强度和流变参数随时间的变化呈现逐渐弱化的规律。

对于渗流场环境下的地下水封洞库围岩流变损伤机理主要体现在以下方面：

(1) 地下水封洞库工程长期处于正常地下水位之下，洞库围岩的强度和流变参数的弱化主要与岩石在复杂应力作用下随时间的流变损伤演化，以及岩石饱水后在渗流场环境下随时间的软化效应相关。

(2) 渗流场环境下的地下水封洞库围岩由于受到开挖卸荷的影响，形成的洞库围岩周围岩体裂隙扩展、损伤劣化，渗透性明显增强，进而改变了地下洞库围岩周围岩体的渗流场和应力场分布。

4.3 考虑损伤演化的岩石流变损伤模型

岩石的损伤是变形和破坏过程中裂隙的发展和演化，使得岩石材料力学性质逐步劣化的过程，在岩石蠕变变形和破坏过程中也存在着损伤。地下水封洞库围岩的长期变形和破坏过程中的裂隙的演化和发展与岩石的流变损伤密切相关，因此，建立反映地下水封洞库工程实际的流变损伤本构模型是非常必要的。

4.3.1 岩石损伤变量

1. 标量型损伤变量

Rabotnov 模型经典的一维损伤变量可采用式(4.28)定义：

$$D=1-\frac{\bar{A}}{A_0} \tag{4.28}$$

式中，D 为损伤变量；A_0 为无损材料的初始横截面面积；$\bar{A}$ 为材料受损后的有效负荷面积。

在此基础上，Lemaitre(1985)提出等效应变假说，这样将对损伤的描述和测定问题巧妙地转化为间接测量材料损伤前后的弹性模型，如式(4.29)所示，从而克服了无法直接测定损伤材料有效截面面积的困难。

$$D=1-\frac{\bar{E}}{E} \tag{4.29}$$

式中，$\bar{E}$为材料受损后的弹性模量；E 为无损材料的弹性模量。

2. 基于微裂纹统计几何特征的二阶张量形式损伤变量

对于地下水封洞库工程，大多数天然岩石材料内部都分布有大量微裂纹，这与岩石形成过程、矿物组分以及受荷历史有关。初始微裂纹在承受荷载时会发生扩展并生成新的裂纹，导致损失的出现和逐步积累，当微裂纹最终融汇贯通形成宏观大裂纹时，材料即失效破坏，因此，以微裂纹的统计几何特征来描述损伤被许多学者所采用。由于微裂纹的分布并不是完全随机的而是具有一定的方向性，并且原始裂纹在受荷时会产生沿最大压应力方向扩展的分支裂纹，从而导致材料的损伤具有各向异性特征，此时就需要采用张量的形式来描述损伤。常用的损伤张量多为二阶和四阶，采用更高阶的张量描述损伤虽然可以达到很高的精度，但是对物理应用而言是极为困难的。

在 Kachanov、Lubarda 和 Krajcinovic 等所做的对定向微裂纹分布的张量表达基础上，Shao 等(2006)提出如下形式的对称二阶损伤张量：

$$D=\sum_{k=1}^{N} m_k\left(\frac{a_k^3-a_0^3}{a_0^3}\right)(n_k \otimes n_k) \tag{4.30}$$

式中，N 为微裂纹组数，微裂纹假想为币形；$n_k\,(k=1,\cdots,N)$为裂纹的法向矢量；a_0、$a_k\,(k=1,\cdots,N)$分别为裂纹初始统计平均半径以及裂纹扩展后的平均半径；$m_k\,(k=1,\cdots,N)$为裂纹密度(即单位体积内裂纹的条数)。由该式可见，损伤张量是以各方向微裂纹密度的相对变化量来定义的，即只考虑外加荷载作用下微裂纹扩展后导致的损伤，而初始微裂纹被认为不构成损伤。

3. 基于应变度量的损伤变量

实际应用中除了以微裂纹的统计几何特征来定义损伤变量外，亦有采用应变张量度量的损伤定义方式。

Mazars 定义了单轴受拉、受压状态下的一维损伤演化方程，在此基础上扩展到三维情形下的标量形式损伤变量的定义(计算)式(Shao et al.，1999)：

$$D=\begin{cases}0, & 0\leqslant\varepsilon_e\leqslant\varepsilon_p\\ 1-\dfrac{\varepsilon_p(1-A_t)}{\varepsilon_e}-\dfrac{A_t}{\exp[B_t(\varepsilon_e-\varepsilon_p)]}, & \varepsilon_e>\varepsilon_p\end{cases} \tag{4.31}$$

$$\varepsilon_e=\sqrt{\langle\varepsilon_1\rangle^2+\langle\varepsilon_2\rangle^2+\langle\varepsilon_3\rangle^2} \tag{4.32}$$

式中，ε_e称为等效应变；$\langle\cdot\rangle$称为 McAuley 不连续函数，即 $x>0$ 时，有$\langle x\rangle=x$，否

则$\langle x\rangle=0$；ε_1、ε_2、ε_3为3个主应变，约定拉应变为正，压应变为负；A_t、B_t均为材料参数，由试验数据拟合测定。

另一种基于应变的二阶张量形式的损伤定义是建立在对损伤产生与发展的细观物理机理，即材料内部微裂纹的萌生与扩展分析基础上，认为微裂纹是沿着主应力方向进行扩展的，假定损伤主轴与应力主轴和应变主轴是重合的，则初始状态是各向同性材料在损伤后将表现出正交各向异性性质。应用谱分解方法，二阶损伤张量可以用其损伤主值及其主向单位矢量表示（杨强等，2005），其表达式为

$$D=\sum_{i=0}^{3}D_i(V_i\otimes V_i) \tag{4.33}$$

式中，D_i、V_i分别为损伤主向单位矢量和损伤主值。

由于假定损伤主轴与应变主轴重合，因而确定比较容易，目前比较困难的是损伤主值的计算。周维垣等（1998）以主应变定义的3个主损伤变量为

$$\begin{cases}D_1=\dfrac{1}{2}\left\{\left[\dfrac{\langle\varepsilon_1\rangle}{\varepsilon_r}\right]^n+\left[\nu\dfrac{\langle\varepsilon_2\rangle}{\varepsilon_r}\right]^n+\left[\nu\dfrac{\langle\varepsilon_3\rangle}{\varepsilon_r}\right]^n\right\}\\ D_2=\dfrac{1}{2}\left\{\left[\dfrac{\langle\varepsilon_2\rangle}{\varepsilon_r}\right]^n+\left[\nu\dfrac{\langle\varepsilon_1\rangle}{\varepsilon_r}\right]^n+\left[\nu\dfrac{\langle\varepsilon_3\rangle}{\varepsilon_r}\right]^n\right\}\\ D_3=\dfrac{1}{2}\left\{\left[\dfrac{\langle\varepsilon_3\rangle}{\varepsilon_r}\right]^n+\left[\nu\dfrac{\langle\varepsilon_1\rangle}{\varepsilon_r}\right]^n+\left[\nu\dfrac{\langle\varepsilon_2\rangle}{\varepsilon_r}\right]^n\right\}\end{cases} \tag{4.34}$$

式中，ε_r为容许拉应变，取单轴拉伸试验的极限破坏应变；ν为泊松比；n为材料常数；其余符号含义同前。

4.3.2 岩石损伤演化方程

岩石流变损伤模型最重要的是选取合适的损伤变量也就是损伤演化方程，损伤变量的选取可以从宏观和微观角度出发，例如，从材料质量的变化、弹性模量的变化、弹性应变、塑性或黏塑性应变、声发射以及能量等宏观量来定义损伤变量；从材料内部空隙、裂隙数目，几何特征，排列方式，裂隙的闭合、张开和滑移等微观量来定义损伤变量。损伤演化方程一般假定与材料的应力、应变、温度、时间等因素相关，通过热力学理论建立。

以等效应变来定义损伤变量（李兆霞，2002），采用Mazars损伤演化方程形式，将损伤引入经典的元件组合流变模型中，建立了基于传统元件模型的流变损伤模型（陈鸿杰，2014）。

1. 等效应变

岩体内一点的应变状态可由9个应变分量表示，且应变张量可分解为应变球张量和应变偏张量：

$$\varepsilon_{ij}=\begin{bmatrix}\varepsilon_x & \varepsilon_{xy} & \varepsilon_{xz}\\ \varepsilon_{yx} & \varepsilon_y & \varepsilon_{yz}\\ \varepsilon_{zx} & \varepsilon_{zy} & \varepsilon_z\end{bmatrix}=\varepsilon_m\delta_{ij}+e_{ij},\quad i,j=x,y,z \tag{4.35}$$

式中，$\varepsilon_m=\frac{1}{3}(\varepsilon_x+\varepsilon_y+\varepsilon_z)$；$\delta_{ij}$ 为 Kronecker 符号。

等效应变(也称广义剪应变)定义为

$$\varepsilon_i=\frac{\sqrt{2}}{3}\sqrt{(\varepsilon_x-\varepsilon_y)^2+(\varepsilon_y-\varepsilon_z)^2+(\varepsilon_z-\varepsilon_x)^2+6(\varepsilon_{xy}^2+\varepsilon_{yz}^2+\varepsilon_{zx}^2)} \tag{4.36}$$

2. 损伤演化方程

这里假定岩石的损伤是各向同性的，并且不计初始损伤，采用 Mazars 损伤准则作为损伤演化方程：

$$f(D)=D-\left\{1-\frac{\varepsilon_{\mathrm{thr}}(1-A)}{\varepsilon_{\mathrm{D}}}-\frac{A}{\exp[B(\varepsilon_{\mathrm{D}}-\varepsilon_{\mathrm{thr}})]}\right\}\leqslant 0,\quad \varepsilon_{\mathrm{D}}>\varepsilon_{\mathrm{thr}} \tag{4.37}$$

式中，ε_{D}为反映损伤的变量；$\varepsilon_{\mathrm{thr}}$为应变阈值。

式(4.37)虽然在形式上与应变相关，但在蠕变过程中，应变是时间的变化量，因此损伤变量和损伤演化方程是与时间相关的隐式形式。

当$\varepsilon_{\mathrm{D}}>\varepsilon_{\mathrm{thr}}$时，开始考虑材料的损伤：

$$\varepsilon_{\mathrm{D}}=\frac{\sqrt{2}}{3}\varepsilon_i=\varepsilon_{\mathrm{equ}} \tag{4.38}$$

4.3.3　岩石流变损伤模型

目前，岩石流变本构模型大致可分为四类，即经验模型、元件组合模型、基于损伤的流变本构模型和基于热力学理论的流变本构模型，其中，基于热力学理论的流变本构模型也可分为经典黏弹/塑性理论流变模型和内时理论流变模型。经验模型、基于损伤的流变本构模型和基于热力学理论的流变本构模型均可以描述岩石的非线性流变变形，但经验模型缺少强烈的物理含义，仅为数学上的描述；基于损伤的流变本构模型和基于热力学的经典黏弹/塑性理论流变模型，物理含义明确，能很好地描述岩石的非线性流变性质，但选择合适的损伤变量和损伤演化方程，确定适合的屈服面及塑性势函数是十分关键的问题，在数值计算过程中常遇到较大的困难；基于热力学的内时理论流变模型不以屈服面作为其塑性发展的依据，因而优于传统的黏弹/塑性理论流变模型，该理论正在被广泛研究。

元件组合模型由于概念直观、简单、形象，物理意义明确，且易编程实现、应用方便，一直备受工程技术人员的青睐。但传统的元件组合模型为线性的，因而不能描述岩石的非线性流变变形，因此对线性元件组合流变模型进行非线性化是研究的热点，其采用的方法有 3 种：将现有元件模型中的线性元件替换为新的非线性元件或增加新的非线性元件重新组合模型；考虑元件模型中的参数为非定常值；引入新的理论来建立非线性流变模型（李良权等，2009）。

Cvisc 模型黏弹性关系由 Kelvin 体和 Maxwell 体反映，塑性本构关系遵守 Mohr-Coulomb 塑性屈服准则，示意图如图 4.4 所示，图中 E^{M} 为 Maxwell 弹性模量；E^{K} 为 Kelvin 弹性模量；η^{M} 为 Maxwell 黏滞系数；η^{K} 为 Kelvin 黏滞系数。现以 Cvisc 模型为基础，考虑流变模型参数随流变发展过程的损伤劣化效应，建立了 Cvisc 黏弹塑性流变损伤模型。

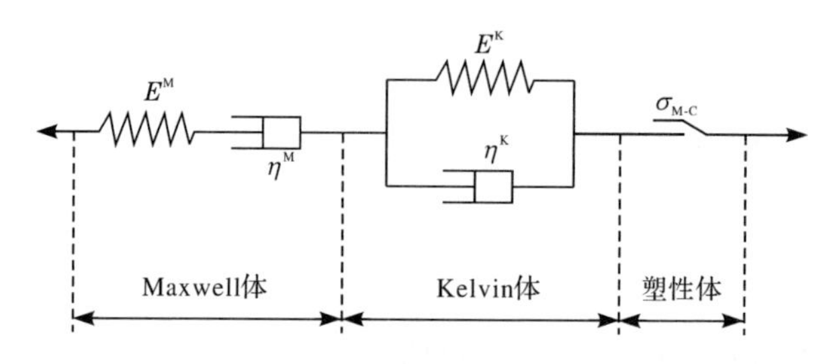

图 4.4　Cvisc 黏弹塑性流变模型示意图

Cvisc 黏弹塑性流变损伤模型示意图如图 4.5 所示。

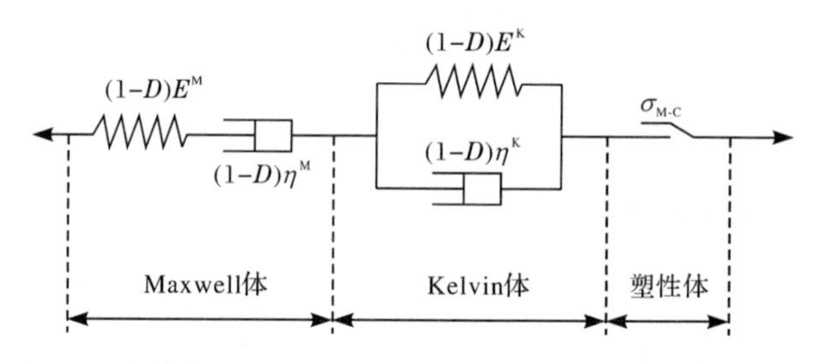

图 4.5　考虑参数劣化的 Cvisc 黏弹塑性流变损伤模型示意图

流变损伤模型的本构方程如下：

(1) 当 $\sigma<\sigma_{s}$ 时，塑性元件不产生作用，流变模型形式上等同于伯格斯流变模型，只是对模型参数引入损伤进行弱化，其蠕变方程为

$$\varepsilon=\frac{\sigma}{E^{M}(1-D)}+\frac{\sigma}{\eta^{M}(1-D)}t+\frac{\sigma}{E^{K}(1-D)}\left[1-\exp\left(-\frac{E^{K}}{\eta^{K}}t\right)\right] \tag{4.39}$$

(2) 当 $\sigma\geqslant\sigma_{s}$ 时，塑性元件产生作用，塑性屈服服从 Mohr-Coulomb 塑性流动规律，其蠕变方程为

$$\varepsilon=\frac{\sigma}{E^{M}(1-D)}+\frac{\sigma}{\eta^{M}(1-D)}t+\frac{\sigma}{E^{K}(1-D)}\left[1-\exp\left(-\frac{E^{K}}{\eta^{K}}t\right)\right]+\varepsilon^{P} \tag{4.40}$$

把考虑参数劣化的 Cvisc 流变损伤模型应力应变关系写成三维形式，其偏量

行为可由以下关系描述：

（1）总应变率

$$\dot{e}_{ij}=\dot{e}_{ij}^{\mathrm{K}}+\dot{e}_{ij}^{\mathrm{M}}+\dot{e}_{ij}^{\mathrm{P}} \tag{4.41}$$

（2）Kelvin体

$$S_{ij}=2\eta^{\mathrm{K}}(1-D)\dot{e}_{ij}^{\mathrm{K}}+2G^{\mathrm{K}}(1-D)e_{ij}^{\mathrm{K}} \tag{4.42}$$

式中，G^{K}为Kelvin体的剪切模量。

（3）Maxwell体

$$\dot{e}_{ij}^{\mathrm{M}}=\frac{\dot{S}_{ij}}{2G^{\mathrm{M}}(1-D)}+\frac{S_{ij}}{2G^{\mathrm{M}}(1-D)} \tag{4.43}$$

式中，G^{M}为Maxwell体的剪切模量。

（4）Mohr-Coulomb准则

$$\dot{e}_{ij}^{\mathrm{P}}=\lambda\frac{\partial g}{\partial\sigma_{ij}}-\frac{1}{3}\dot{e}_{\mathrm{vol}}^{\mathrm{P}}\delta_{ij} \tag{4.44}$$

$$\dot{e}_{\mathrm{vol}}^{\mathrm{P}}=\lambda\left(\frac{\partial g}{\partial\sigma_{11}}+\frac{\partial g}{\partial\sigma_{22}}+\frac{\partial g}{\partial\sigma_{33}}\right) \tag{4.45}$$

Mohr-Coulomb塑性屈服准则包括剪切屈服和张拉塑性屈服。

（1）剪切塑性屈服函数表达式为

$$f=\sigma_1-\sigma_3N_\varphi+2c\sqrt{N_\varphi} \tag{4.46}$$

$$N_\varphi=\frac{1+\sin\varphi}{1-\sin\varphi} \tag{4.47}$$

式中，c为黏聚力；φ为内摩擦角；σ_1、σ_3分别为最大、最小主应力(压为负)。

（2）张拉塑性屈服表达式为

$$f=\sigma_{\mathrm{t}}-\sigma_3 \tag{4.48}$$

式中，σ_{t}为抗拉强度。

（3）剪切势函数表达式为

$$g=\sigma_1-\sigma_3N_\psi \tag{4.49}$$

$$g=-\sigma_3 \tag{4.50}$$

$$N_\psi=\frac{1+\sin\psi}{1-\sin\psi} \tag{4.51}$$

式中，ψ为膨胀角。

4.4　洞库围岩渗流应力耦合流变损伤模型

地下水封洞库工程岩体开挖后，洞库周围岩体应力发生变化，导致岩体应力重新分布，而且随着运营时间的增加，洞库围岩会发生流变变形。又由于地下水封洞库工程处于地下水位以下，因此，在洞库工程长期运营过程中，应力发生显著变化区域的岩体(围岩)在地下水渗流环境下的长期力学行为以及渗流应力耦合特性,是判断地下水封洞库围岩能否长期稳定的重要依据;而建立地下水封洞库围岩的渗流应力耦合流变损伤模型,可以用来描述围岩在渗流应力耦合作用下的长期流变变形规律与损伤演化特性。

4.4.1 地下水封洞库围岩流变-渗流耦合关系

在地下水封洞库工程中,一方面,地下水渗流对地下水封洞库围岩的应力、变形和长期稳定产生影响;另一方面洞库围岩长期的应力和变形变化反过来又影响围岩裂隙的开度和岩体的渗透特性,这就形成了洞库围岩地下水渗流与岩体应力(应变)长期作用的耦合问题。只有充分考虑地下水封洞库围岩在长期运行过程中的渗透性演化规律,才能实现对渗水压力的洞库围岩系统长期运营期的稳定性合理分析与评价。

地下水渗流对洞库围岩的力学性质有重要的影响,它会改变围岩岩体的受力情况,引起岩体变形、破裂、软化、泥化或溶蚀,从而危及岩体的长期稳定性。地下水的水位、流向、流量、压力以及地下水的物理和化学性质,还有岩体结构、岩体应力、岩体中微裂隙等因素对洞库围岩长期运营过程中的渗透性有重要影响。而对于洞库围岩的渗透系数,它描述的是岩体介质和流体的一种平均性质,是岩体介质特征和流体特性的函数,在岩体渗流系统中,可表示为地下水流经空间内任何一点上的介质渗透性,也可表征为某一区域内岩体介质的平均渗透性,还可表征为某一岩体裂隙段上的介质渗透性。

对处于长期运行期间的洞库工程来说,其围岩变形规律表现出较为明显的时间效应,变形特征主要表现为黏弹性变形。但是,在洞库围岩流变变形的过程中,岩体的应力场和流变变形都会发生变化,因此,也会引起其渗流场发生变化。

由于洞库围岩岩体各部位应力不同,而且随着时间增加而不断变化,应力应变和孔隙率亦不同,因而各部位渗透率变化亦不同,所以从渗透性上来看,洞库围岩岩体并非是均质的,而是非均质的,但若将其视为各向异性介质来进行分析,分析过程将非常困难。因此,本节将洞库围岩视为相对完整的岩体多孔连续介质,此时围岩岩体的渗透性变化与应力应变的变化有着密切的联系。洞库围岩岩体各部位的渗透系数都是孔隙率的函数,岩体的应变变化完全是由其中孔隙的变化造成的,其中的渗流也被视为连续介质渗流。

一般来说,渗流场是通过改变多孔连续介质岩体外荷载(水荷载)而改变岩体应力场分布;应力场通过影响多孔介质的应变变化和孔隙率而影响岩体的渗透率,从而最终影响渗流场。但是,洞库围岩变形具有明显的时间效应,岩体应变和孔隙率会随着时间的增加而不断改变,岩体的应力场、渗流场与岩体的流变变形亦密切相关。

4.4.2　考虑损伤作用的岩石渗透性演化模型

王如宾等(2010)通过研究变质火山角砾岩在不同围压下流变试验全过程中的渗透演化规律及流变过程中的渗透系数变化规律,发现在较高应力水平作用下变质火山角砾岩加速流变之前,只是在初始加载过程中以及分级瞬时加载过程中的岩石渗透系数有较明显波动,其他时间段渗透系数变化及渗流速度变化不大;当岩石开始加速流变变形时,由于受到岩石流变损伤作用,其内部微裂隙、孔隙产生扩展、汇聚、贯通,流变速率急剧增加,其渗透系数亦随之增加,渗流速度变大,直至岩石破坏。

基于以上分析,在研究岩石渗透系数与流变应力-应变的关系过程中,提出如下假设:在岩石没有发生加速流变之前,岩石内部损伤很小,可忽略不计;可认为岩石材料为饱和多孔介质,其内部多孔隙,没有明显的裂隙;岩石内部只是骨架与水两相介质之间的相互作用,依赖于孔隙水压力、饱和度及体积应变等,岩石介质在孔隙水压力作用下,遵循修正的 Terzaghi 有效应力定律及广义胡克定律;岩石材料介质中的渗流遵循 Biot 渗流耦合理论。在岩石发生加速流变之后,视岩石材料为等效连续介质,把裂隙渗流看成等价的连续介质,主要研究岩石渗透特性与损伤之间的关系。

岩土介质内部存在着大量的孔隙和裂隙,这些缺陷影响着岩土体的渗透特性,以往的大多数孔隙介质的模型都假定孔隙率和渗透系数是与时间无关的材料常数,从几何损伤的观点来看,孔隙和裂隙可以用面积折减率来描述,于是,多孔介质的面积折减率(损伤)影响着材料的渗透特性。薛新华和张我华(2012)采用面积折减率的概念,建立了考虑损伤作用的孔隙介质有效渗透系数演化速率方程:

$$\begin{cases} k^{*}=k_0\dfrac{5n^{2/3}-2n^{5/3}}{3n(1-n)}\dot{n} \\ \dot{n}=\dfrac{3}{2}D^{1/2}\dot{D} \end{cases} \tag{4.52}$$

陈卫忠等(2010)、刘明等(2011)将损伤引入岩体渗透系数的演化模型中,参照渗流立方定律,根据岩体受力状态的不同分别将渗透系数定义为应力与损伤的函数,实现岩体渗透系数在弹、塑性阶段的不同演化规律,可得岩体的渗透系数随损伤变量的演化关系:

$$k=\begin{cases} k_0\exp(-\alpha\sigma_1), & D=0 \\ (1-D)k^{\mathrm{M}}+Dk^{\mathrm{D}}(1+D\varepsilon_V^{\mathrm{p}})^3, & 0<D\leqslant 1 \end{cases} \tag{4.53}$$

式中,k_0 为岩体初始应力作用下的渗透系数;k^{M} 和 k^{D} 分别为初始屈服和完全破坏时的渗透系数;σ_1 为最大主压应力;D 表示损伤变量;$\varepsilon_V^{\mathrm{p}}$ 为塑性体积应变。

对于式(4.53),用平均主应力$\sigma_{ii}/3$代替σ_1,这样就可以将以上表述的一维压应力作用下的本构关系推广到三维。

4.4.3 岩石渗流应力耦合黏弹塑性流变损伤模型

岩石工程介质为一种多相介质体,天然状态下存在着地应力及地下水等因素,耦合分析的核心是研究工程活动作用下的应力场和渗流场相互作用引起的岩石变形和破坏规律问题(黄书岭,2008)。现基于渗流力学和流变力学理论,借助4.4.2节提出的基本假设,并假定岩体变形属于小变形范畴,岩体流变变形过程中的泊松比不发生变化,岩石作为流变体,符合黏弹塑性流变模型。据此,考虑参数劣化的Cvisc黏弹塑性流变模型,推导渗流应力耦合作用下的流变损伤模型本构关系。

根据4.3.3节,考虑参数劣化的Cvisc黏弹塑性流变模型中总应变由瞬时弹性应变、黏性应变、黏弹性应变和瞬时塑性应变组成。根据式(4.40),并由流变理论可得应变增量为

$$\Delta\varepsilon_{ij}^{e}=\Delta\varepsilon_{ij}-\Delta\varepsilon_{ij}^{v}-\Delta\varepsilon_{ij}^{ve}-\Delta\varepsilon_{ij}^{P} \tag{4.54}$$

式中,$\Delta\varepsilon_{ij}$为岩体全应变增量;$\Delta\varepsilon_{ij}^{e}$为弹性应变增量;$\Delta\varepsilon_{ij}^{ve}$为黏弹性应变增量;$\Delta\varepsilon_{ij}^{P}$为塑性应变增量。

根据岩石有效应力原理,可以得到(王芝银和李云鹏,2008)

$$\sigma_{ij}=\sigma_{ij}'+\alpha p\delta_{ij}=D_{ijkl}\varepsilon_{kl}^{e}+\alpha p\delta_{ij} \tag{4.55}$$

$$\mathrm{d}\sigma_{ij}=\mathrm{d}\sigma_{ij}'+\alpha\delta_{ij}\mathrm{d}p=D_{ijkl}\mathrm{d}\varepsilon_{kl}^{e}+\alpha\delta_{ij}\mathrm{d}p \tag{4.56}$$

式(4.55)和式(4.56)中,σ_{ij}为总应力张量;σ_{ij}'为有效应力张量;α为比奥系数,$\alpha=1-K/K_s$,K为岩石的有效压缩体积模量,K_s为岩石固体颗粒的体积模量;p为孔隙水压力;δ_{ij}为Kronecker符号;D_{ijkl}为弹性张量;ε_{kl}^{e}为弹性应变张量。

将式(4.54)代入式(4.56),可得到应力场控制下的岩石渗流应力耦合黏弹塑性本构关系为

$$\mathrm{d}\sigma_{ij}=D_{ijkl}(\mathrm{d}\varepsilon_{ij}-\mathrm{d}\varepsilon_{ij}^{v}-\mathrm{d}\varepsilon_{ij}^{ve}-\mathrm{d}\varepsilon_{ij}^{P})+\alpha\delta_{ij}\mathrm{d}p \tag{4.57}$$

其增量形式为

$$\Delta\sigma_{ij}=D_{ijkl}(\Delta\varepsilon_{ij}-\Delta\varepsilon_{ij}^{v}-\Delta\varepsilon_{ij}^{ve}-\Delta\varepsilon_{ij}^{P})+\alpha\delta_{ij}\Delta p \tag{4.58}$$

黏弹性应变增量$\Delta\varepsilon_{ij}^{ve}$与所采用的流变损伤模型有关,可根据岩石流变损伤模型的本构关系,利用时间积分的一般格式得到。

当岩石介质中存在孔隙水压力时,用有效应力公式$\sigma_{ij}'=\sigma_{ij}-\alpha p\delta_{ij}$表示的应力平衡方程为

$$\sigma_{ij,j}'+F_i+(\alpha p)_{,i}=0 \tag{4.59}$$

将$\sigma_{ij}'=D_{ijkl}(\Delta\varepsilon_{ij}-\Delta\varepsilon_{ij}^{ve}-\Delta\varepsilon_{ij}^{P})$代入应力平衡方程,可得到用应变表示的平衡方程为

$$D_{ijkl}(\Delta\varepsilon_{ij}-\Delta\varepsilon_{ij}^{\mathrm{v}}-\Delta\varepsilon_{ij}^{\mathrm{ve}}-\Delta\varepsilon_{ij}^{\mathrm{P}})_{,j}+F_i+(\alpha p)_{,i}=0 \tag{4.60}$$

式(4.60)就是以应变表示的考虑孔隙水压力作用的岩石渗流应力耦合流变应力平衡方程。

根据渗流运动方程，对渗流、岩石骨架和岩体孔隙的状态方程与渗流和岩石骨架的质量守恒方程(如式(4.4)～式(4.11)所示)联合求解，得到渗流控制下的等效连续孔隙岩体渗流应力耦合流变分析的连续性方程：

$$\frac{k_i}{\mu_{\mathrm{f}}}p_{,ii}=(1-\phi)\alpha_{\mathrm{s}}\frac{\partial p}{\partial t}+\left(1-\frac{K}{K_s}\right)\frac{\partial\varepsilon_V}{\partial t} \tag{4.61}$$

或者写为

$$\frac{k_i}{\mu_{\mathrm{f}}}p_{,ii}=\alpha_{\mathrm{m}}\frac{\partial p}{\partial t}+\alpha\frac{\partial\varepsilon_{ii}}{\partial t}\quad 或\quad \frac{k_i}{\mu_{\mathrm{f}}}p_{,ii}=\alpha_{\mathrm{m}}\dot{p}+\alpha\dot{\varepsilon}_{ii} \tag{4.62}$$

联合方程(4.60)和方程(4.62)，再加上几何方程(4.2)，就构成了岩石介质渗流应力耦合黏弹塑性流变分析的控制方程：

$$\begin{cases}\dfrac{k_i}{\mu_{\mathrm{f}}}p_{,ii}=\alpha_{\mathrm{m}}\dot{p}+\alpha\dot{\varepsilon}_{ii}\\ D_{ijkl}(\Delta\varepsilon_{ij}-\Delta\varepsilon_{ij}^{\mathrm{v}}-\Delta\varepsilon_{ij}^{\mathrm{ve}}-\Delta\varepsilon_{ij}^{\mathrm{P}})_{,j}+F_i+(\alpha p)_{,i}=0\\ \varepsilon_{ij}=\dfrac{1}{2}(u_{i,j}+u_{j,i}),\quad i,j=x,y,z\end{cases} \tag{4.63}$$

式(4.63)考虑了水与岩石固体骨架的相互作用，在渗流控制方程中增加了$\dot{\varepsilon}_{ii}$项；岩石介质变形方程中增加了$(\alpha p)_{,i}$项；渗透系数是体积应力及孔隙水压力的函数；岩石介质变形特性参数受孔隙水压力及流体化学作用的影响。当然，要应用该控制方程进行数值分析，需要添加相应的边界条件。

4.5　渗流应力耦合流变损伤模型二次开发

4.5.1　本构模型有限差分格式

对本章提出的渗流应力耦合流变损伤模型采用基于有限差分法的本构模型二次开发。下面推导了渗流应力耦合流变损伤本构模型的三维中心差分格式。

由于岩石材料的流变变形仅由应力张量的偏应力部分引起(孙钧，1999)，总应变的三维增量形式为

$$\Delta e_{ij}=\Delta e_{ij}^{\mathrm{K}}+\Delta e_{ij}^{\mathrm{M}}+\Delta e_{ij}^{\mathrm{P}} \tag{4.64}$$

式中，Δe_{ij}为总应变偏量增量；$\Delta e_{ij}^{\mathrm{K}}$为 Kelvin 体应变偏量增量；$\Delta e_{ij}^{\mathrm{M}}$为 Maxwell 体应变偏量增量；$\Delta e_{ij}^{\mathrm{P}}$为瞬时塑性应变偏量增量。

根据 Itasca Consulting Group(2002)、丁秀丽等(2005)、蒋昱州等(2010)的研究，根据式(4.40)和式(4.64)，用应力与应变偏量的增量形式来表示流变损伤三

维本构方程：

$$\Delta e_{ij}=\frac{\Delta S_{ij}}{2G^{M}(1-D)}+\frac{\bar{S}_{ij}}{2H^{M}(1-D)}\Delta t+\frac{G^{K}(1-D)}{H^{K}(1-D)}\bar{e}_{ij}^{K}\Delta t+\Delta e_{ij}^{P} \tag{4.65}$$

式中，S_{ij}为应力偏量；ΔS_{ij}为应力偏量增量；上标“—”表示时间步 Δt 的平均值，即

$$\bar{S}_{ij}=\frac{S_{ij}^{N}+S_{ij}^{O}}{2} \tag{4.66}$$

$$\bar{e}_{ij}=\frac{e_{ij}^{N}+e_{ij}^{O}}{2} \tag{4.67}$$

式(4.66)和式(4.67)中，上角标“N”、“O”分别为时间步 Δt 前后的对应值。

由于岩石材料主要处于压缩状态，岩石的破坏主要是沿着破坏面滑移的压剪破坏，因此考虑损伤主要影响剪切模量，而忽略其对体积模量的影响。因为裂纹的产生和扩展，导致岩石的黏性系数发生变化，故当等效应变达到应变损伤阈值时，黏性系数按同样的损伤规律劣化，如式(4.68)所示。

$$\begin{cases}G^{M}(D)=G_{D}^{M}=G^{M}(1-D)\\H^{M}(D)=H_{D}^{M}=H^{M}(1-D)\\G^{K}(D)=G_{D}^{K}=G^{K}(1-D)\\H^{K}(D)=H_{D}^{K}=H^{K}(1-D)\end{cases} \tag{4.68}$$

式中，G^{M}、H^{M}、G^{K}、H^{K}分别为 Maxwell 体和 Kelvin 体的剪切模量和黏性剪切系数；G_{D}^{M}、H_{D}^{M}、G_{D}^{K}、H_{D}^{K}分别为考虑参数劣化的 Maxwell 体和 Kelvin 体的剪切模量和黏性剪切系数。

将式(4.68)代入式(4.65)，可得

$$\Delta e_{ij}=\frac{\Delta S_{ij}}{2G_{D}^{M}}+\frac{\bar{S}_{ij}}{2H_{D}^{M}}\Delta t+\frac{G_{D}^{K}}{H_{D}^{K}}\bar{e}_{ij}^{K}\Delta t+\Delta e_{ij}^{P} \tag{4.69}$$

塑性应变偏量增量 Δe_{ij}^{P}可表示为

$$\Delta e_{ij}^{P}=\Delta\lambda\frac{\partial g}{\partial\sigma_{ij}}-\frac{1}{3}\Delta e_{vol}^{P}\delta_{ij} \tag{4.70}$$

当采用相关联流动准则时，塑性势函数 g 可取为塑性屈服函数，且塑性体积应变偏量增量为

$$\Delta e_{vol}^{P}=\Delta\lambda\left(\frac{\partial g}{\partial\sigma_{11}}+\frac{\partial g}{\partial\sigma_{22}}+\frac{\partial g}{\partial\sigma_{33}}\right) \tag{4.71}$$

岩石渗流应力耦合黏弹塑性流变模型数值开发过程中，渗流场控制方程的有限差分计算格式按 FLAC^{3D}原有格式进行(Itasca，2002；褚卫江等，2006)。

根据岩体骨架与水两相介质之间的相互作用，依赖于孔隙水压力、饱和度及体积应变等，结合式(4.61)和式(4.62)进行转化，可得饱和-非饱和等效孔隙介质的连续性方程：

$$\frac{1}{S}\frac{\partial \zeta}{\partial t}-\frac{n}{S}\frac{\partial S}{\partial t}=\frac{1}{M}\frac{\partial p}{\partial t}+\alpha\frac{\partial \varepsilon_V}{\partial t} \tag{4.72}$$

式中，M 为 Biot 模量；S 为饱和度；ζ 为流体容量的变化；n 为孔隙裂隙率。

在完全饱和介质情况下，式(4.72)变为

$$\frac{\partial \zeta}{\partial t}=\frac{1}{M}\frac{\partial p}{\partial t}+\alpha\frac{\partial \varepsilon_V}{\partial t} \tag{4.73}$$

在四面体内，假设孔隙水压力和饱和度均为节点变量，并在节点之间呈线性变化，而流体密度为常量。由高斯定律，得到了离散化后的孔隙水压力，即

$$(p-\rho_f x_i g_i)_{,j}=-\frac{1}{3V}\sum_{i=1}^{4}(p^l-\rho_f x_i^l g_i)n_j^{(l)}S^{(l)} \tag{4.74}$$

式中，l 为节点 l 上的变量值；(l)是指 l 上的变量；n 为面的单位法向量；S 为面的面积；V 为四面体的面积。

将流体流量平衡方程$-q_{i,i}+q_V=\partial\zeta/\partial t$ 代入式(4.72)中，则有

$$\frac{1}{S}(-q_{i,i}+q_V)-\frac{n}{S}\frac{\partial S}{\partial t}=\frac{1}{M}\frac{\partial p}{\partial t}+\alpha\frac{\partial \varepsilon_V}{\partial t} \tag{4.75}$$

若介质完全饱和，式(4.75)则变为

$$q_{i,i}+\frac{1}{M}\frac{\partial p}{\partial t}+\alpha\frac{\partial \varepsilon_V}{\partial t}-q_V=0 \tag{4.76}$$

对于单个四面体单元，节点流量为 Q^n，$n=1,4$，且有

$$Q^n=Q_t^n-\frac{\left(q_V-\alpha\dfrac{\partial \varepsilon}{\partial t}\right)V}{4}+\frac{V}{4M^n}\frac{\mathrm{d}p^n}{\mathrm{d}t} \tag{4.77}$$

$$Q_t^n=\frac{q_i n_i^{(n)}S^{(n)}}{3} \tag{4.78}$$

根据单元的流体平衡，可得

$$\sum Q^n=\sum Q_w^n \tag{4.79}$$

由式(4.77)～式(4.79)，可得

$$\frac{\mathrm{d}p^n}{\mathrm{d}t}=-\frac{M^n}{V^n}\left(Q_t^n+\sum Q_0^n\right) \tag{4.80}$$

式中，$V^n=\sum\left(\dfrac{V}{4}\right)^n$，$\sum Q_0^n=-\sum\left(q_V\dfrac{V}{4}+Q_w\right)$，其中 Q_w 为边界流量。

将上述公式用显式差分表示，即

$$p_{\langle t+\Delta t\rangle}^n=p_{\langle t\rangle}^n+\Delta p_{\langle t\rangle}^n \tag{4.81}$$

$$\Delta p_{\langle t\rangle}^n=-\frac{M}{V^n}(Q_{t\langle t\rangle}^n+Q_{0\langle t\rangle}^n) \tag{4.82}$$

将式(4.76)、式(4.81)和式(4.82)联合，可得

$$\Delta p=-\frac{M}{V}(Q_t+Q_0)\Delta t \tag{4.83}$$

4.5.2 二次开发程序设计

进行渗流应力耦合黏弹塑性损伤流变计算分析的总体思路是岩体介质在应力场长期作用下发生流变损伤变形，引起了岩体介质本身的渗透率、孔隙度等的变化，进而引起孔隙水压力分布的变化；孔隙水压力的改变，引起了岩体介质有效应力的改变，进而引起岩体介质流变特性的改变。在这里认为，一定的时空范围内，应力场作用下的岩体内部发生流变损伤变形，诱发了岩体渗流场发生变化，而且这种诱发作用是单向的、不可逆的。进行渗流应力耦合黏弹塑性流变损伤计算的具体步骤如下：

(1) 在第 1 个流变时步内，求出新的偏应力与球应力，给出总应变增量，利用 Cvisc 流变模型计算程序计算出这一时间步内的应变偏量和球应变张量，输出节点应变增量。

(2) 由新的应变状态计算等效应变，计算损伤增量和损伤值；并由损伤值确定流变参数的劣化值，计算劣化后的流变参数。

(3) 利用 Cvisc 流变损伤模型计算程序计算出这一时间步内的应变偏量和球应变张量，输出节点应变增量。

(4) 设定每一次计算渗流时段和累计渗流时间，利用节点应变增量修正初始渗透系数，利用渗流计算程序计算各单元节点孔隙水压力和节点流量，输出各节点孔隙水压力增量。

(5) 将节点应变增量引起的孔隙水压力和引起水流流动所产生的孔隙水压力相叠加，通过总应力修正使得孔隙水压力进入下一时间步的流变力学平衡循环计算。

(6) 重复第(1)～(5)步，依次进行第 2,3,…,n 个流变时步内的计算，直至满足计算精度要求。

在 FLAC^{3D}中不能通过内置的 Fish 语言进行本构模型的添加，而只能通过 C++ 语言进行新本构模型的编写，并编译成 .dll 文件(动态链接库)的形式来实现。本构模型的主要功能是根据给定的应变增量来更新应力。

需要注意的是，FLAC^{3D} 3.0 版本需要 VC++ 7.1 以上版本的编译器进行编译。另外，FLAC^{3D}向用户提供了所有自带本构模型源代码，这给用户提供了便利的开发环境。

FLAC^{3D}本构模型的二次开发分别需要对头文件(.h 文件)、程序文件(.cpp 文件)进行修改，然后生成动态链接库文件(.dll)。

头文件中需要对每个函数的信息进行修改，避免与程序本身的本构模型的参数冲突，还需要对本构模型中的状态变量进行定义。

在程序文件(.cpp)中按照新本构模型中应力更新的差分公式进行程序编写。

FLAC^{3D}在“\ITASCA\MODEL\UDM”文件夹中提供了用于生成动态链接库文件的工作空间“UDM.DSW”和项目“UDM.DSP”。在 VC++ 中将写好的.h 文件和 .cpp 文件增加到工作空间 UDM.DSW 中，编译生成 .dll 文件，并复制到 FLAC^{3D}的安装目录下，就完成了新模型的二次开发。

4.6　本章小结

岩石流变本构模型研究是重大地下工程长期稳定性与安全性分析与评价研究的重要基础，也是岩石流变力学研究中的热点和难点问题。本章首先分析了复杂地质环境下地下工程的渗流应力耦合特性与围岩的流变特性，探讨了地下水封洞库围岩渗流场环境下的流变损伤演化规律，建立了考虑损伤演化的岩石流变损伤模型；通过分析地下水封洞库围岩流变-渗流耦合关系，研究了考虑损伤作用的岩石渗透性演化模型，建立了岩石渗流应力耦合黏弹塑性流变损伤模型，并给出了所建立本构模型的有限差分格式，对渗流应力耦合流变损伤本构模型进行二次开发设计。

第5章　地下水封洞库三维弹塑性数值分析

本章介绍大型地下水封洞库的工程概况，分析工程研究区域的初始应力场和初始渗流场；采用有限差分法，对地下水封洞库工程进行三维弹塑性数值计算，研究地下水封洞库围岩位移与应力变化规律，分析洞室开挖对地下水封洞库围岩变形的控制和影响，研究主洞室围岩的应力和变形状态。

5.1　工程地质条件

5.1.1　工程概述

石油是重要的战略物资和化工原料，同时又是目前应用最广泛，运输、储存最方便的一种能源，素有“工业血脉”之称，在国民经济中具有特别重要的战略地位，对保障国民经济快速健康发展至关重要。

石油地下水封洞库工程的水文条件方面要求有稳定的地下水，地下水位应变化不大，一般油库洞顶应低于地下水位至少20m为宜，水位变化也影响不大，若地下水位变化很大，则在水封设计时应在库顶设置水幕以保持正常的水封效果。

我国有漫长的海岸线和丰富的内陆水系，在我国东部和东亚濒太平洋地区的构造体系有规模花岗岩、片麻岩、熔结凝灰岩分布极为广泛，具有建造地下油库的工程地质条件和水文地质条件的地方较多(夏喜林和刘烨，2004)。我国20世纪70年代建设的山东黄岛和浙江象山地下水封油库均处于沿海地区，当时主要是出于战备考虑，带有试验性质。后来，由于大型浮顶罐的广泛应用，加之当时所建库单洞室容积小，价格市场化程度低，投资比地面储罐高，未能充分显示出地下水封油库所具有的优势，因此，该技术在我国很长一段时间没有得到进一步的应用和发展。最近几年来，我国石油储备体系建设提上议事日程后，将在全国范围内有计划地建立大型石油储备基地和储备油库。

一般地下水封洞库都建造在坚硬致密的花岗岩、片麻岩或凝灰岩等岩体中，地下水的主要类型有松散岩类孔隙水和基岩裂隙水，在洞室开挖范围内地下水多为基岩裂隙水。大型石油储备库地下水封洞库工程是目前我国正在实施的地下原油储备库建设项目。工程库址区一般选择低山丘陵地貌。该石油储备地下水封洞库工程区域山体近东西走向，山脊标高为280～350m，地形坡度一般为35°～55°。工程库址区地面平均标高为220m，最高点标高为350.9m。储库洞室区呈北偏西方向展布，东西宽600m，南北长约838m。

地下水封洞库工程主要包括地下工程和地上辅助设施两部分，设计库容为300万m^3，洞库设计使用年限为50年。地下储库由9个洞室组成，9个洞室按南北偏西平行设置，每3个主洞室之间通过4条支洞相连组成一个罐体，共分为3个洞罐组。洞室设计底板面标高为－50m，长度为500～600m不等，设计洞跨为20m，洞高为30m，截面形状为直墙圆拱形。洞室壁与相邻施工巷道壁之间设计间距为25m，两个洞室之间设计间距为30m。该地下水封洞库工程储库洞室布置如图5.1所示，施工现场如图5.2所示。

图5.1　地下水封洞库工程储库洞室布置图

图5.2　地下水封洞库工程施工现场图

5.1.2　工程地质条件

1. 地形地貌

地下水封洞库工程区域属于低山丘陵地貌，其中中部地势相对较高，南北两侧地势相对较低且有一定的冲沟发育，南部主要为低山丘陵地貌，北部以冲积平原为主。工程区域主体为门楼山至大顶子东西向山体，以大顶子、门楼山及灵雀山等较高，高海拔主要为286.0～350.9m，最高海拔为351m；区域平均海拔高度为220m。工程区域第四系地层覆盖较浅，在南北两侧半山腰以下到山麓，第四系地层越来越厚，南坡80～90m等高线及北坡100m等高线以下，未见出露基岩，植被茂盛。

2. 水文地质条件

地下水封洞库工程区域为华北暖温带季风型大陆气候，受海洋环境影响及调节，具有明显海洋性气候特点，空气湿润，气候温和，四季分明，具有春迟、夏凉、秋爽、冬长的特征。年平均气温12.5℃；夏季平均气温23℃；最热的7月平均气温25℃；最冷的1月平均气温1.3℃；平均降雨量696.6mm；年无霜期平均为200天；风速平均为5.4m/s，年平均瞬时风力大于8级天数为71天。据水文站资料统计，工程区多年平均降水量介于711.2～798.6mm，降水特点有一定时空分布规律：其一，年内各季分配不均匀，汛期(6～9月)占70%～76%，多集中于几次暴雨，枯水期(3～5月)占13.5%，平水期仅占5.02%；其二，年际间降水量变化悬殊，枯水年系列持续时间较长，1995～2000年，降水量除1997年(752.8mm)外呈上升趋势，即545.7～1025mm，平均降水量821.4mm，降水形式以雨为主，年均陆地蒸发量为1410mm，月平均最高值出现在5月，为175mm。

区域内河流较发育，其中规模较大的河流有大沽河、胶河、王戈庄河、洋河、漕汶河、岛耳河等。库址区基本没有河流，仅在库址区南侧发育殷家河，区北侧发育龙河。库址区内发育较多的近南北向、北东向、北西向冲沟，且切割均较深，雨水汇集沟中，形成小型季节性河流。上述河流水来源于大气降水，汇入黄海。受半岛地形、气候的控制和影响，水系水文动态随季节性变化很大。

区域内规模较大的水库主要有小珠山水库，其设计库容量为$3111\times10^4m^3$，汇水面积达$34km^2$，1996～2000年平均汛前蓄水量达$542.8\times10^4m^3/a$、汛后蓄水量为$889.6\times10^4m^3/a$，主要用于城镇用水，灌溉面积仅$10km^2$。库址区内无大型水库，小规模的水库、水塘及水井约有25个，其中规模略大的水库有山陈家水库和十八盘水库，库容量万余立方米，其余均为数百立方米以下的水库(塘)；水井有3口(个)，分布于韩家北及山陈家北山一带的冲沟、断裂构造发育部位，其涌水量较小，多作小面积灌溉之用。水库、水塘、水井的水均来自大气降水，主要用于农业灌溉及牲畜饮用，受气候影响十分明显，干旱季节多数无水。

3. 构造特征

工程区域位于华北板块与扬子板块结合带之胶南—威海造山带，主要发育韧性剪切带及脆性断裂构造，褶皱构造不甚明显。区域内较大构造体系为牟(平)—即(墨)断裂带，库址区位于该断裂带南缘。受牟(平)—即(墨)断裂的影响，工程区域内发育较多小规模的断裂，库址区位于这些断裂所包围的范围内。这些断裂中，距库址区最近的断裂有北东走向的老君塔山断裂、孙家沟断裂及近东西向前马连沟断裂。

(1) 老君塔山断裂：右旋张扭性，走向约38°，近直立，主断面阶步显示其力学性质为右旋张扭性，规模较大，破碎带长约10.5km，宽约50m，由碎裂岩、石英脉等组成。

(2) 孙家沟断裂：由碎裂岩及断层泥组成的破碎带构成，延伸约6.5km，宽仅3m，主断面产状145°∠75°，次级裂隙产状305°∠47°，次级裂隙显示其力学性质为右旋压扭性。

(3) 前马连沟断裂：走向为90°～96°，倾向南，倾角66°～68°，破碎带延伸约6km，宽约15m，由构造角砾岩等组成，发育碎裂岩及石英脉，牵引褶皱显示该断裂力学性质为左旋张扭性。

4. *地层岩层*

根据地质时代、成因岩性及工程性质的不同，库址区内的地层岩性主要分为4大类：第四系残坡积、洪积层($Q_{4el+dl+pl}$)，早白垩世二长花岗岩($K_{1\eta r}$)，晚元古界花岗片麻岩(P_{t3gg})，以及早白垩世中煌斑岩、闪长岩($K_{1x\delta}$)。各类地层特征及分布情况分述如下。

第四系残坡积、洪积层($Q_{4el+dl+pl}$)：残坡积层主要分布在山坡及竖井口附近的坡脚处，山坡处厚度较小，一般不超过0.3m，多为黄褐色、红褐色砾质黏性土或砂质黏性土，呈硬塑至坚硬状态；坡脚处厚度较大，一般厚度为2.0～5.0m，多为褐黄色、褐红色砂质黏性土或砾质黏性土，含碎块石，呈硬塑至坚硬状态。洪积层主要分布在冲沟内，多为含黏性土碎块石，松散～稍密，厚度一般为0.5～2.5m。

早白垩世二长花岗岩($K_{1\eta r}$)：浅肉红色～灰白色，主要矿物为斜长石、钾长石、石英、角闪石、黑云母等，中细粒花岗结构，块状构造，岩体较完整～完整，强度高，属坚硬岩。

晚元古界花岗片麻岩(P_{t3gg})：浅肉红色～浅青灰色，主要矿物为钾长石、斜长石、石英、角闪石、黑云母等，细粒花岗片麻结构，块状构造，岩体较破碎～较完整，片麻理大部分倾向SW方向，局部地段倾向S，倾角一般为30°～60°。该岩体占洞库岩体80%以上，主要为南华系小河西及苏家沟残斑状细粒花岗片麻岩，洞库的西南及西北部分布有青白口系庙山细纹状细粒花岗片麻岩，二者工程性质差异不大，均属坚硬岩。

早白垩世中煌斑岩、闪长岩($K_{1\times\delta}$)：灰绿～深灰色，细晶～隐晶结构，块状构造，强度稍低于与其接触的花岗片麻岩，地表多呈条带(脉)状产出，局部呈小岩株产出，该类岩体的显著特点是：抗风化能力差，与空气、水接触后(加上卸荷作用)，强度降低较快，局部岩体甚至出现强度完全丧失的崩解现象；因岩脉属后期侵入的新岩体，受应力影响，与之接触的花岗片麻岩岩体也往往较破碎。

5. 地震与区域稳定性

工程区所在区域涉及长江下游至南黄海地震带和郯庐地震带，洞库场地位于郯庐地震带内。区域范围内共记录到 $M_s \geqslant 4.7$ 级的地震 44 次，最大地震为 8.5 级地震。近场区地震活动较弱，未记录到历史强震，自 1970 年以来仅记录到 3 次 2.0 级以上地震。

依据 2002 年国家地震局颁布的第四代区划图及其对应的地震动参数关系，场地的地震基本烈度为 6 度，设计地震基本加速度值为 0.05g，设计地震分组为第二组。

5.1.3　工程初始地应力场与渗流场

1. 地下水封洞库工程地应力测点布置与实测结果

大型地下水封洞库工程区的地质勘探孔布置如图 5.3 所示，总共 17 个地质勘探孔，其中选取典型钻孔 ZK002、ZK006 和 ZK008 进行水压致裂地应力测量。3 个钻孔分别设 8 个测段，共计 24 个测段，所有测段均布置在 100～400m。

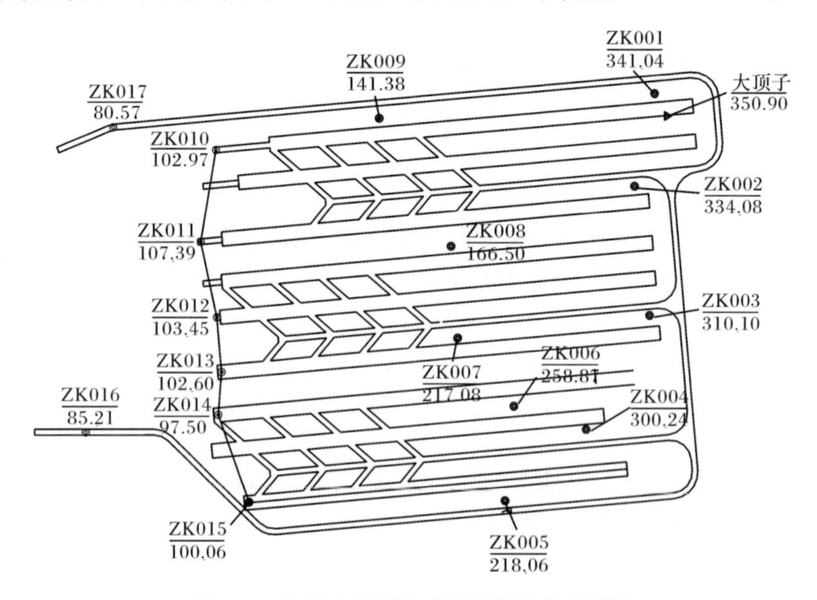

图 5.3　地下水封洞库工程区勘探点布置图

地下水封洞库工程区典型 ZK002、ZK006 和 ZK008 钻孔各测段的地应力测量结果如表 5.1～表 5.3 所示。钻孔 ZK002 孔深 415.0m，在 150.0～400.0m 深度内完成 8 段水压致裂地应力测量；钻孔 ZK006 孔深 320.0m，在 150.0～300.0m 深度内完成 8 段水压致裂地应力测量；钻孔 ZK008 孔深 233.0m，在 110.0～210.0m深度内完成 8 段水压致裂原地应力测量。

表 5.1　ZK002 钻孔水压致裂地应力测量结果

序号	测段深度/m	压裂参数/MPa						主应力值/MPa			破裂方向
		P_b	P_r	P_s	P_H	P_0	T	S_H	S_h	S_v	
1	151.9～152.7	12.19	8.88	6.38	1.48	0.70	3.31	9.57	6.38	4.01	—
2	179.0～179.8	17.11	8.05	6.45	1.75	0.97	9.06	10.33	6.45	4.73	N58°W
3	196.2～197.0	14.12	9.22	6.65	1.92	1.13	4.90	9.59	6.65	5.19	—
4	233.1～233.9	10.11	8.69	7.36	2.28	1.50	1.42	11.89	7.36	6.16	—
5	288.1～288.9	18.28	9.22	7.88	2.82	2.03	9.06	12.38	7.88	7.62	N73°W
6	333.2～334.0	21.39	11.92	9.52	3.26	2.48	9.47	14.16	9.52	8.81	N84°W
7	364.6～365.4	19.27	12.37	9.87	3.57	2.78	6.90	14.45	9.87	9.64	—
8	398.8～399.6	—	12.11	10.31	3.91	3.12	—	15.69	10.31	10.55	—

注：P_b为原位破裂压力；P_r为破裂重张压力；P_s为瞬时闭合压力；P_H为试段深度上水柱压力；P_0为试段深度上孔隙压力；T 为抗拉强度；S_H为最大水平主应力；S_h为最小水平主应力；S_v为上覆岩石自重计算出的应力，下同。

表 5.2　ZK006 钻孔水压致裂地应力测量结果

序号	测段深度/m	压裂参数/MPa						主应力值/MPa			破裂方向
		P_b	P_r	P_s	P_H	P_0	T	S_H	S_h	S_v	
1	155.4～156.2	14.34	6.60	5.63	1.52	1.03	7.74	9.26	5.63	4.11	N62°W
2	164.3～165.1	—	7.05	5.84	1.61	1.12	—	9.35	5.84	4.34	—
3	177.9～178.7	10.81	7.55	5.85	1.74	1.25	3.26	8.75	5.85	4.71	—
4	191.4～192.2	10.82	6.71	6.11	1.87	1.38	4.12	10.22	6.11	5.06	—
5	209.0～209.8	17.04	7.37	6.71	2.04	1.55	9.68	11.23	6.71	5.53	N85°W
6	227.7～228.5	12.51	8.64	7.55	2.23	1.74	3.87	12.27	7.55	6.02	—
7	260.7～261.5	16.26	10.53	8.36	2.55	2.06	5.73	12.49	8.36	6.89	—
8	290.2～291.0	14.33	9.49	8.77	2.84	2.35	4.84	14.47	8.77	7.67	—

表 5.3 ZK008 钻孔水压致裂地应力测量结果

序号	测段深度/m	压裂参数/MPa						主应力值/MPa			破裂方向
		P_b	P_r	P_s	P_H	P_0	T	S_H	S_h	S_v	
1	117.0～117.8	7.65	6.15	4.15	1.15	1.08	1.50	5.22	4.15	3.10	—
2	120.1～120.9	11.68	9.18	6.18	1.18	1.11	2.50	8.25	6.18	3.18	N70°W
3	140.8～141.6	11.38	7.38	6.38	1.38	1.31	4.00	10.45	6.38	3.73	—
4	149.4～150.2	14.46	8.46	6.96	1.46	1.39	6.00	11.03	6.96	3.95	N76°W
5	161.2～162.0	13.58	7.08	6.58	1.58	1.51	6.00	11.15	6.58	4.27	—
6	179.2～180.0	22.26	8.26	7.26	1.76	1.69	14.00	11.83	7.26	4.74	—
7	197.0～198.0	13.93	8.43	7.43	1.93	1..86	5.50	12.00	7.43	5.21	—
8	209.0～209.8	18.05	8.05	7.55	2.05	1.98	10.00	12.62	7.55	5.53	N80°W

3 个钻孔各测段所记录的压裂曲线形状完整、规范、各压力参数比较明确，重复性较好，3 个钻孔的压力曲线如图 5.4～图 5.6 所示，通过压裂曲线可以得到各压裂参数的值，另外垂直应力 S_v 通过上覆岩体自重计算所得，岩体密度取 2.70g/cm³。在压裂测量之后进行裂缝方位的测定，通过定向印模法可以测得主应力的方向。

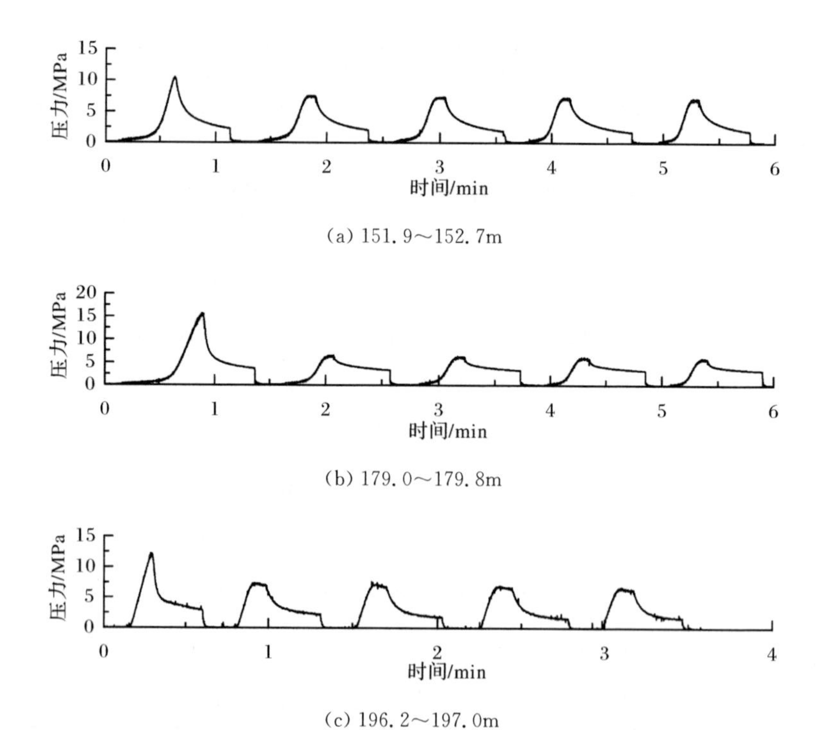

(a) 151.9～152.7m

(b) 179.0～179.8m

(c) 196.2～197.0m

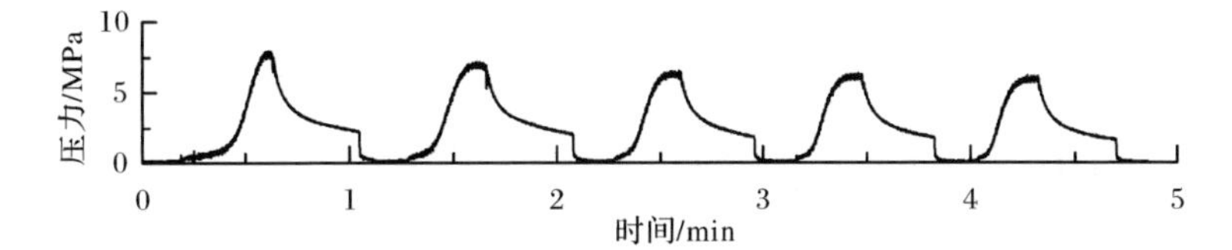

(d) 233.1～233.9m

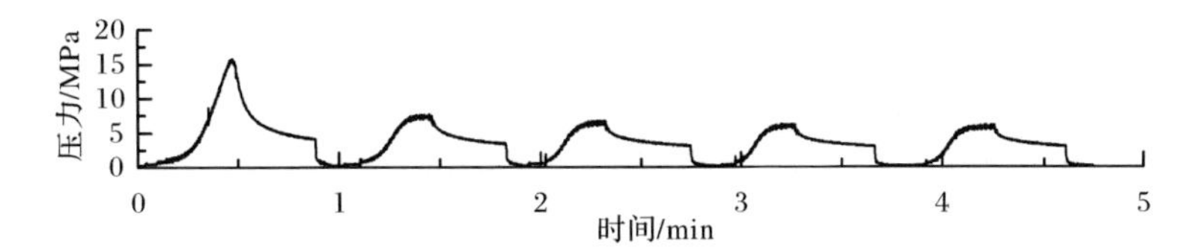

(e) 288.1～288.9m

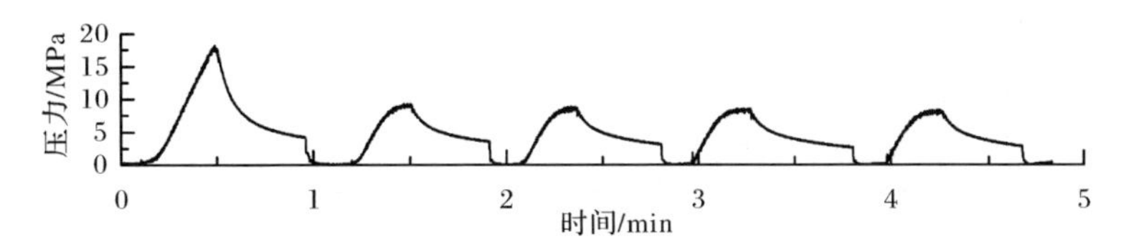

(f) 333.2～334.0m

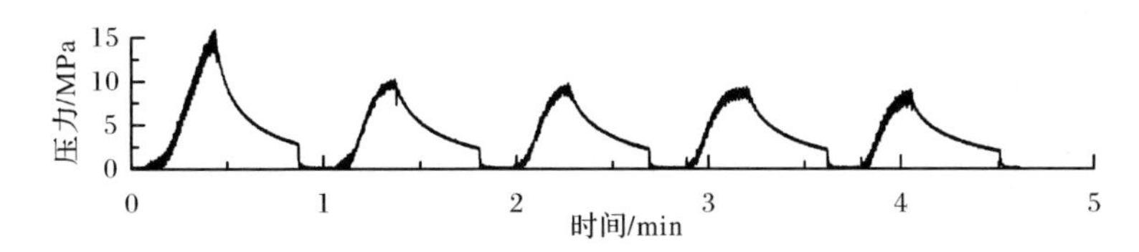

(g) 364.6～365.4m

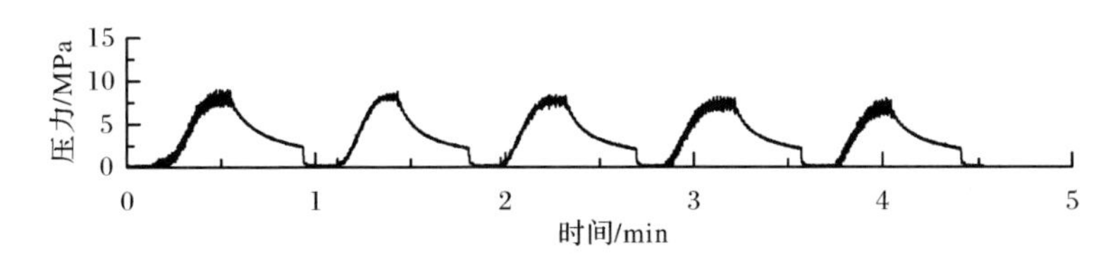

(h) 398～399.6m

图 5.4　ZK002 钻孔压裂过程中的压力-时间记录曲线

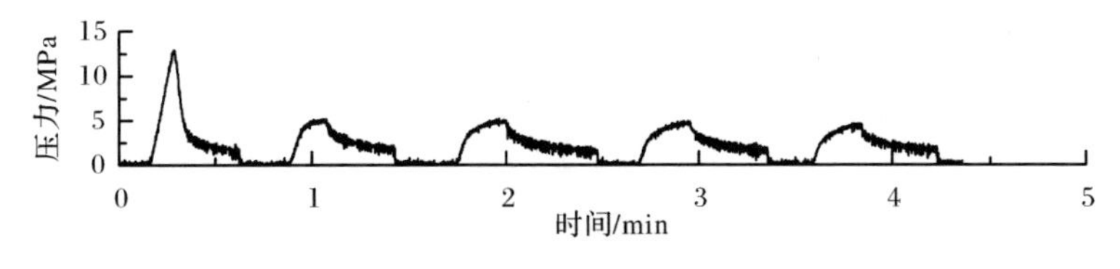

(a) 155.4～156.2m

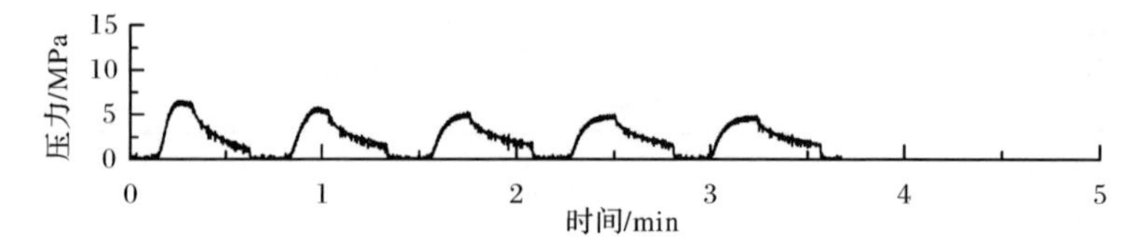

(b) 164.3～165.1m

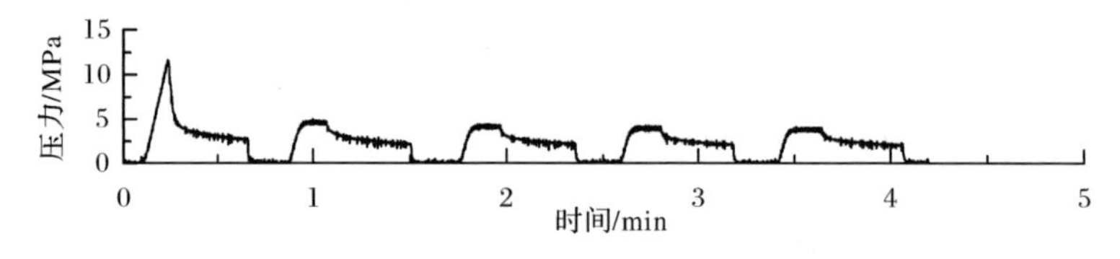

(c) 177.9～178.7m

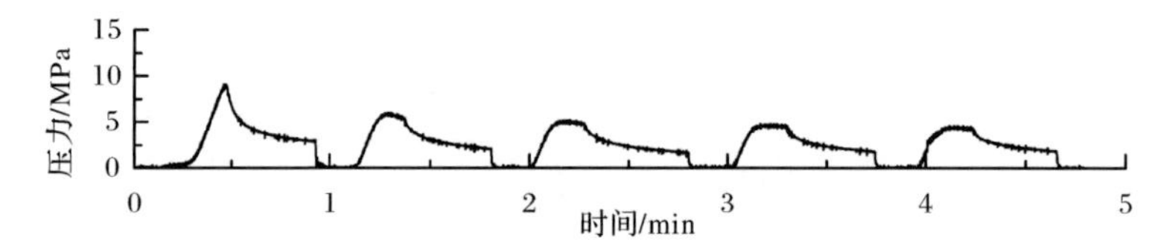

(d) 191.4～192.2m

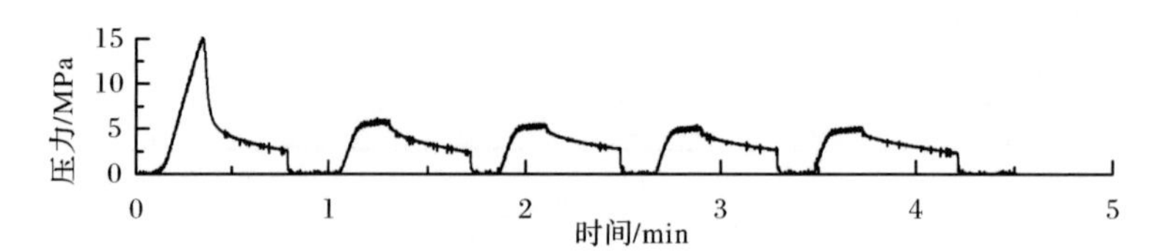

(e) 209.0～209.8m

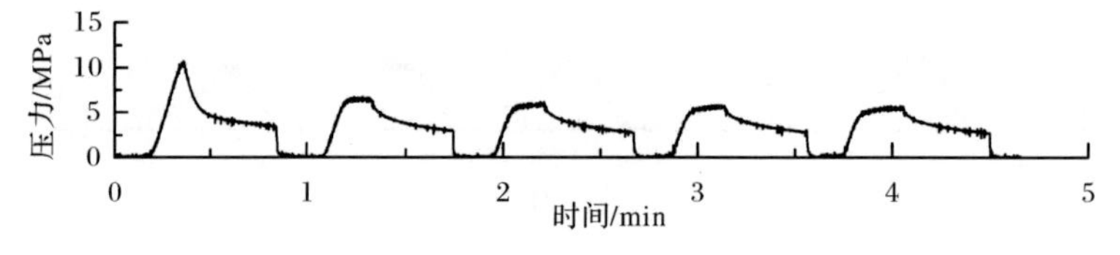

(f) 227.7～228.5m

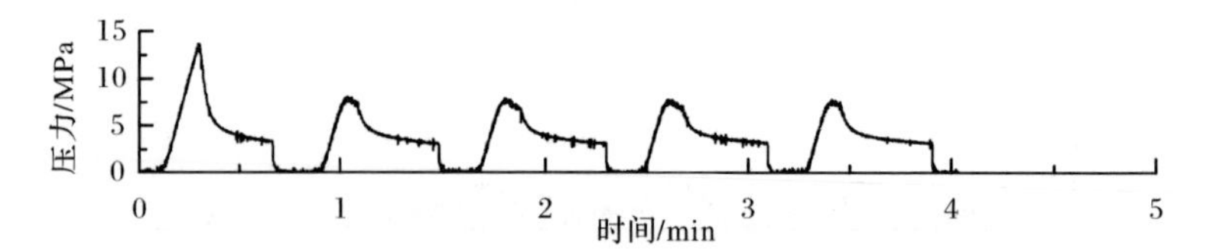

(g) 260.7～261.5m

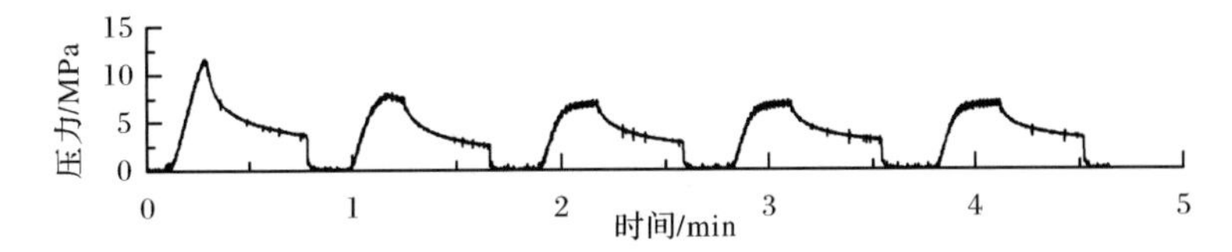

(h) 290.2～291.0m

图 5.5　ZK006 钻孔压裂过程中的压力-时间记录曲线

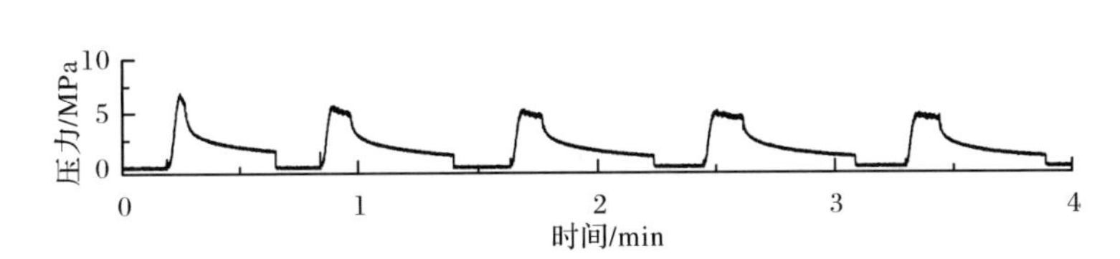

(a) 117.0～117.8m

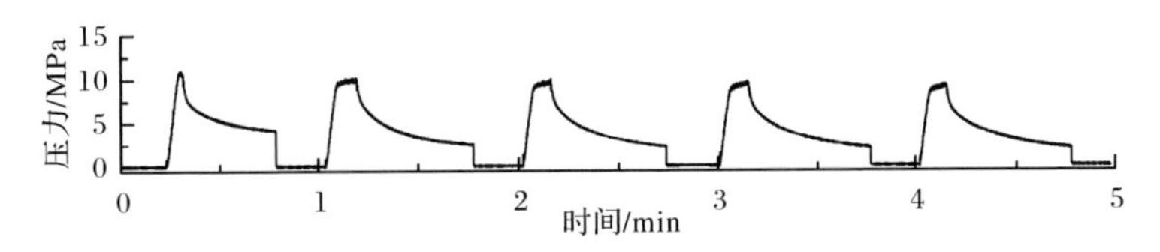

(b) 120.1～120.9m

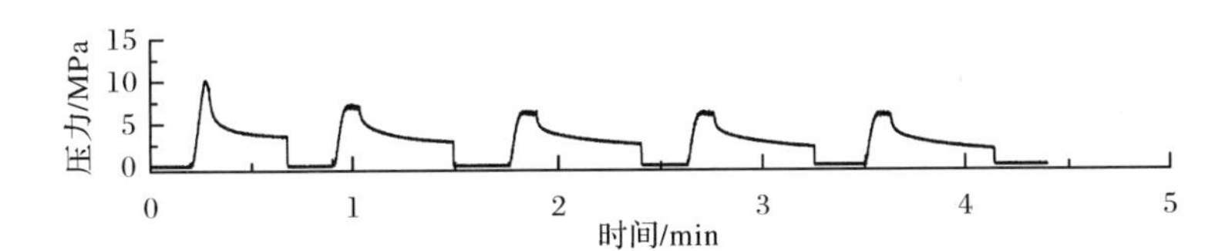

(c) 140.8～141.6m

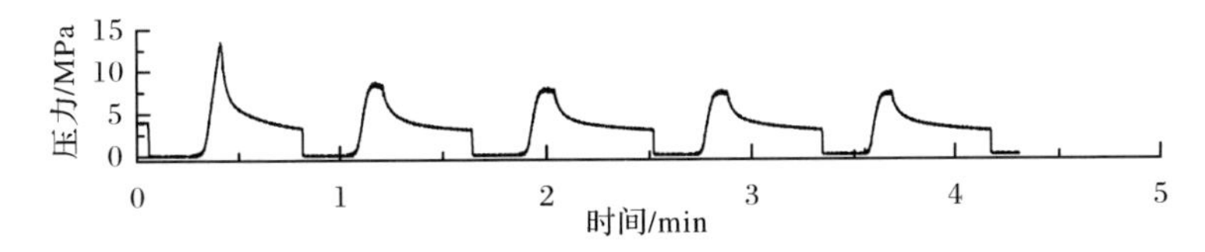

(d) 149.4～150.2m

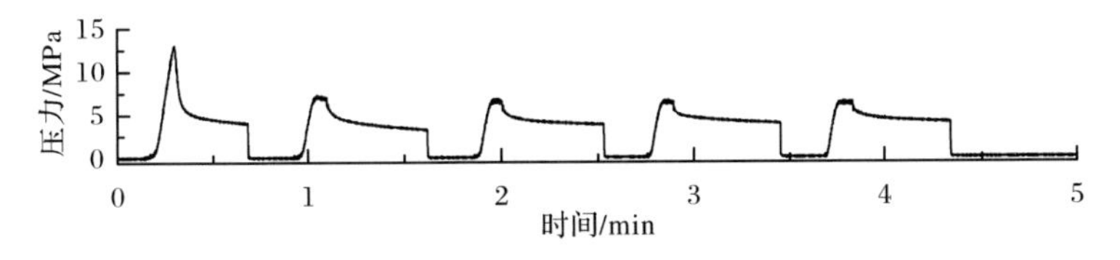

(e) 161.2～162.0m

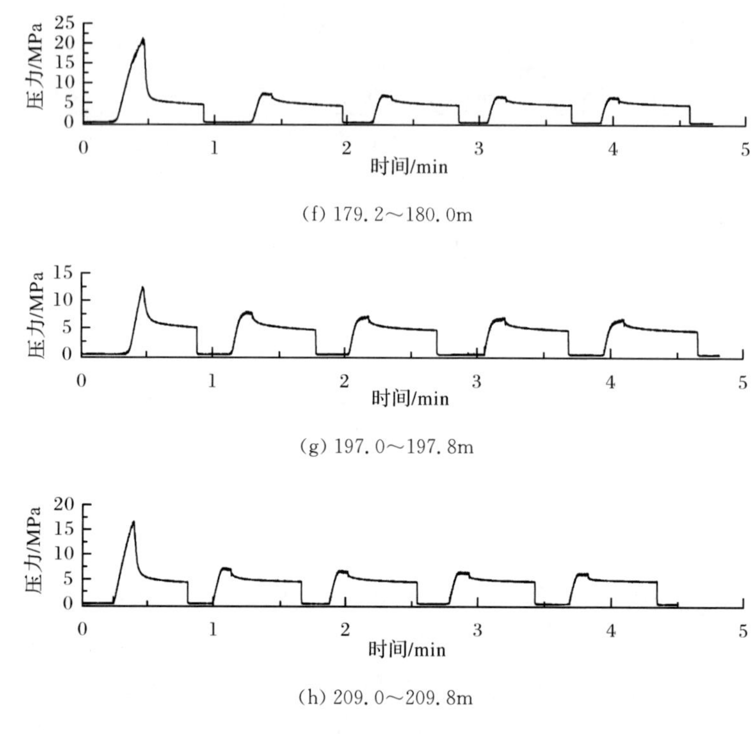

(f) 179.2～180.0m

(g) 197.0～197.8m

(h) 209.0～209.8m

图 5.6　ZK008 钻孔压裂过程中的压力-时间记录曲线

2. 地下水封洞库工程地应力实测结果分析

通过对工程区 3 个钻孔 ZK008、ZK006、ZK002 的地应力测量，其结果较为可靠地给出了工程区域现今地应力的分布状况，揭示了地应力场的分布特征。主要得出如下规律：

(1) 3 个钻孔 25 个测段的最大水平主应力与垂直主应力比值中，有 15 个测段的平均比值为 2.10；25 个测段的最大水平主应力在 5.0～16.0MPa，最小水平主应力在 4.0～10.0MPa，垂直应力在 3.0～10.0MPa。由此可以看出，该工程区应力状态以水平主应力为主。

(2) 最大水平主应力与最小水平主应力的比值在 1.26～1.69，平均为 1.56，在整个工程区域基本稳定。最大水平主应力与最小水平主应力均随着钻孔深度的增加呈近似线性增长关系；通过对 8 个测段的最大水平主应力方向进行测定，钻孔 ZK008、ZK006、ZK002 的压裂破裂方向分别在 N75°W、N73°W、N71°W。由此可以得知最大水平主应力方向集中在 NW 向。

(3) 对比各钻孔的实测数据，全面分析工程区地应力场的分布特征表明，尽管该区水平主应力为最大主应力，但最小水平主应力与垂直主应力较为接近，二者差别不大。工程区的现今构造应力作用强度比较剧烈，岩层承受的差应力不大，因此有利于洞室的稳定，对地下水封洞库的建设较为有利。

3. 地下水封洞库工程初始地应力场与渗流场

建立向地下水封洞库工程区域三维数值模型，采用多元回归方法，考虑地下洞室区地形、构造和剥蚀作用的影响，采用弹塑性本构模型，施加不同的边界荷载模式模拟构造运动，通过 $FLAC^{3D}$ 计算各种工况下的地应力，最后基于应力叠加原理合成得到整个研究区域地应力场，并将其与实测值比较，选取最为接近的边界荷载组合，并确定为进行三维数值计算采用的地应力场，如图 5.7 和图 5.8 所示。

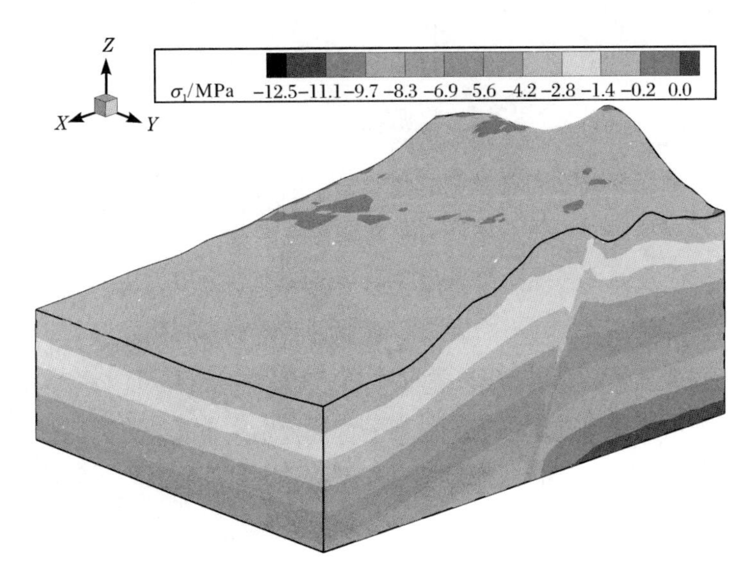

图 5.7　地下水封洞库三维初始地应力反演第一主应力

由应力图可以知道，由于地表的剥蚀，工程区域地表局部应力处于拉应力临界状态，零星分布在断层 F3 与 F8 切割处，在断层附近，应力出现不连续和错动现象。对于反演得到的初始应力状态，在后续数值计算时以边界条件的方式进行地应力的施加。

根据现场的水文试验及水文观测，确定地下水位面，得到考虑渗流应力耦合计算条件下的初始渗流场如图 5.9 所示。

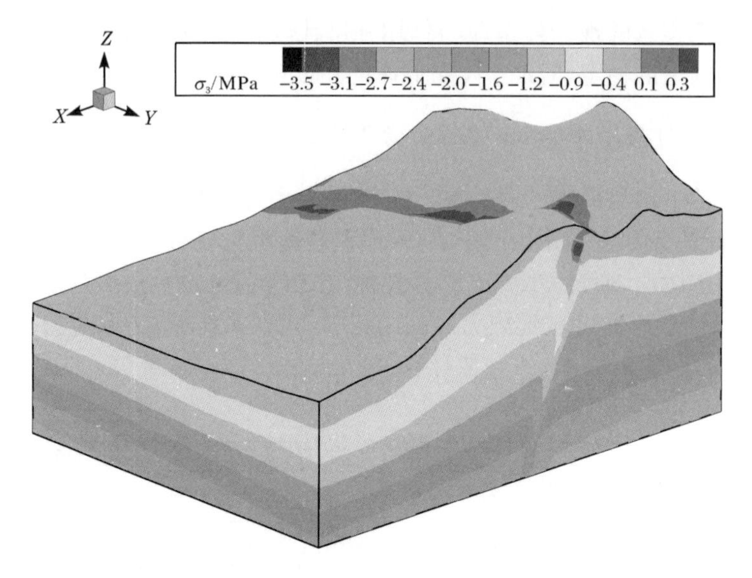

图 5.8　地下水封洞库三维初始地应力反演第三主应力

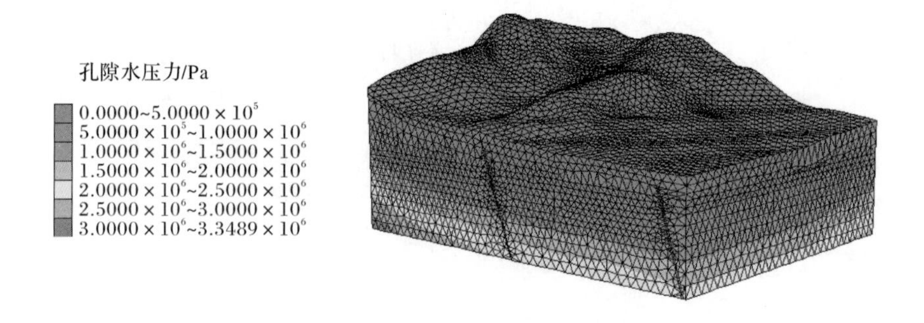

图 5.9　地下水封洞库初始渗流场

5.2　三维弹塑性数值计算方案

5.2.1　地下水封洞库数值计算模型

选取计算坐标系为 $OXYZ$，OXY 平面为水平面，为建模和分析成果方便起见，X 轴和 Y 轴分别平行和垂直于主洞室的洞轴线，即 X 方向的度量与主洞室的桩号里程一致，Y 方向的度量与主洞室的断面水平尺寸一致，Z 轴为铅垂方向，以向上为正。

地下水封洞库数值计算模型的建立，主要考虑了 9 条主洞室、10 条连接主洞室的连接巷道和4条水幕巷道，如图5.10所示。因研究对象为洞室开挖完成后的长期稳定性计算，故三维几何模型范围较大，取 X(−150m，928m)、Y(−150m，677m)，长为1078m、宽为827m，取 Z(−150m，地表)，模型底面距主洞室底面150m，相当于5倍洞高。另外，地下水封洞库数值计算模型的建立时考虑了断层F8和F3以及上覆风化岩体。

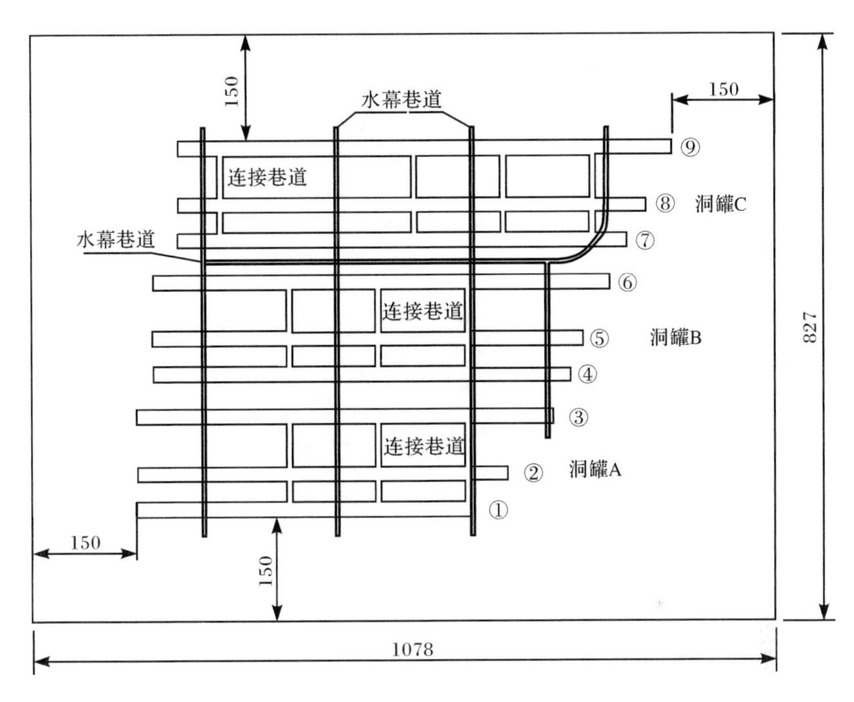

图5.10 地下水封洞库的洞室平面布置模型范围(单位:m)

图5.11和图5.12为地下水封洞库工程的整体几何模型和地下水封洞库的洞室几何模型，主要考虑了9条主洞室、10条连接巷道和水幕巷道以及断层F3和F8。图5.13为地下水封洞库的整体模型的有限差分网格，该模型共划分单元680 840个，节点134 552个。为保证计算精度，在地下水封洞库的各洞室开挖区及附近区域单元划分较为密集，远离开挖边界范围的单元尺寸逐渐变大。图5.14为地下水封洞库的各洞室及断层的有限差分网格模型，模型共有167 909个单元，55 769个节点。

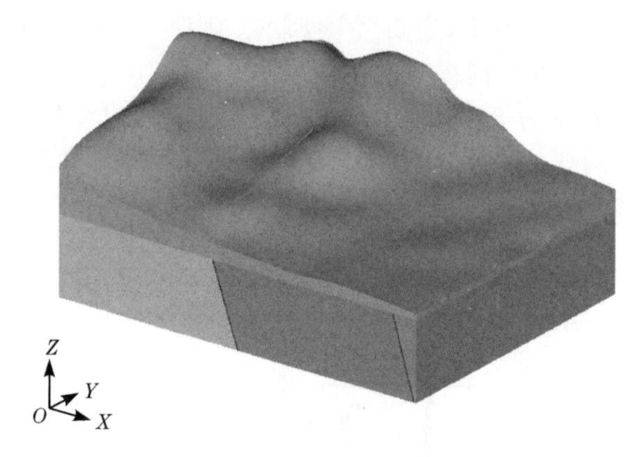

图 5.11　地下水封洞库的整体几何模型

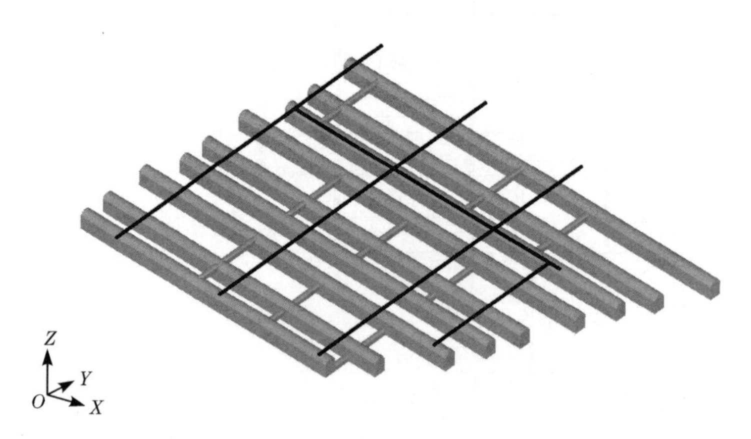

图 5.12　地下水封洞库工程的洞室几何模型

图 5.13　地下水封洞库数值计算的整体模型网格

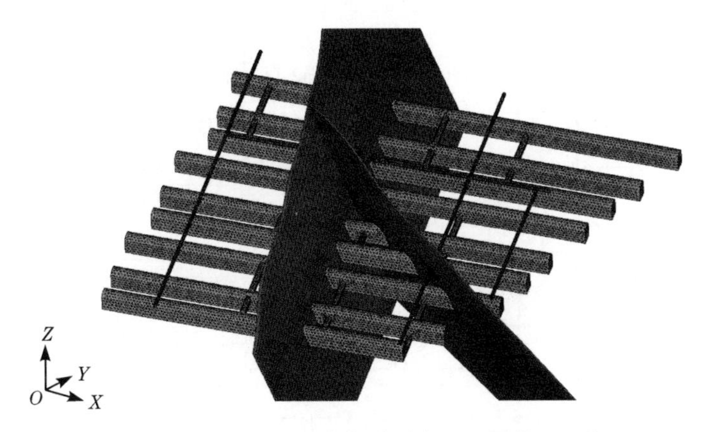

图 5.14　地下水封洞库数值计算的洞室模型网格

5.2.2　地下水封洞库围岩力学参数及边界条件

用于三维弹塑性计算的主要岩体的物理力学指标建议值如表 5.4 所示。三维数值计算模型的边界条件为:模型四周施加法向位移约束,模型底部施加法向和切向位移约束,山体上表面自由。

表 5.4　地下水封洞库围岩弹塑性力学参数

围岩级别	密度/(kg/m^3)	变形模量/GPa	泊松比	内摩擦角/(°)	黏聚力/MPa
Ⅱ	2630	20.5	0.21	51.7	3.00
$Ⅲ_1$	2510	7.2	0.24	43.0	1.10
$Ⅲ_2$	2450	7.2	0.25	43.0	0.80
Ⅳ	2430	1.4	0.34	28.3	0.30
Ⅴ	2320	0.8	0.36	24.1	0.05

5.2.3　数值计算分析剖面

为了分析地下水封洞库区的计算分析成果,在洞室模型的 X 方向和 Y 方向上各选取 3 个剖面作为分析评价的对象。计算剖面位置示意如图 5.15 所示;表 5.5 是剖面的几何坐标值。

表 5.5　三维数值模型计算成果分析剖面坐标位置

X 方向		Y 方向	
X=0+200m	沿主洞室轴线向 0+200m 断面	Y=60m	2 号主洞室轴线剖面
X=0+352.32m	沿主洞室轴线向 0+352.32m 断面	Y=199m	4 号主洞室轴线剖面
X=0+532.78m	沿主洞室轴线向 0+532.78m 断面	Y=328m	6 号主洞室轴线剖面

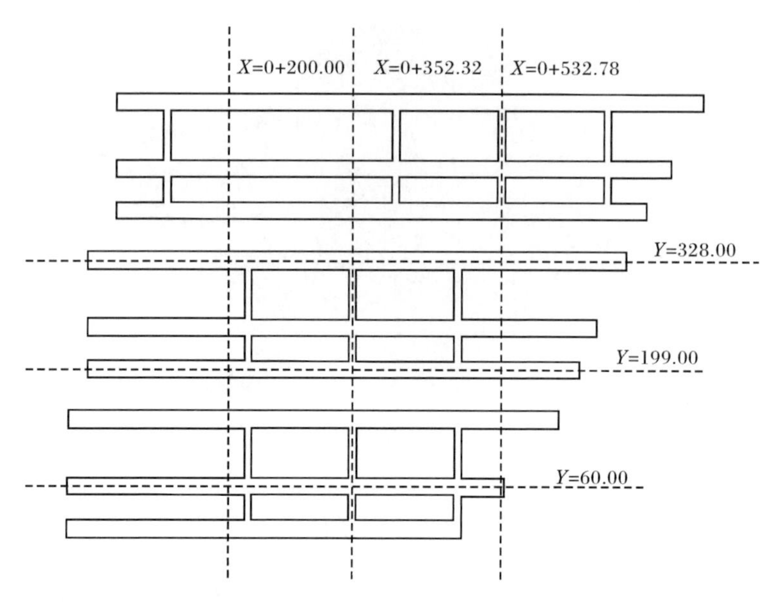

图 5.15 模型计算成果分析剖面位置示意图

5.3 洞库围岩三维弹塑性数值分析

利用有限差分法,开展地下水封洞库开挖三维弹塑性数值计算研究。为能详细分析地下水封洞库围岩应力与变形规律,将洞库分为三个洞灌,其中 A 洞罐组由 1 号、2 号和 3 号主洞室组成,B 洞罐组由 4 号、5 号和 6 号主洞室组成,C 洞罐组由 7 号、8 号和 9 号主洞室组成。

5.3.1 X=0+200m 断面(A、B、C 洞罐组)应力应变分析

1. A 洞罐组

基于地下水封洞库三维弹塑性数值计算结果,得到主洞室 0+200m 断面 A 洞罐组位移等值线图如图 5.16(a)~(c)所示。由等值线图可见,该各洞室围岩断面 Y 向最大位移为 2.9~3.3mm,分别位于 1 号主洞室边墙两侧和 2 号和 3 号主洞室右侧边墙。Z 向最大位移出现在 1 号、2 号和 3 号主洞室的拱顶,其值为 5.2~8.1mm,同样在洞室底部出现 6.2~7.9mm 的回弹位移。最大合位移出现在 3 号主洞室拱顶部位,其值为 8.0mm,1 号和 2 号主洞室拱顶出现 5.2~6.4mm 的位移;1 号、2 号和 3 号主洞室底部出现 6.4~7.0mm 的回弹位移。

由图 5.16(d)可知,洞室周边围岩大主应力的最大值为-9.9MPa,出现在 3

号主洞室底角处。洞室围岩出现的大主应力均为压应力。图 5.16(e)为小主应力图,在洞室周边没有出现拉应力区。图 5.16(f)为该断面 A 洞罐组塑性区图,由图可见,在弹塑性计算条件下该断面没有出现明显的塑性区。

2. B 洞罐组

基于地下水封洞库三维弹塑性数值计算结果,得到主洞室 0+200m 断面 B 洞罐组的位移等值线图如图 5.17(a)～(c)所示。由等值线图可见,该断面 Y 向最大位移为 3.9mm,位于 5 号主洞室右侧边墙中上部位;Z 向最大位移出现在 6 号主洞室的拱顶部位,其值为 10.9mm,同样在各个主洞室底部出现 7.2～9.8mm 的 Z 向回弹位移;最大合位移出现在 6 号主洞室拱顶部位,其值为 11.2mm,同样在 4、5 号主洞室拱顶出现较大变形,位移值为 8.9～9.6mm,在 3 个主洞室底部分别出现 8.1～9.6mm 的回弹位移。

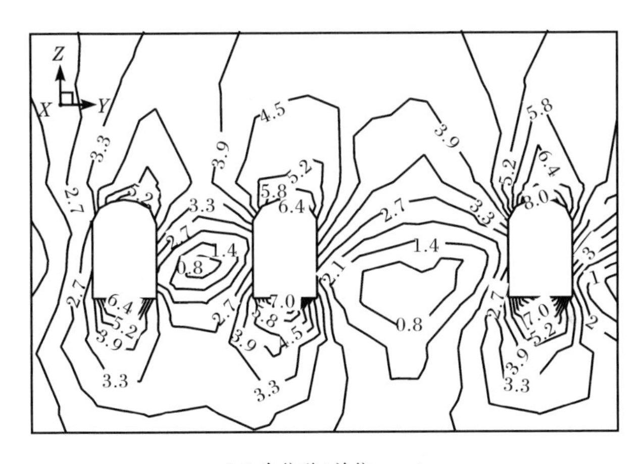

(a) 合位移(单位:mm)

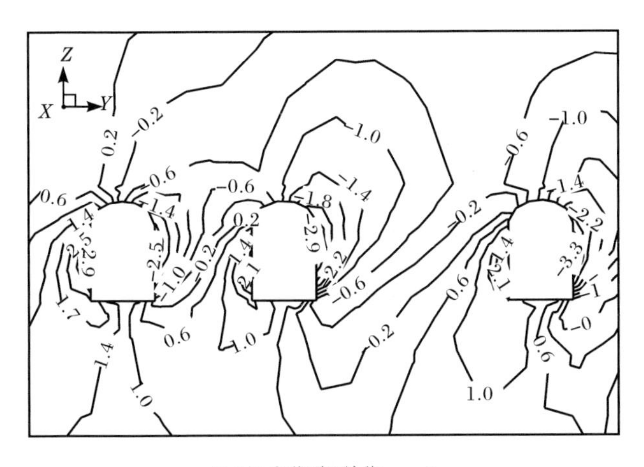

(b) Y 向位移(单位:mm)

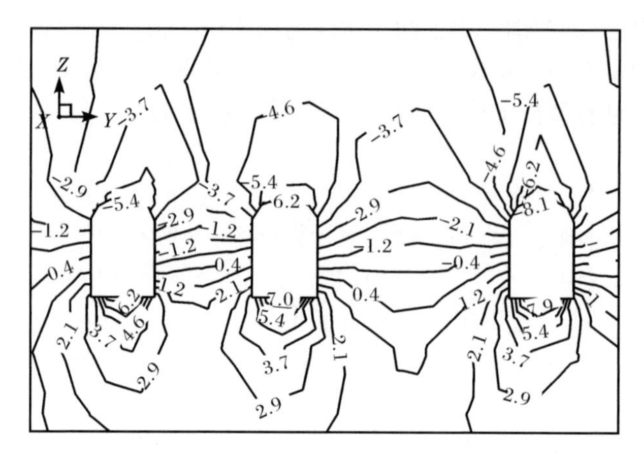

(c) Z 向位移(单位:mm)

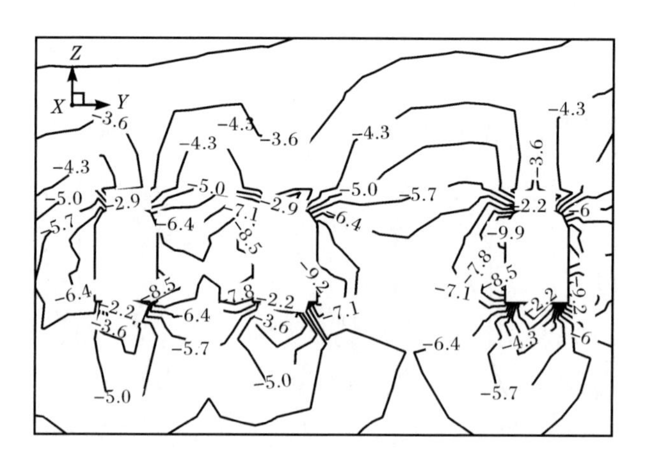

(d) 大主应力(单位:MPa)

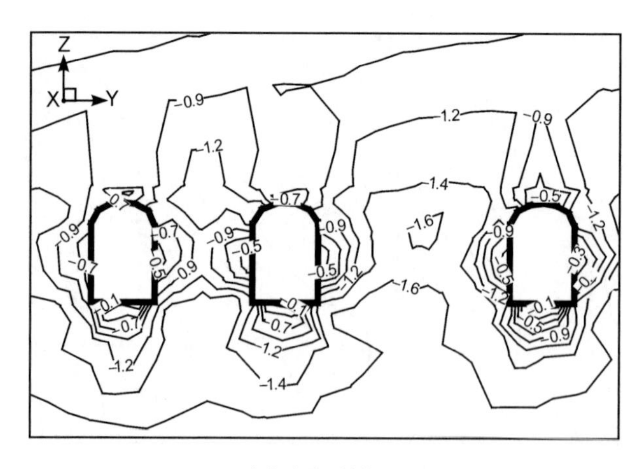

(e) 小主应力(单位:MPa)

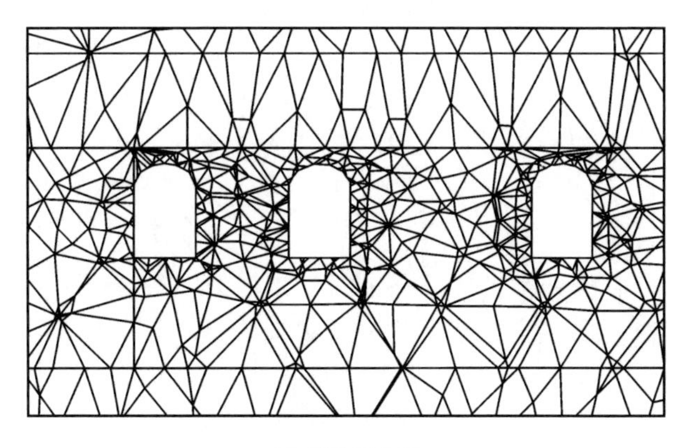

(f) 塑性区分布

图 5.16　X=0+200m 断面 A 洞罐组应力应变计算结果

由图 5.17(d)可知，主洞室围岩出现的大主应力均为压应力，洞室周边围岩大主应力最大值为－10.8MPa，出现在 4 号和 6 号主洞室底角处，这是由于洞室开挖后，该部位出现了应力集中。图 5.17(e)为小主应力图，由应力等值线图可看出，在 4、5、6 号主洞室开挖边界局部出现拉应力区，最大拉应力为 0.3MPa。

图 5.17(f)为该断面 B 洞罐组的塑性区图，由图可见，在弹塑性计算条件下该断面没有出现明显的塑性区。

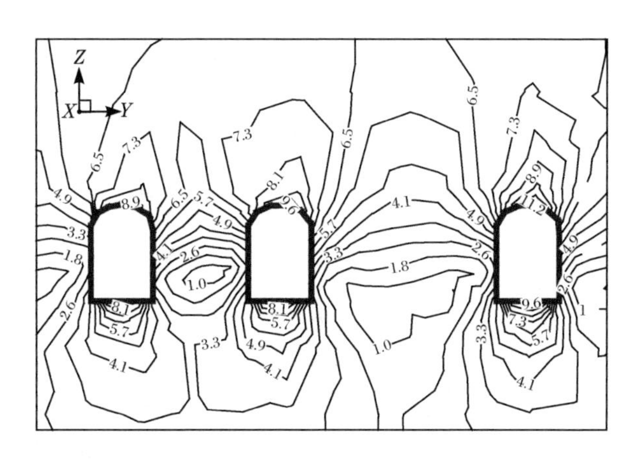

(a) 合位移(单位:mm)

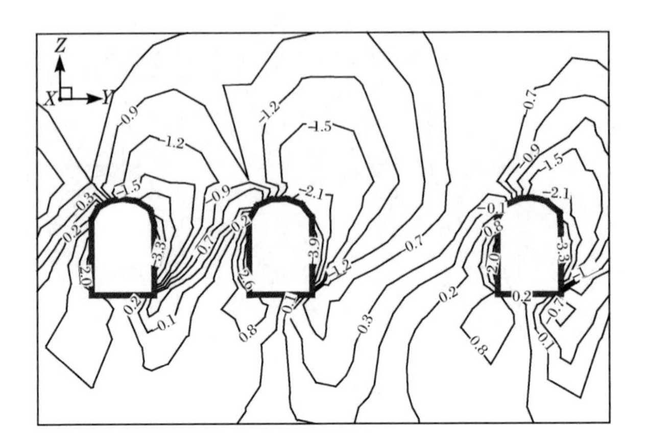

(b) Y 向位移(单位:mm)

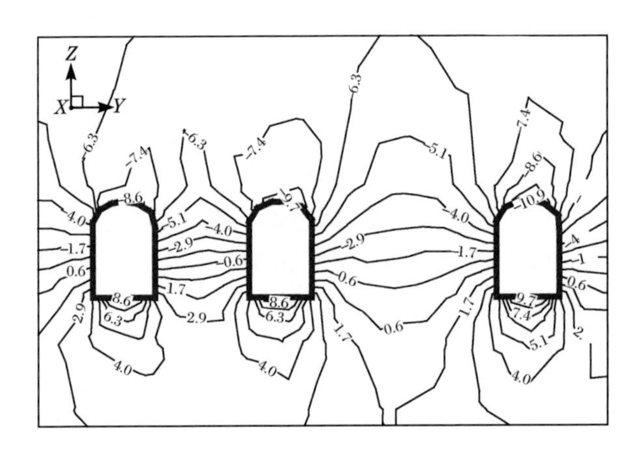

(c) Z 向位移(单位:mm)

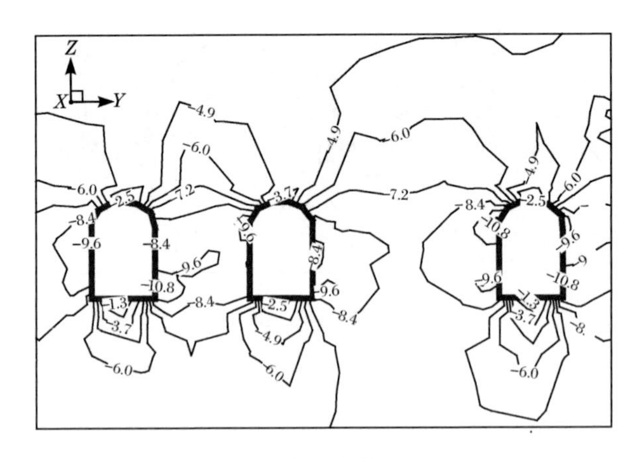

(d) 大主应力(单位:MPa)

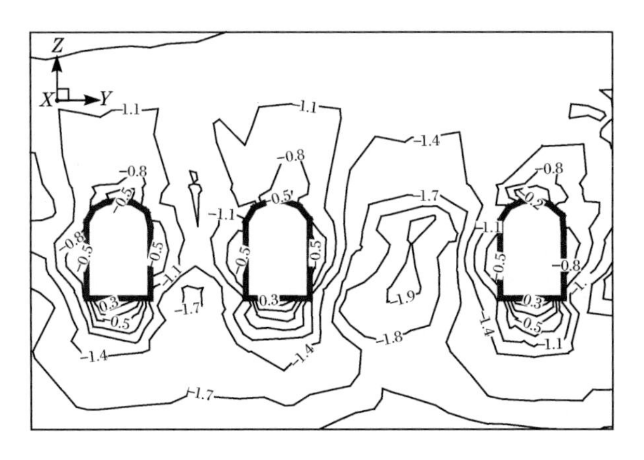

(e) 小主应力(单位:MPa)

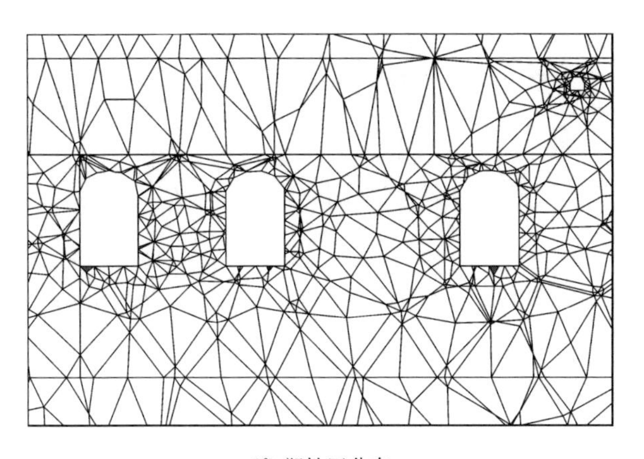

(f) 塑性区分布

图 5.17　X＝0＋200m 断面 B 洞罐组应力应变计算结果

3. C 洞罐组

基于地下水封洞库三维弹塑性数值计算结果,得到主洞室 0＋200m 断面 C 洞罐组的位移等值线图如图 5.18(a)～(c)所示。由等值线图可见,该断面 Y 向最大位移为 4.1mm,位于 7 号主洞室右侧边墙中上部位,在 7 号、8 号和 9 号主洞室左侧边墙中部出现变形也较大,位移值为 2.8～3.3mm。Z 向最大位移出现在 7 号和 8 号主洞室的拱顶部位,其值为 11.8mm,9 号主洞室的拱顶位移为 9.5mm;同样在主洞室底部出现约 10.7mm 的回弹位移;C 洞罐组主洞室围岩最大合位移出现在 7 号主洞室拱顶部位,其值为 11.9mm,8 号和 9 号主洞室拱顶位移值分别为 11.1mm 和 10.2mm,3 个主洞室底部回弹合位移约为 10.2mm。

由图 5.18(d)可知,洞室周边围岩大主应力最大值为－11.0MPa,出现在 7 号主洞室底角处;由于受洞室开挖影响,在洞室拐角处出现了局部应力集中区域。洞室围岩出现的大主应力均为压应力。图 5.18(e)为小主应力图,由应力等值线图可以看出,在 7、8、9 号主洞室开挖边界局部出现拉应力区,主要集中在洞室底部,最大拉应力为 0.1～0.4MPa。

图 5.18(f)为该断面 C 洞罐组的塑性区图,由图可见,只有个别部分单元进入塑性状态,位于 8 号和 9 号主洞室右侧边墙中上部。总体上,在 $X=0+200$m 整个断面上,塑性区较少,仅零星地分布于 8 号和 9 号主洞室右侧边墙中上部。

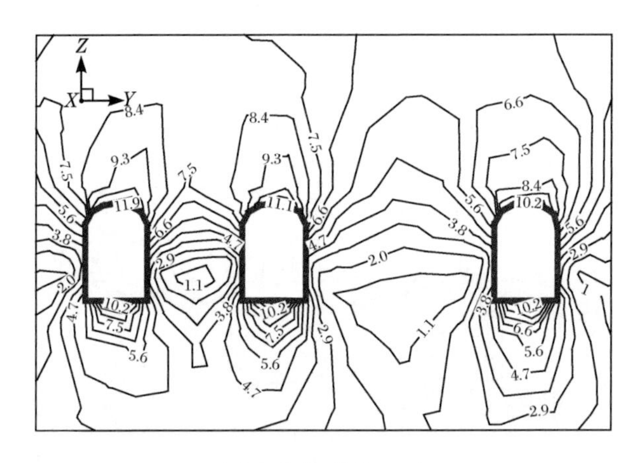

(a) 合位移(单位:mm)

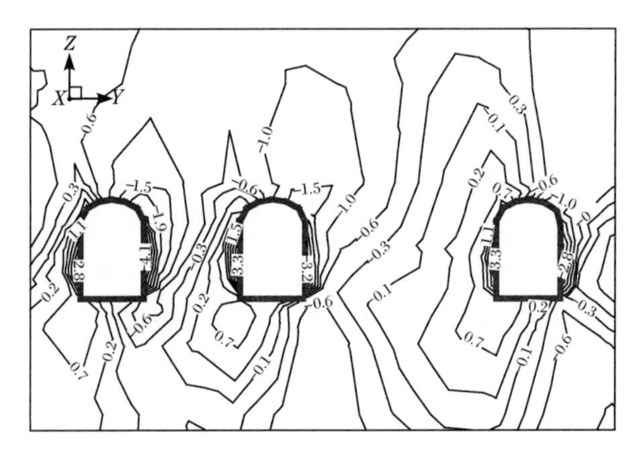

(b) Y 向位移(单位:mm)

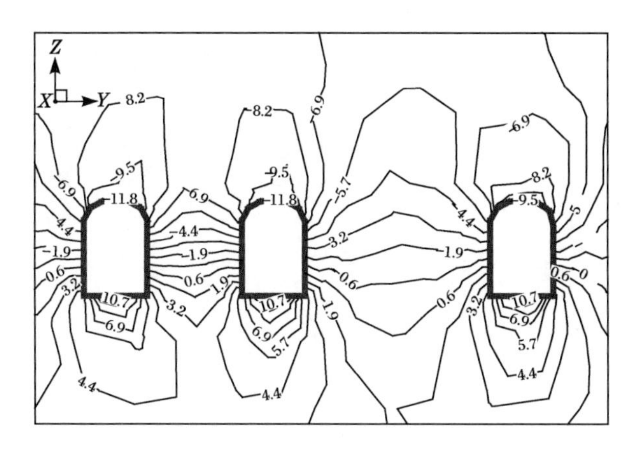

(c) Z 向位移(单位:mm)

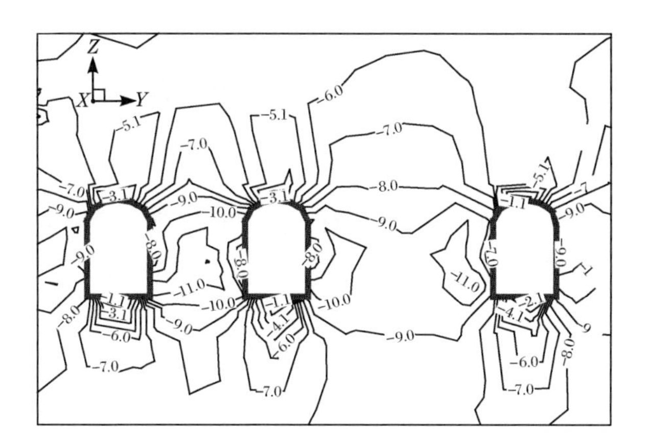

(d) 大主应力(单位:MPa)

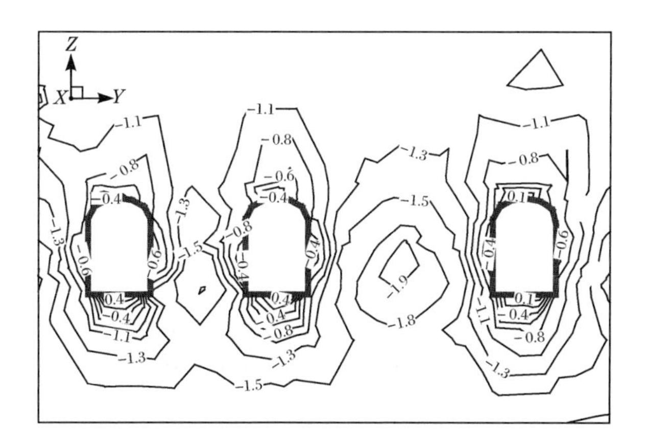

(e) 小主应力(单位:MPa)

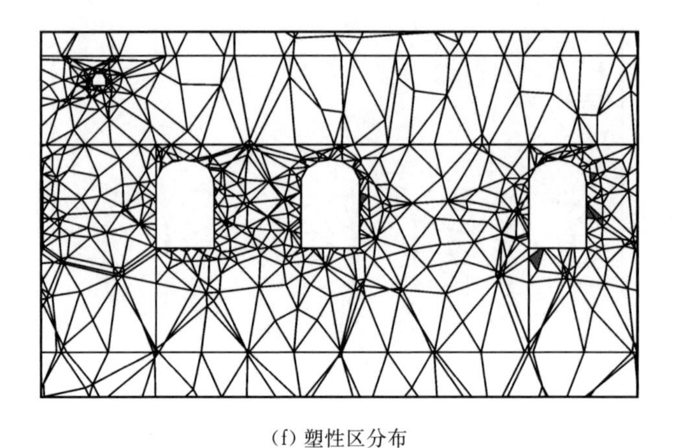

(f) 塑性区分布

图 5.18 X=0+200m 断面 C 洞罐组应力应变计算结果

5.3.2 X=0+352.32m 断面(A、B 洞罐组)应力应变分析

1. A 洞罐组

基于地下水封洞库三维弹塑性数值计算结果，得到主洞室 0+352.32m 断面 A 洞罐组的位移等值线图如图 5.19(a)～(c)所示。由等值线图可见，该断面 Y 向最大位移为 5.2mm，位于 3 号主洞室右侧边墙中部。Z 向最大位移出现在 3 号主洞室的拱顶部位，合位移最大值为 13.2mm；1 号和 2 号主洞室的拱顶位移分别为 9.4mm 和 11.6mm，并且在主洞室底部出现 9.7～10.8mm 的回弹位移。该断面 A 洞罐组最大合位移出现在 3 号主洞室拱顶部位，其最大位移值为 13.5mm，1 号和 2 号主洞室拱顶合位移分别为 9.2mm 和 12.0mm，3 个主洞室底部岩体发生回弹的合位移为 9.2～12mm。

由图 5.19(d)可知，洞室周边围岩大主应力的最大值为－6.6MPa，出现在 3 号主洞室底角处。由于受洞室开挖影响，在洞室拐角处以及主洞室与连接巷道交叉处出现了少量应力集中区域，应力等值线出现弯折、密集现象，洞室围岩出现的大主应力均为压应力。图 5.19(e)为小主应力图，由应力等值线图可以看出，在 3 号主洞室底部、主洞室与连接巷道交叉处局部出现拉应力区，最大拉应力为 0.2MPa。

图 5.19(f)为该断面 A 洞罐组的塑性区图，由图可见，只有个别部分单元进入塑性状态，主要位于连接巷道底部和主洞室与连接巷道交叉处，塑性区较少。

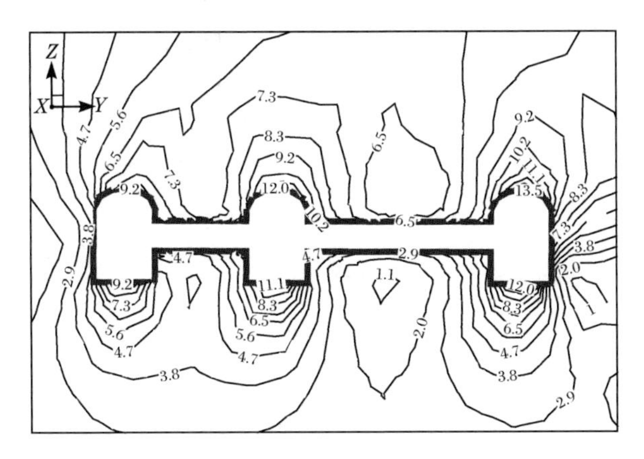

(a) 合位移(单位:mm)

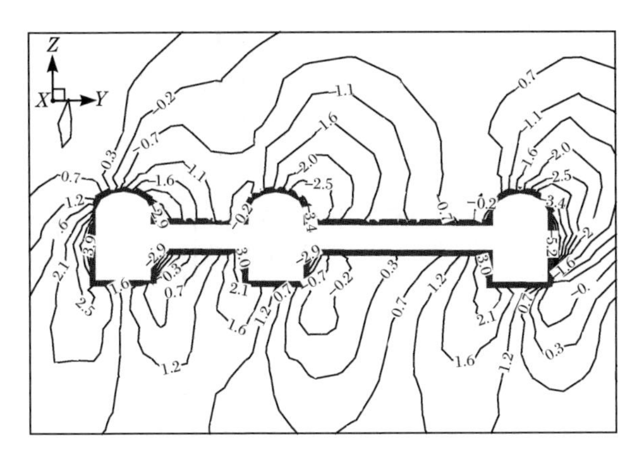

(b) Y 向位移(单位:mm)

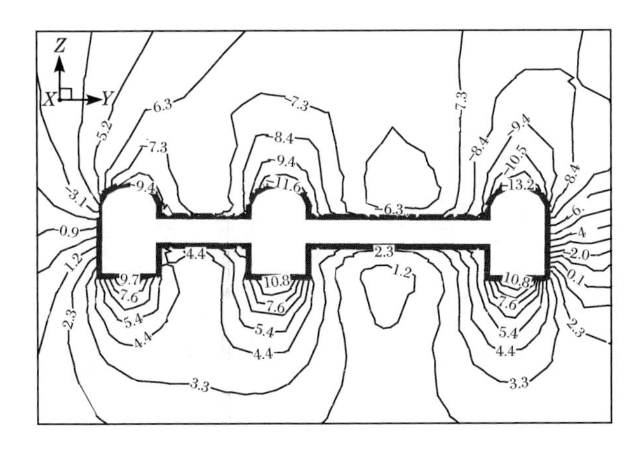

(c) Z 向位移(单位:mm)

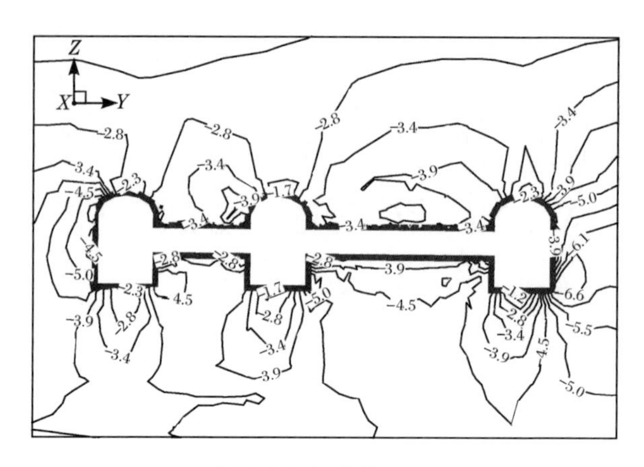

(d) 大主应力(单位:MPa)

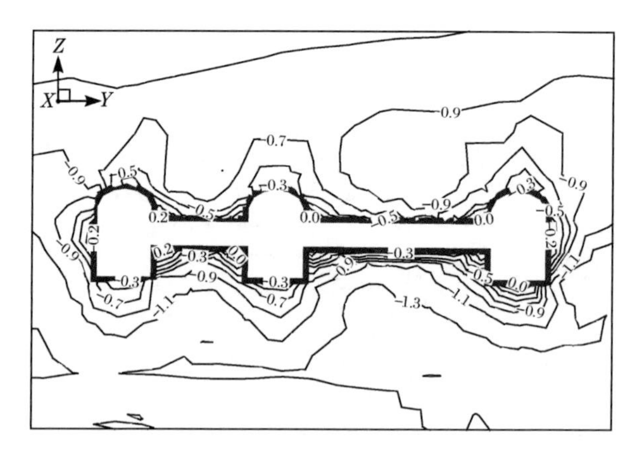

(e) 小主应力(单位:MPa)

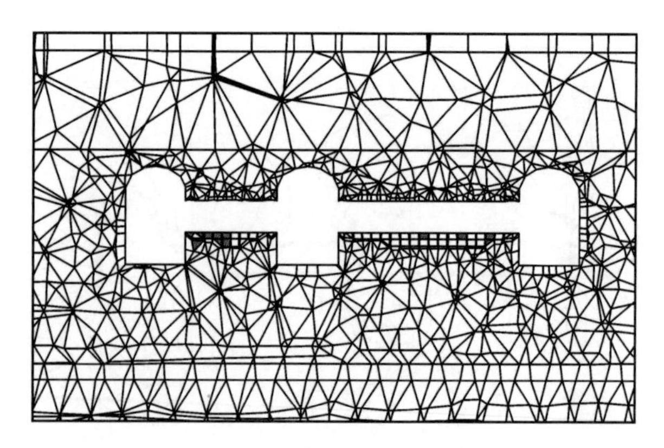

(f) 塑性区分布

图 5.19　X=0+352.32m 断面 A 洞罐组应力应变计算结果

2. B洞罐组

基于地下水封洞库三维弹塑性数值计算结果，得到主洞室0+352.32m断面B洞罐组位移等值线图如图5.20(a)～(c)所示。由等值线图可见，该断面Y向最大位移为4.5mm，位于6号主洞室右侧边墙中部以及5号主洞室与连接巷道交叉处的连接巷道拱顶。Z向最大位移出现在5号主洞室的拱顶部位，其值为19.0mm，4号和6号主洞室的拱顶Z向位移分别为16.2mm和14.8mm；该断面主洞室底部出现Z向回弹位移为12.2～15.0mm，连接巷道拱顶的最大Z向位移为13.3mm。该断面B洞罐组最大合位移出现在5号主洞室拱顶部位，其值为19.2mm，由于该部位距断层F3较近，故出现较大变形；4号和6号主洞室拱顶合位移分别为14.5mm和15.4mm，3个主洞室底部回弹位移为12.7～14.5mm。

由图5.20(d)可知，洞室周边围岩大主应力的最大值为－7.7MPa，出现在6号主洞室底角处。由于受洞室开挖的影响，在洞室拐角处以及主洞室与连接巷道交叉处出现了少量的应力集中区域，断层F3切割5号与6号主洞室之间的连接巷道，因此，上述部位的应力等值线出现弯折、密集现象。图5.20(e)为小主应力图，由应力等值线图可以看出，在4号和5号主洞室底部、主洞室与连接巷道交叉处局部出现拉应力区，最大拉应力为0.4MPa。

图5.20(f)为该断面B洞罐组塑性区图。由图可见，该断面靠近断层F3附近连接巷道底部、主洞室两侧边墙以及主洞室与连接巷道交叉处均出现少量塑性区。

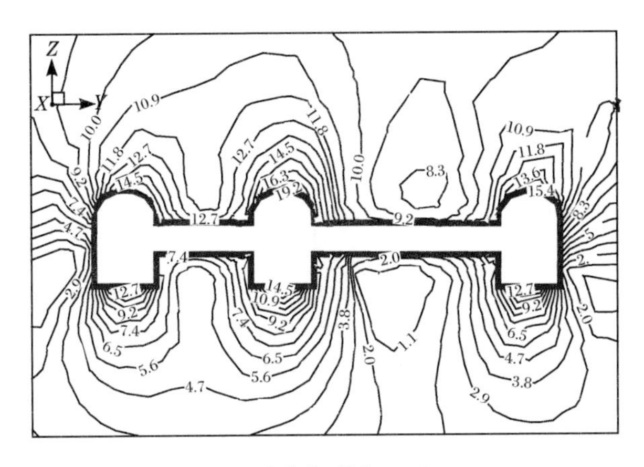

(a) 合位移(单位：mm)

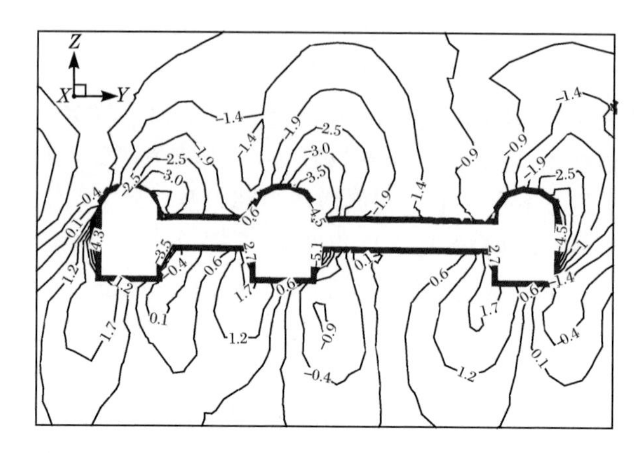

(b) Y 向位移(单位:mm)

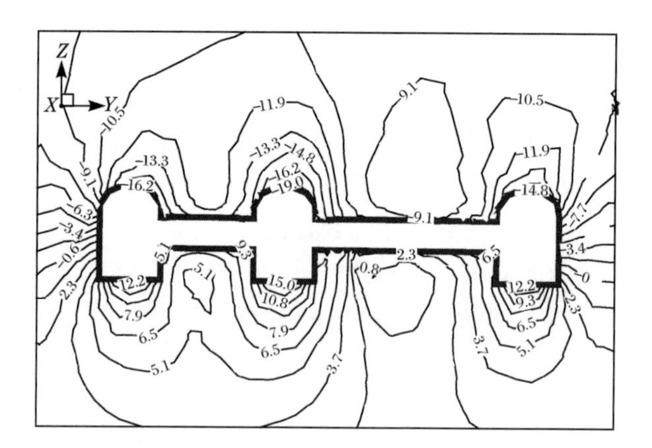

(c) Z 向位移(单位:mm)

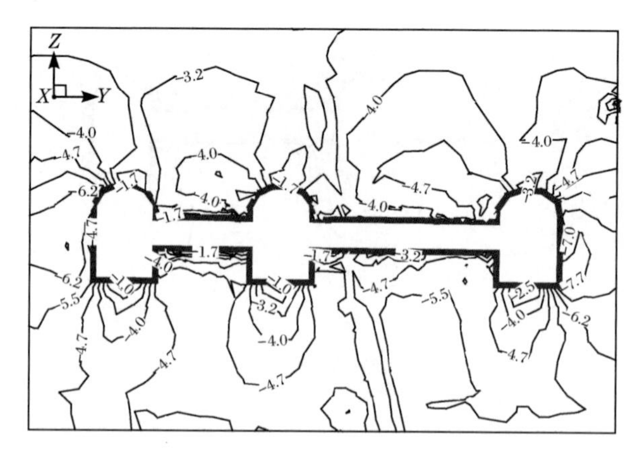

(d) 大主应力(单位:MPa)

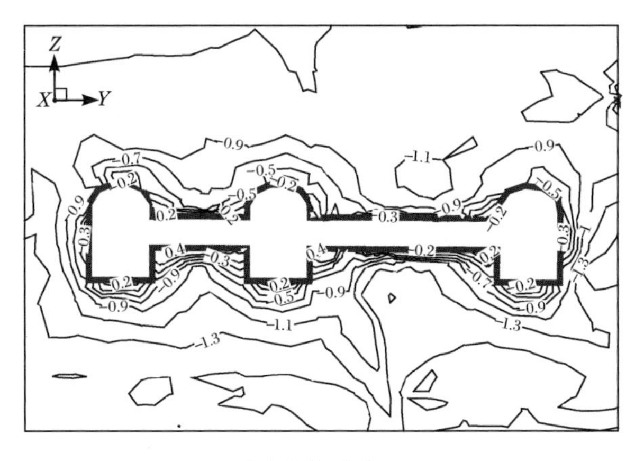

(e) 小主应力(单位:MPa)

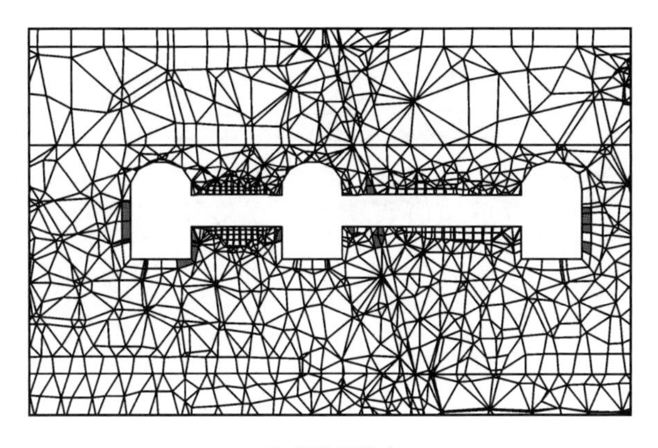

(f) 塑性区分布

图 5.20　$X=0+352.32$m 断面 B 洞罐组应力应变计算结果

5.3.3　$X=0+532.78$m 断面(C 洞罐组)应力应变分析

基于地下水封洞库三维弹塑性数值计算结果,得到沿主洞室 0+532.78m 断面 C 洞罐组的位移等值线图如图 5.21(a)～(c)所示。由等值线图可见,该断面 Y 向最大位移为 2.9mm,位于 9 号主洞室右侧边墙中部以及 8 号主洞室与连接巷道交叉处的连接巷道拱顶。该断面 C 洞罐组 3 个主洞室的拱顶部位出现较为明显的 Z 向位移,其值为 11.3～12.5mm;主洞室底部出现 Z 向回弹位移为 11.3～12.3mm;连接巷道的最大 Z 向位移为 8.4mm,位于连接巷道拱顶处。该断面 C 洞罐组最大合位移出现在 9 号主洞室拱顶部位,其位移最大值为 12.6mm;3 个主洞室底部出现约 12.3mm 的回弹位移;连接巷道最大合位移为 8.2mm,位于巷道拱顶,受洞室开挖影响,洞室底部、连接巷道与主洞室交叉处位移等值线图相对密集、弯曲。

由图 5.21(d)可知，洞室周边围岩大主应力的最大值为－6.2MPa，出现在 7 号和 9 号主洞室边墙中部。由于受洞室开挖影响，主洞室底部拐角、拱顶和主洞室与连接巷道交叉处出现了少量的应力集中区域，且上述部位的应力等值线出现弯折、密集现象。图 5.21(e)为小主应力图，由应力等值线图可以看出，在主洞室底部、主洞室与连接巷道交叉处应力处于拉应力临界状态，局部出现 0.1MPa 的拉应力。

图 5.21(f)为该断面 C 洞罐组的塑性区图，由图可见，该断面在连接巷道与 8 号主洞室交叉处、9 号主洞室右侧边墙中上部出现少量的塑性区。

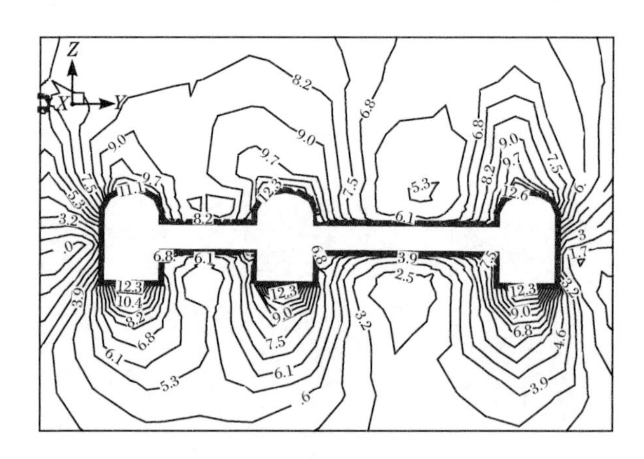

(a) 合位移(单位:mm)

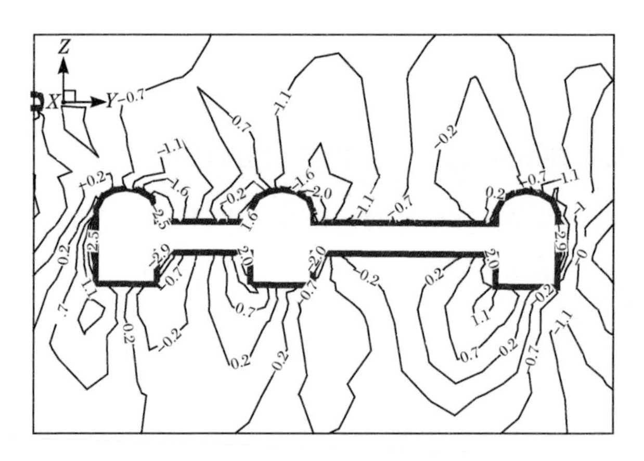

(b) Y 向位移(单位:mm)

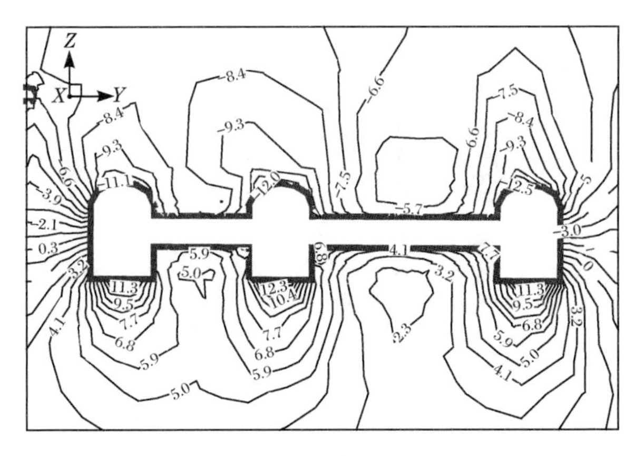

(c) Z 向位移(单位:mm)

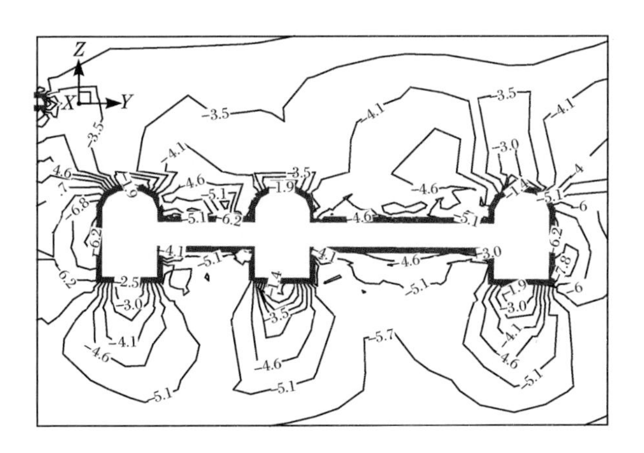

(d) 大主应力(单位:MPa)

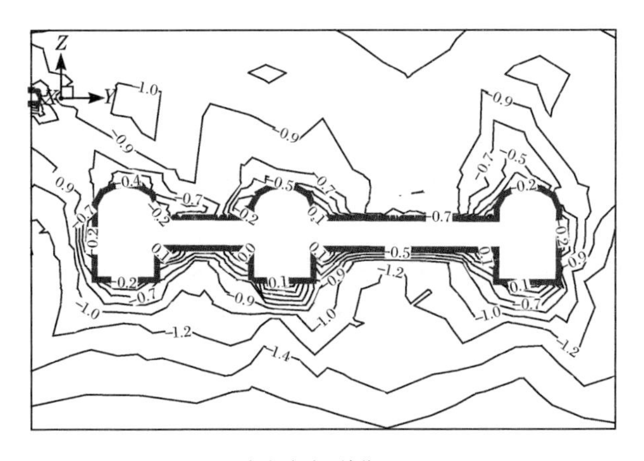

(e) 小主应力(单位:MPa)

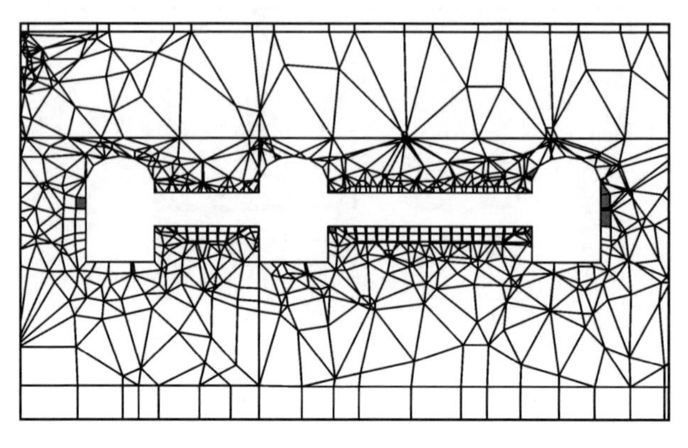

(f) 塑性区分布

图 5.21 X=0+532.78m 断面 C 洞罐组应力应变计算结果

5.3.4 2 号主洞室轴线剖面(Y=60m)应力应变分析

基于地下水封洞库三维弹塑性数值计算结果，得到 2 号主洞室轴线剖面位移等值线图如图 5.22(a)～(c)所示。由图可见，该剖面 X 向最大位移为 1.8mm，位于 2 号主洞室拱顶靠近断层 F3 附近，且断层切割处主洞室底部出现 1.7mm 的位移。该剖面 Z 向最大位移出现在主洞室拱顶部位，受断层影响，在断层切割处最大值为 11.7mm，在主洞室底部出现 10.7mm 的回弹位移；该剖面最大合位移等值线趋势与 Z 向位移相近，最大合位移位于 2 号主洞室拱顶断层 F3 切割部位，其值为 12.1mm，在主洞室底部出现不同程度的回弹位移，位移为 6.5～11.0mm；受洞室开挖及断层 F3 的影响，在断层附近位移等值线出现密集、弯曲现象。

由图 5.22(d)可知，洞周围岩大主应力的最大值为－6.9MPa，出现在 2 号主洞室左侧段(靠近山内侧)。由于受洞室开挖和断层 F3 的影响，在主洞室底部、拱顶和断层 F3 两侧部位出现了应力集中区域，上述部位的应力等值线弯折、密集。图 5.22(e)为小主应力图，由应力等值线图可以看出，在主洞室底部围岩处于拉应力临界状态，受断层影响，在断层附近应力等值线呈现出不光滑、弯折等现象。

图 5.22(f)为该轴线剖面塑性区图，通过塑性区分布情况可以看出，该剖面只有局部出现塑性区，塑性区主要集中在断层 F3 切割处的洞室拱顶部位。

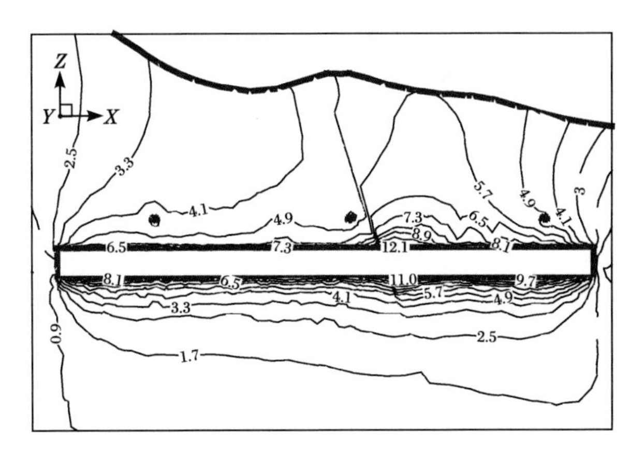

(a) 合位移(单位:mm)

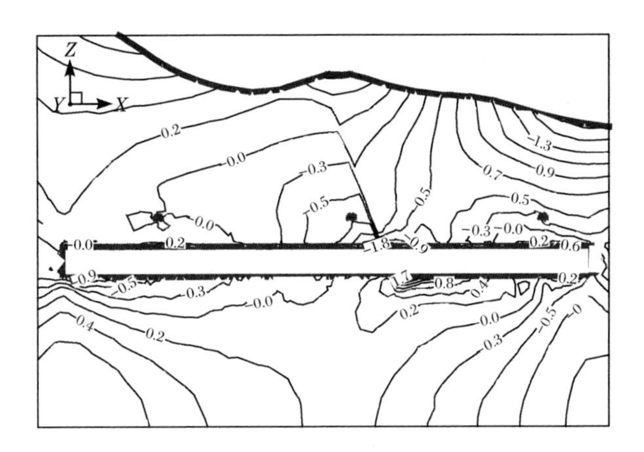

(b) X 向位移(单位:mm)

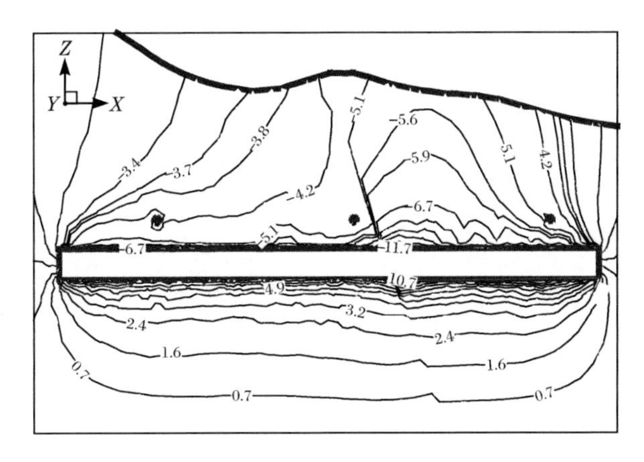

(c) Z 向位移(单位:mm)

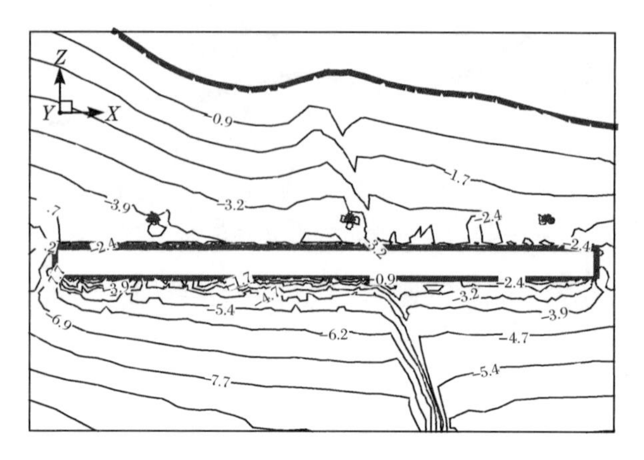

(d) 大主应力(单位:MPa)

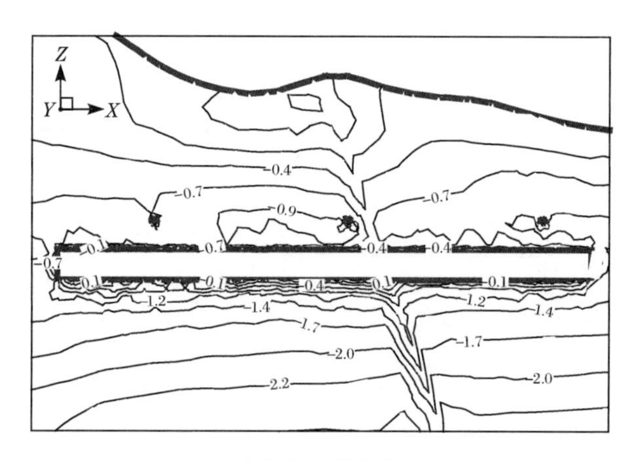

(e) 小主应力(单位:MPa)

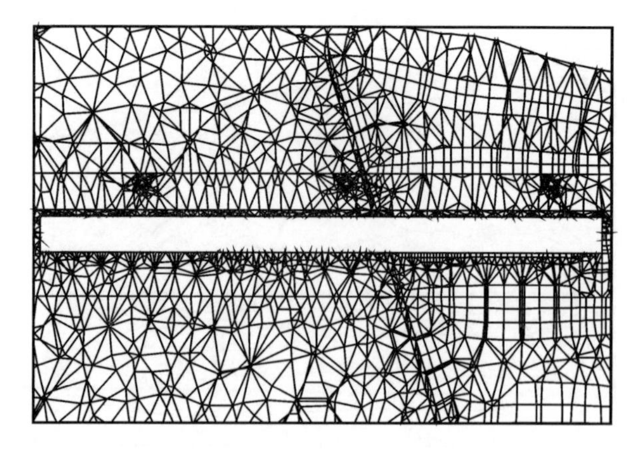

(f) 塑性区分布

图 5.22　2 号主洞室轴线剖面(Y=60m)应力应变计算结果

5.3.5　4 号主洞室轴线剖面(Y=199m)应力应变分析

基于地下水封洞库三维弹塑性数值计算结果，得到 4 号主洞室轴线剖面位移等值线图如图 5.23(a)～(c)所示。由等值线图可见，该剖面 X 向最大位移为 1.6mm，位于 2 号主洞室拱顶靠近断层 F3 附近，且受断层影响，主洞室拱顶部位靠近断层处位移等值线出现密集、弯折现象。该剖面 Z 向最大位移出现在主洞室拱顶与断层部位交汇处，Z 向最大位移值为 15.8mm，且主洞室底部出现 7.2～13.0mm 的回弹位移。该剖面最大合位移等值线趋势与 Z 向位移分布相近，最大合位移出现在 4 号主洞室拱顶断层 F3 切割部位，合位移最大值为 16.4mm，在主洞室底部出现不同程度的回弹位移，回弹位移值为 8.3～11.8mm；受洞室开挖和断层 F3 的影响，在断层附近位移等值线出现密集、弯曲现象。

由图 5.23(d)可知，洞周围岩大主应力的最大值为－7.8MPa，出现在 4 号主洞室左侧段(靠近山内侧)。由于受洞室开挖和断层 F3 的影响，在主洞室底部、拱顶和断层 F3 两侧部位出现了应力集中区域，上述部位的应力等值线弯折、密集。图 5.23(e)为小主应力图，由应力等值线图可以看出，在主洞室底部围岩处于拉应力临界状态，受断层影响，在断层附近应力等值线呈现出不光滑、弯折等现象。

图 5.23(f)为该轴线剖面塑性区图，通过塑性区图可以看出，该剖面只有局部出现塑性区，塑性区主要集中在断层 F3 切割处的洞室拱顶部位，在主洞室拱顶上部的断层破碎带也出现一定的塑性区域。

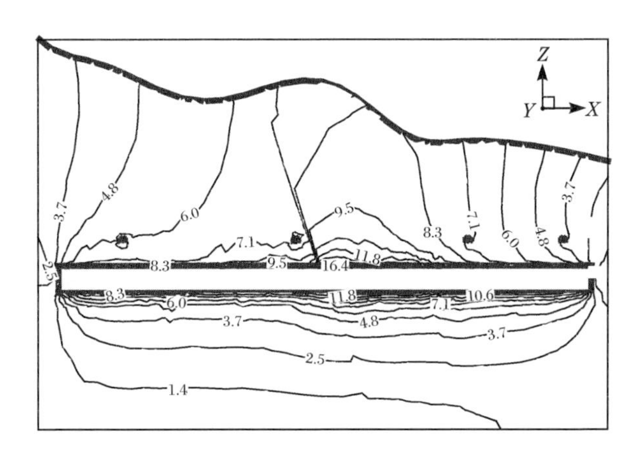

(a) 合位移(单位：mm)

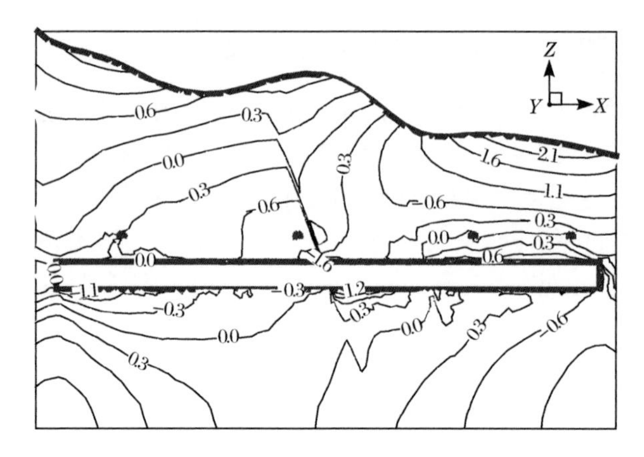

(b) X 向位移(单位:mm)

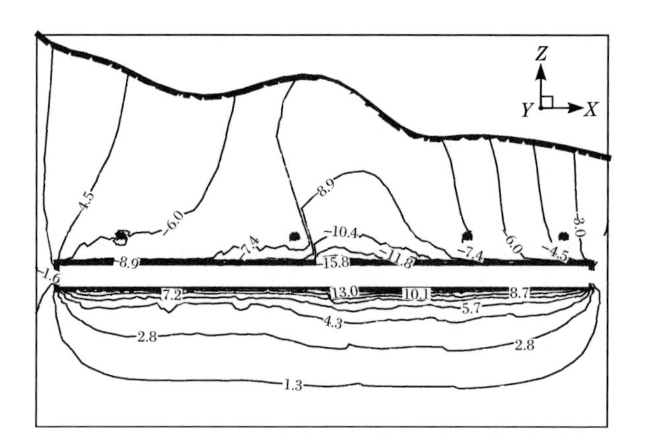

(c) Z 向位移(单位:mm)

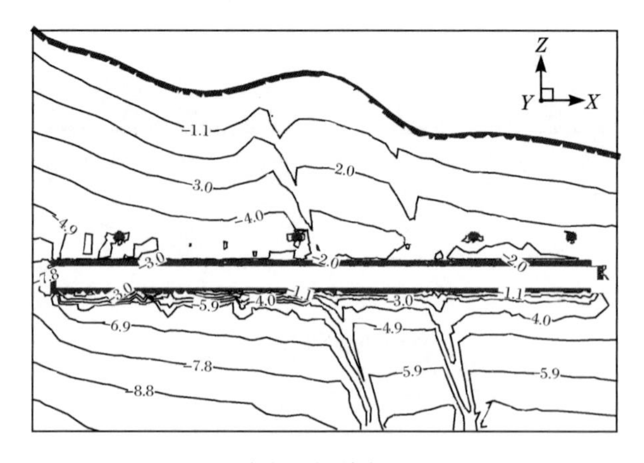

(d) 大主应力(单位:MPa)

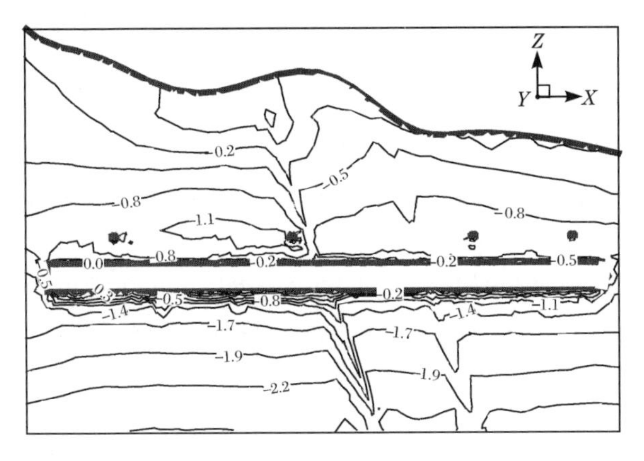

(e) 小主应力(单位:MPa)

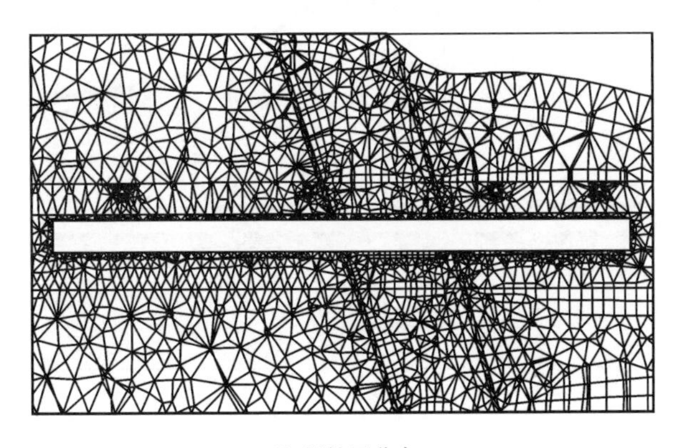

(f) 塑性区分布

图 5.23　4 号主洞室轴线剖面(*Y*=199m)应力应变计算结果

5.3.6　6 号主洞室轴线剖面(*Y*=328m)应力应变分析

基于洞库三维弹塑性数值计算结果,得到 6 号主洞室轴线剖面位移等值线图如图 5.24(a)～(c)所示。由等值线图可见,该剖面 *X* 向最大位移为 1.4mm,最大位移出现在 6 号主洞室与断层 F3 切割处;受断层影响,在主洞室拱顶部位靠近断层处位移等值线出现突变、弯折现象。*Z* 向最大位移出现在主洞室拱顶与断层切割处,*Z* 向最大位移值为 15.0mm,且主洞室底部出现最大为 13.0mm 的回弹位移;该剖面最大合位移等值线趋势与 *Z* 向位移相近,最大值出现在 6 号主洞室拱顶与断层 F3 切割部位,最大值为 16.5mm,且主洞室底部出现不同程度的回弹位移,回弹位移值为 8.3～11.8mm。受断层 F3 影响,在断层附近位移等值线出现弯曲现象;受洞室开挖影响,洞室开挖边界位移等值线较为密集。

由图 5.24(d)可知,洞周围岩大主应力最大值为−7.5MPa,出现在 6 号主洞室左侧段(靠近山内侧)。由于受洞室开挖和断层 F3 的影响,在主洞室底部、拱顶和断层 F3 两侧部位出现了应力集中区域,上述部位应力等值线弯折、密集。图 5.24(e)为小主应力图,由应力等值线图可以看出,在主洞室底部围岩处于拉应力临界状态,局部出现拉应力,最大拉应力为 0.1MPa,受断层影响,在断层附近应力等值线呈现出不光滑、弯折等现象。

图 5.24(f)为该轴线剖面塑性区图,通过塑性区图可以看出,该剖面在断层 F3 切割处的洞室拱顶部位出现塑性区,在拱顶上部的断层破碎带也出现一定的塑性区。总体而言,该剖面的塑性区分布较小。

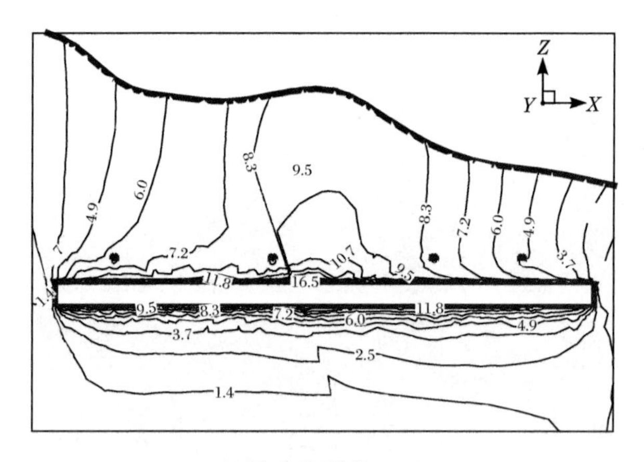

(a) 合位移(单位:mm)

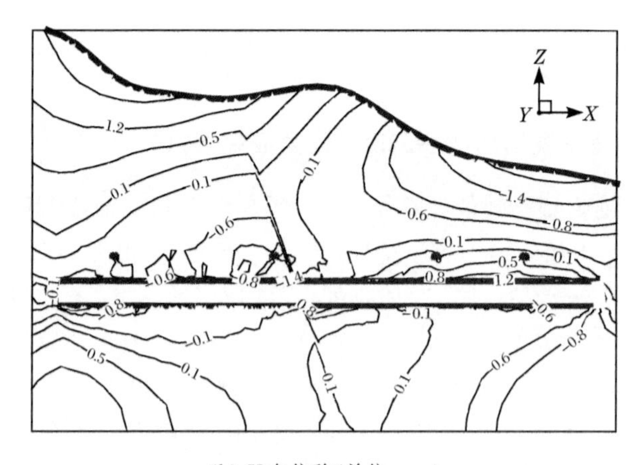

(b) X 向位移(单位:mm)

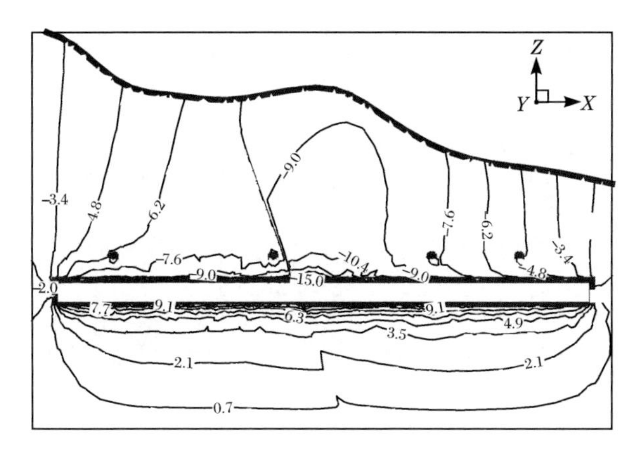

(c) Z 向位移(单位:mm)

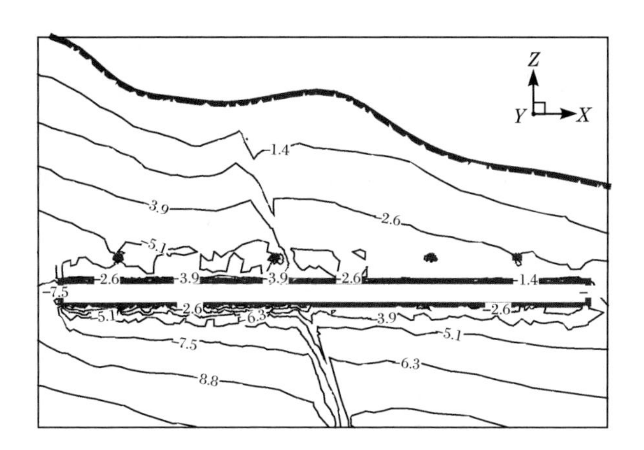

(d) 大主应力(单位:MPa)

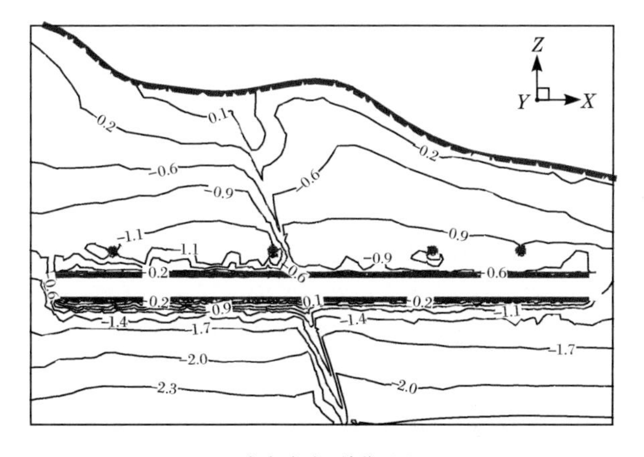

(e) 小主应力(单位:MPa)

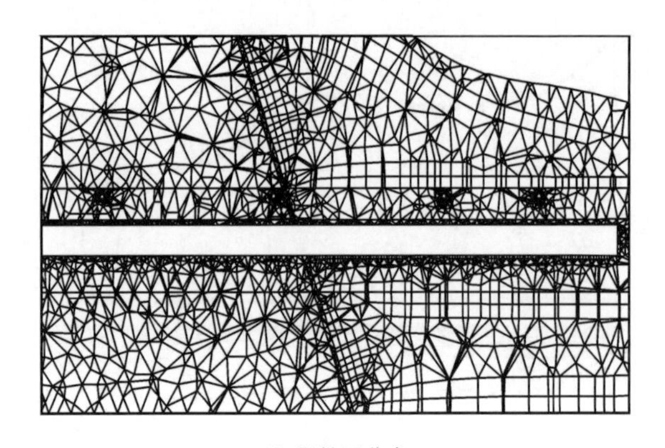

(f) 塑性区分布

图 5.24 6 号主洞室轴线剖面(Y=328m)应力应变计算结果

5.4 弹塑性计算条件下主洞室特征点位移分析

选取 X=0+200m 断面 2、4、8 号主洞室,X=0+352.32m 断面 4、6 号主洞室 5 个典型剖面,分析每个剖面上特征点的位移。剖面特征点分布如图 5.25 所示。

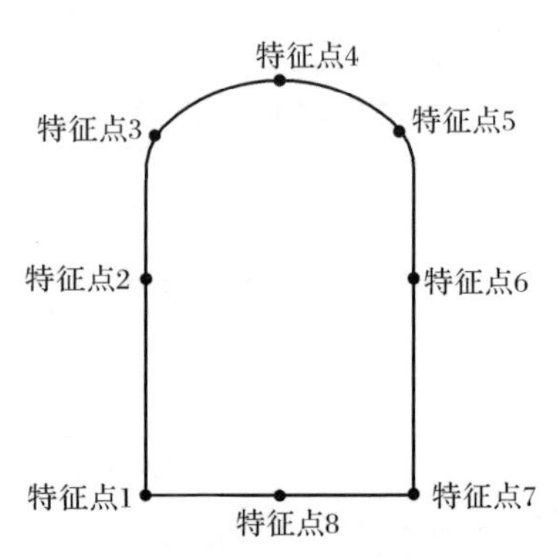

图 5.25 主洞室特征点位置示意图

对地下水封洞库三维弹塑性数值计算得到的 8 个特征点位移值按不同剖面进行统计,如表 5.6~表 5.10 所示。根据特征点位移统计结果,并结合典型剖面特征点位置示意图,可以看出,X=0+200m 断面 2 号主洞室剖面、4 号主洞室剖面以及 8 号主洞室剖面最大位移出现在洞室底板中心特征点 8 处,其最大值分别为 7.4mm、9.3mm 和 7.4mm;X=0+352.32m 断面 4 号主洞室剖面最大位移出现在洞室拱顶靠近连接巷道一侧特征点 3 处,受连接巷道开挖影响,位移最大值为 16.4mm;X=0+352.32m 断面 6 号主洞室剖面最大位移出现在洞室拱顶特征点 4 处，最大位移值为 15.7mm。

通过统计分析不同剖面 8 个特征点的位移可以发现，洞室开挖完成后，洞周围岩最大位移主要发生在洞室拱顶部位，受洞室开挖影响，部分在主洞室底板也出现相对较大的竖向回弹位移。

表 5.6　*X*=0+200m 断面 2 号主洞室剖面 8 个特征点位移

特征点编号	1	2	3	4	5	6	7	8
Y 向位移/mm	−0.5	−3.2	−2.2	−0.7	−0.1	2.3	1.4	0.8
Z 向位移/mm	2.8	−2.4	−6.0	−6.5	−5.5	−0.2	4.0	7.4
合位移/mm	2.9	4.1	6.4	6.6	5.6	2.3	4.3	7.4

表 5.7　*X*=0+200m 断面 4 号主洞室剖面 8 个特征点位移

特征点编号	1	2	3	4	5	6	7	8
Y 向位移/mm	−0.4	−4.0	−2.6	−1.6	0.2	2.5	1.2	0.5
Z 向位移/mm	3.8	−3.5	−7.8	−8.9	−7.9	−0.1	4.0	9.3
合位移/mm	3.9	5.3	8.2	9.1	7.9	2.6	4.2	9.3

表 5.8　*X*=0+200m 断面 8 号主洞室剖面 8 个特征点位移

特征点编号	1	2	3	4	5	6	7	8
Y 向位移/mm	−0.5	−3.2	−2.2	−0.7	−0.1	2.3	1.4	0.8
Z 向位移/mm	2.8	−2.4	−6.0	−6.5	−5.5	−0.2	4.0	7.4
合位移/mm	2.9	4.1	6.4	6.6	5.6	2.3	4.3	7.4

表 5.9　*X*=0+352.32m 断面 4 号主洞室剖面 8 个特征点位移

特征点编号	1	2	3	4	5	6	7	8
Y 向位移/mm	−0.3	0	−3.5	−2.0	−0.8	4.8	2.1	1.0
Z 向位移/mm	8.2	0	−16.0	−15.0	−12.4	−0.5	6.4	13.5
合位移/mm	8.2	—	16.4	15.2	12.5	4.9	6.7	13.7

表 5.10　*X*=0+352.32m 断面 6 号主洞室剖面 8 个特征点位移

特征点编号	1	2	3	4	5	6	7	8
Y 向位移/mm	−0.8	−5.0	−3.6	−1.8	−0.7	0	1.9	1.1
Z 向位移/mm	4.6	−6.5	−12.5	−15.6	−14.3	0	7.6	12.3
合位移/mm	4.7	8.2	13.0	15.7	14.3	0	7.8	12.4

5.5　本章小结

本章首先基于石油储备地下水封洞库的工程地质条件，建立了地下水封洞库工程地质力学模型和三维数值计算模型,分析了地下水封洞库工程初始地应力场与渗流场,采用有限差分法,开展了大型地下水封洞库三维弹塑性数值计算,并选择 $X=0+200\text{m}$、$X=0+352.32\text{m}$、$X=0+532.78\text{m}$ 断面,以及2号、4号和6号主洞室轴线剖面进行弹塑性应力应变分析。

对大型地下水封洞库三维弹塑性数值仿真计算结果进行统计,如表5.11所示。由表5.11可以得知,洞库围岩位移最大值出现在 $X=0+352.32\text{m}$ 断面B洞罐组,最大值为19.2mm。该部位位于断层F3附近,为了保证地下水封洞库工程的主洞室长期安全运行,需对地下水封洞库工程岩体断层破碎带采取相应的支护措施。根据5.4节中对不同典型剖面8个特征点位移进行统计分析,由统计结果可以看出,地下水封洞室开挖后对主洞室各特征点影响不尽相同,特征点4位于主洞室拱顶部位,因此对特征点4的影响最为明显。

表5.11　典型剖面位移统计

剖面位置		X向最大位移/mm	Y向最大位移/mm	Z向最大位移/mm	最大合位移/mm	合位移最大位置
$X=0+200\text{m}$	A洞罐组	—	3.3	8.1	8.0	3号主洞室拱顶部位
	B洞罐组	—	3.9	10.9	11.2	6号主洞室拱顶部位
	C洞罐组	—	4.1	11.8	11.9	7号主洞室拱顶部位
$X=0+352.32\text{m}$	A洞罐组	—	5.2	13.2	13.5	3号主洞室拱顶部位
	B洞罐组	—	4.5	19.0	19.2	5号主洞室拱顶部位
$X=0+532.78\text{m}$	C洞罐组	—	2.9	12.5	12.6	9号主洞室拱顶部位
2号主洞室轴线剖面		1.8	—	11.7	12.1	2号主洞室拱顶断层F3切割部位
4号主洞室轴线剖面		1.6	—	15.8	16.4	4号主洞室拱顶断层F3切割部位
6号主洞室轴线剖面		1.4	—	15.0	16.5	6号主洞室拱顶断层F3切割部位

第 6 章 地下水封洞库三维流变数值分析

根据地下水封洞库围岩的岩石流变力学试验分析，可以发现，在复杂应力状态下的地下水封洞库的围岩变形具有明显的时间效应，开展地下水封洞库的三维流变数值计算与分析是十分必要的。

本章三维流变数值计算分析采用基于有限差分法的 Cvisc 流变本构模型，分析地下水封洞库围岩的长期变形特征。首先，根据室内岩石流变力学试验结果，结合已有岩体的弹塑性物理力学参数，确定流变模型的力学参数；然后将所得流变力学参数用于三维流变计算分析。模拟地下水封洞库开挖完成后洞库工程长期运行过程中的围岩应力场和位移场的变化规律，并通过与三维弹塑性数值计算结果相比较，分析围岩的长期流变作用对地下水封洞库变形和长期稳定性的影响。

6.1 三维流变数值计算方案

基于地下水封洞库围岩的三轴流变力学试验结果，综合确定地下水封洞库围岩流变模型的力学参数，如表 6.1 所示。

表 6.1 地下水封洞库 Cvisc 流变模型参数

围岩类别	密度 /(kg/m³)	E^{M} /GPa	η^{M} /(GPa/d)	E^{R} /GPa	η^{R} /(GPa/d)	c /MPa	φ /(°)
Ⅱ	2630	20.5	2.05×10^{5}	103	410	2.1	49.1
$Ⅲ_1$	2510	7.2	7.2×10^{4}	36	144	0.77	40.9
$Ⅲ_2$	2450	7.2	7.2×10^{4}	36	144	0.56	40.9
Ⅳ	2430	1.4	1.4×10^{4}	7	28	0.21	26.9
Ⅴ	2320	0.8	0.8×10^{4}	4	16	0.04	22.9

采用基于有限差分法的 Cvisc 流变本构模型，对地下水封洞库进行开挖完成后的三维流变数值计算。

6.2 洞库围岩三维流变数值分析

基于有限差分法，采用 Cvisc 流变本构模型，开展地下水封洞库开挖三维流变数值计算与分析。为能详细分析地下水封洞库围岩的流变应力应变规律，将洞库分为三个洞灌,其中 A 洞罐组由 1 号、2 号和 3 号主洞室组成,B 洞罐组由 4 号、5 号和 6 号主洞室组成,C 洞罐组由 7 号、8 号和 9 号主洞室组成。

6.2.1 X=0+200m 断面(A、B、C 洞罐组)流变计算结果

1. A 洞罐组

基于地下水封洞库三维流变数值计算结果,得到沿主洞室 0+200m 断面 A 洞罐组的位移等值线图如图 6.1(a)~(c)所示。由等值线图可见,该断面 Y 向最大位移为 5.5mm,最大值位于 3 号主洞室右侧边墙;Z 向最大位移出现在 3 号主洞室的拱顶,其值为 11.6mm,在洞室底部出现 6.2mm 的回弹位移;最大合位移出现在 3 号主洞室拱顶部位,其值为 11.9mm,1 号和 2 号主洞室拱顶出现 8.0~9.0mm 的位移,洞室底部出现最大为 6.2mm 的回弹位移。

由图 6.1(d)可知,洞室周边围岩大主应力的最大值为-8.0MPa,最大值均出现在主洞室底角处,此部位因洞室开挖应力集中。洞室围岩出现的大主应力均为压应力。图 6.1(e)为小主应力图,由图可见,在洞室周边没有出现拉应力区。

图 6.1(f)为该断面 A 洞罐组塑性区图,由图可见,在流变计算条件下该断面出现少量的塑性区,塑性区主要集中在 3 个主洞室拱顶部位。

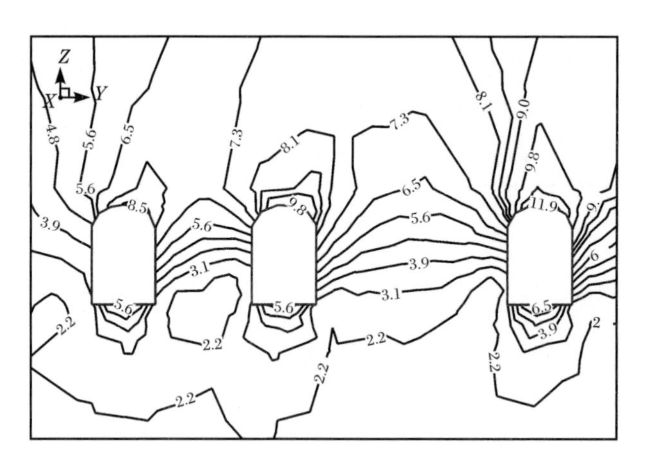

(a) 合位移(单位:mm)

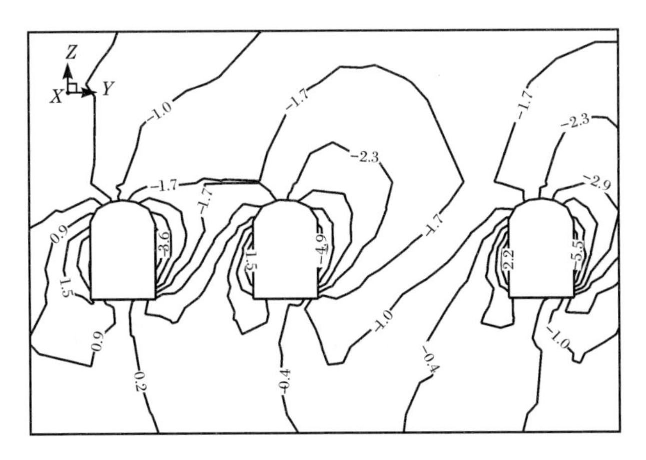

(b) Y 向位移(单位:mm)

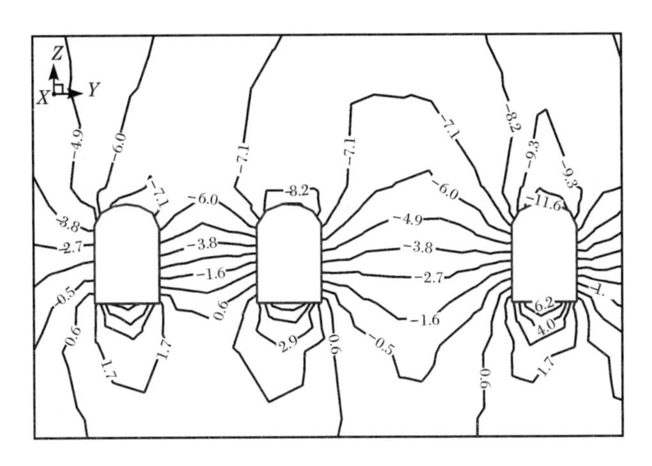

(c) Z 向位移(单位:mm)

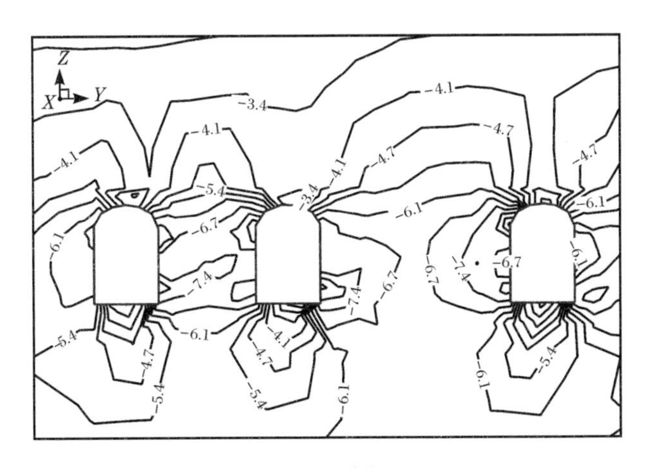

(d) 大主应力(单位:MPa)

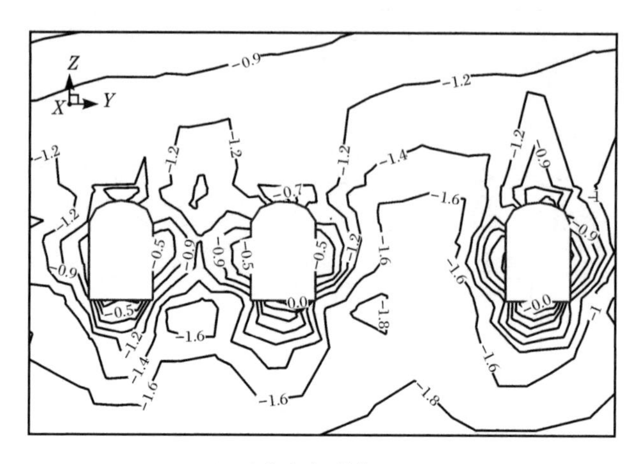

(e) 小主应力(单位:MPa)

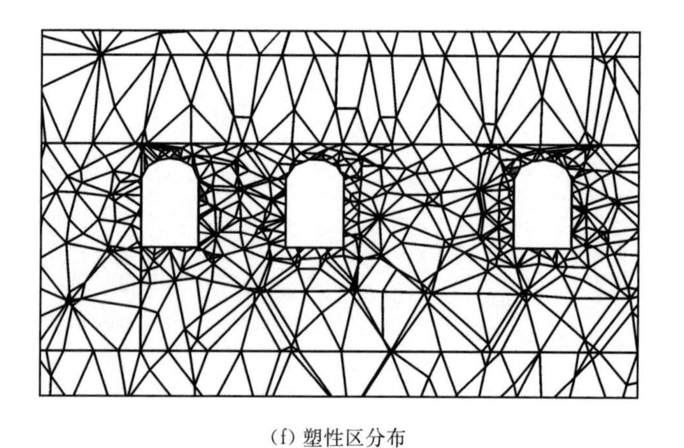

(f) 塑性区分布

图 6.1　X=0+200m 断面 A 洞罐组流变计算结果

2. B 洞罐组

基于地下水封洞库三维流变数值计算结果,得到沿主洞室 0+200m 断面 B 洞罐组的位移等值线图如图 6.2(a)~(c)所示。由等值线图可见,该断面 Y 向最大位移为 6.4mm,位于 4 号、5 号和 6 号主洞室右侧边墙中上部位;Z 向最大位移出现在 5 号和 6 号主洞室的拱顶部位,其值为 15.9mm,同样在主洞室底部出现 7.5mm 的回弹位移;最大合位移的趋势与 Z 向位移相近,最大值出现在 6 号主洞室拱顶部位,其值为 16.2mm;4 号主洞室拱顶位移值为 13.2mm,5 号主洞室拱顶位移值为 14.9mm;在 3 个主洞室底部产生 7.3~8.1mm 的回弹位移。

由图 6.2(d)可知,洞室周边围岩大主应力的最大值为−8.7MPa,出现在 4

号、5 号和 6 号主洞室右底角以及 6 号主洞室顶拱两侧，由于在洞室开挖完成后，上述部位出现了部分应力集中区域。洞室围岩出现的大主应力均为压应力。图 6.2(e)为小主应力图，由应力等值线图可看出，主洞室开挖边界围岩处于临界应力状态，局部出现拉应力区，最大拉应力出现在 4 号主洞室底部，最大值为 0.2MPa。

图 6.2(f)为该断面 B 洞罐组的塑性区图，由图可见，在流变计算条件下该断面出现少量塑性区，塑性区主要位于 5 号主洞室右侧边墙中上部及 6 号主洞室右侧边墙。

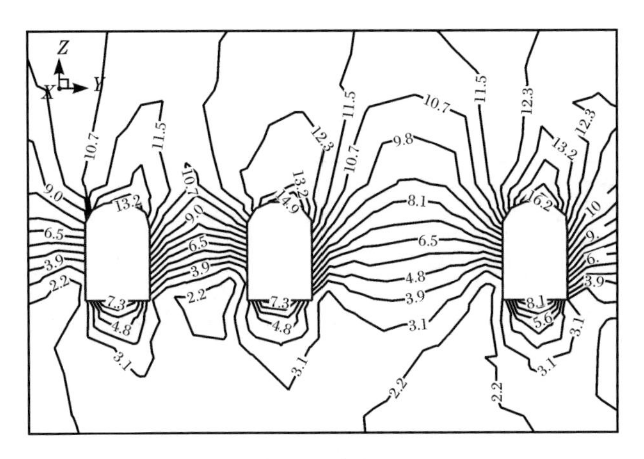

(a) 合位移(单位:mm)

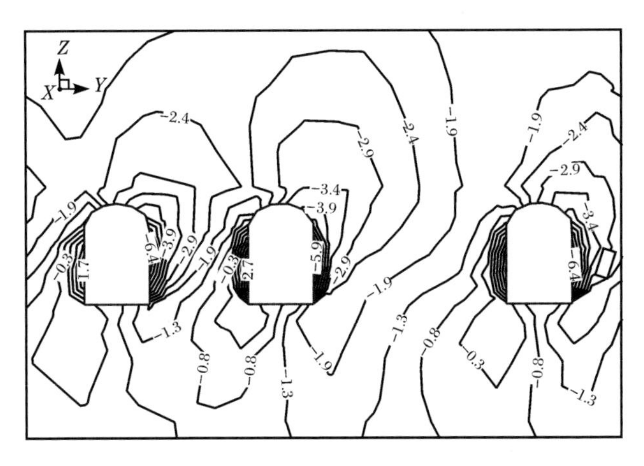

(b) Y 向位移(单位:mm)

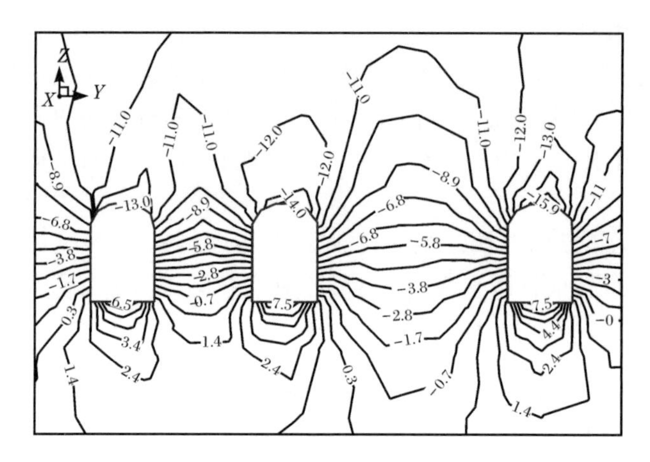

(c) Z 向位移(单位:mm)

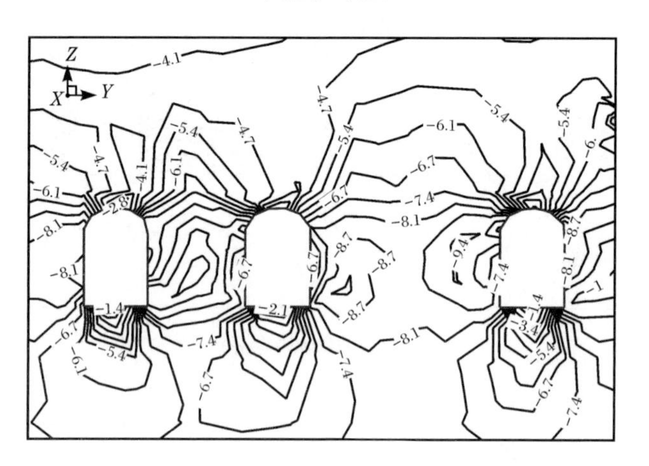

(d) 大主应力(单位:MPa)

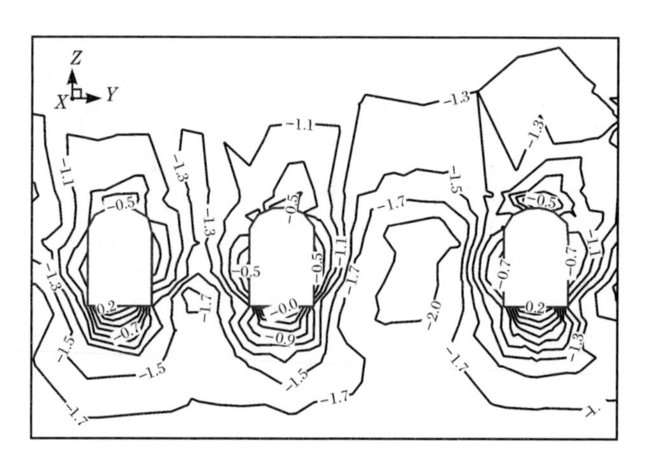

(e) 小主应力(单位:MPa)

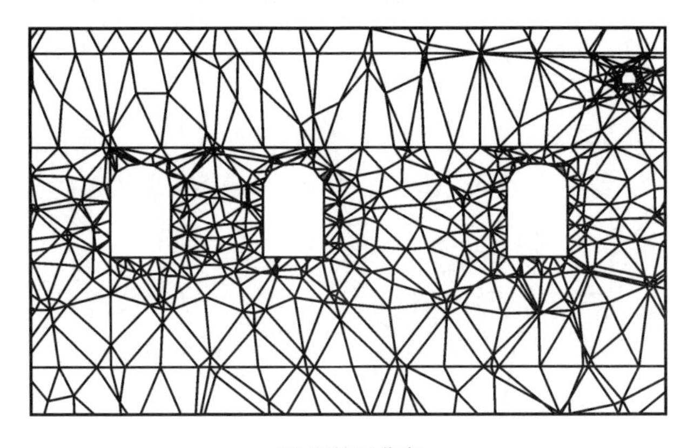

(f) 塑性区分布

图 6.2　X=0+200m 断面 B 洞罐组流变计算结果

3. C 洞罐组

基于地下水封洞库三维弹塑性数值计算结果，得到沿主洞室 0+200m 断面 C 洞罐组的位移等值线图 6.3(a)～(c)所示。由等值线图可见，该断面 Y 向最大位移为 7.0mm，位于 7 号主洞室右侧边墙中上部位以及 8 号主洞室右侧边墙中下部位，在 3 个主洞室左侧边墙中部出现了 3.0～5.0mm 的位移，由位移等值线的疏密可以看出，7 号与 8 号主洞室之间的位移比 8 号与 9 号之间的位移大；Z 向最大位移出现在三个主洞室的拱顶部位，其值为 15.7～16.8mm，在主洞室底部出现 7.4～8.5mm 的回弹位移；最大合位移出现在 7 号和 8 号主洞室拱顶部位，其值为 17.0mm，同样在 9 号主洞室拱顶出现 15.9mm 的位移，在 3 个主洞室底部分别出现 8.4～9.5mm 的回弹位移。

由图 6.3(d)可知，洞室周边围岩大主应力的最大值为－10.7MPa，出现在 7 号与 8 号主洞室之间围岩以及 8 号和 9 号主洞室主洞室之间围岩。洞室围岩出现的大主应力均为压应力。图 6.3(e)为小主应力图，由应力等值线图可以看出，在 8 号主洞室底板开挖边界出现拉应力区，主最大拉应力为 0.3MPa。

图 6.3(f)为该断面 C 洞罐组的塑性区图，由图可见，只有个别部分单元进入塑性状态，塑性区较少，仅零星地分布于 7 号、8 号和 9 号主洞室右侧边墙中两侧。

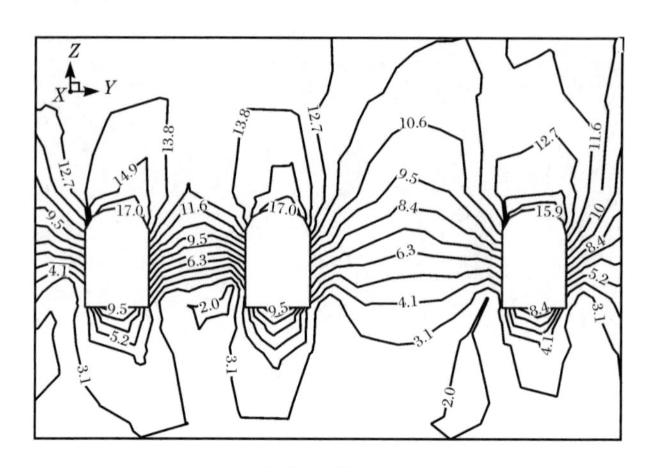

(a) 合位移(单位:mm)

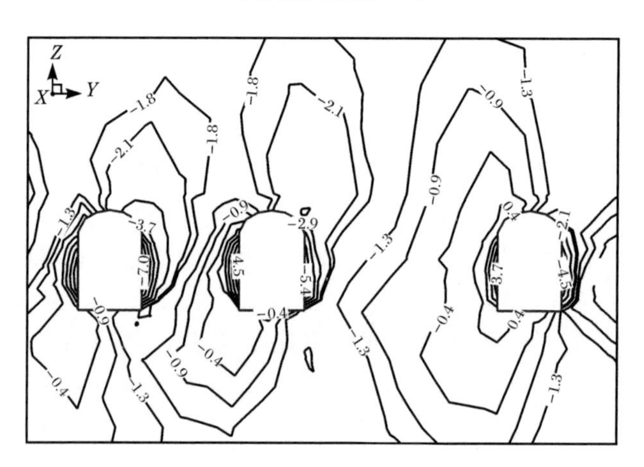

(b) Y 向位移(单位:mm)

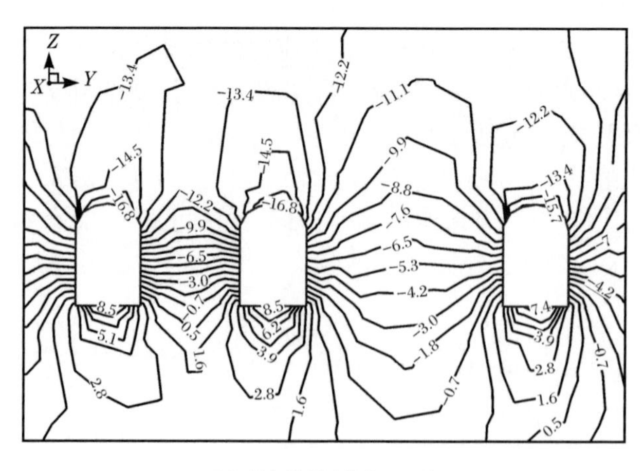

(c) Z 向位移(单位:mm)

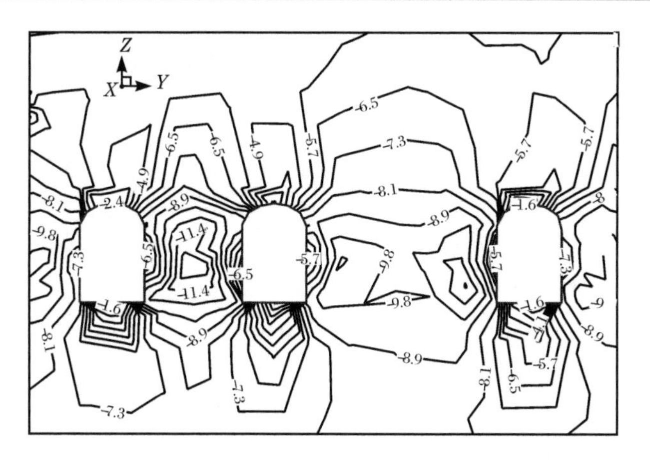

(d) 大主应力(单位:MPa)

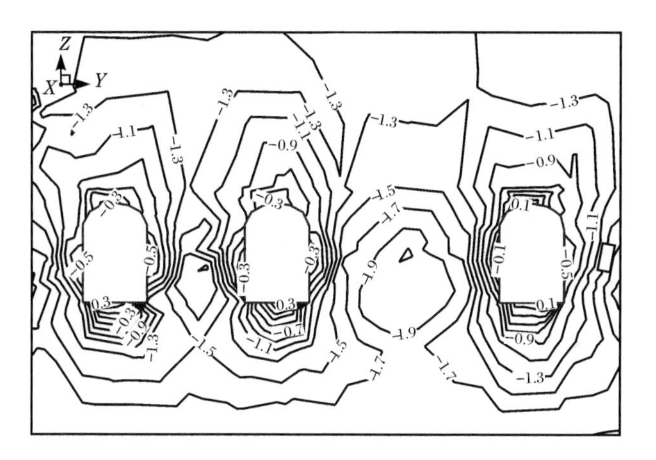

(e) 小主应力(单位:MPa)

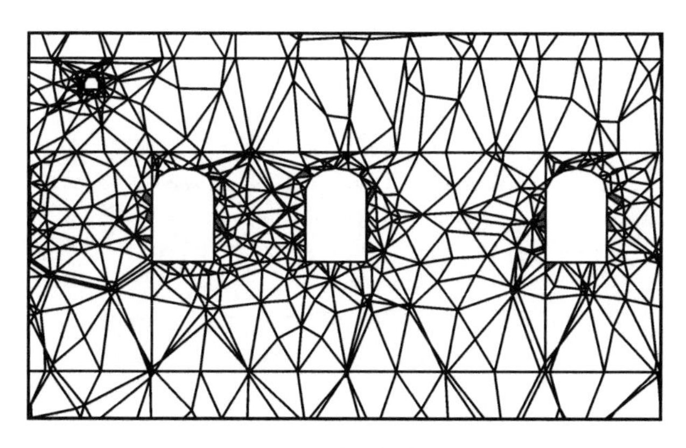

(f) 塑性区分布

图 6.3　X=0+200m 断面 C 洞罐组流变计算结果

6.2.2 X＝0＋352.32m 断面(A、B 洞罐组)流变计算结果

1. A 洞罐组

基于地下水封洞库三维流变数值计算结果，得到沿主洞室 0＋352.32m 断面 A 洞罐组的位移等值线图如图 6.4(a)～(c)所示。由等值线图可见，该断面 Y 向最大位移为 8.6mm，位于 3 号主洞室右侧边墙中部，主洞室与连接巷道交叉处连接巷道拱顶出现 5.0mm 的位移。Z 向最大位移出现在 3 号主洞室拱顶部位，其值为－17.1mm；1 号主洞室的拱顶位移为 12.5mm，2 号主洞室的拱顶位移为－15.2mm；主洞室底部出现 9.1～10.5mm 的竖向回弹位移。A 洞罐组断面最大合位移出现在 3 号主洞室拱顶部位，最大位移值为 17.4mm，同样在 1 号和 2 号主洞室拱顶分别出现 11.7mm 和 15.8mm 的合位移，在 3 个主洞室底部分别出现最大为 11.3mm 的回弹位移；受洞室开挖影响，局部位移等值线图密集、弯曲。

由图 6.4(d)可知，洞室周边围岩大主应力的最大值为－6.7MPa，出现在 3 号主洞室底角处。由于受洞室开挖的影响，在洞室开挖边界、洞室拐角及主洞室与连接巷道交叉处出现了应力集中区域，应力等值线出现弯折、密集现象。洞室围岩出现的大主应力均为压应力。图 6.4(e)为小主应力图，由应力等值线图可以看出，洞室周边围岩处于临界应力状态，在主洞室底部、连接巷道底板部分区域出现拉应力，最大拉应力为 0.5MPa。

图 6.4(f)为该断面 A 洞罐组的塑性区图，由图可见，只有个别部分单元进入塑性状态，塑性区主要分布在连接巷道底部、主洞室与连接巷道交叉处以及主洞室两侧边墙中上部、拱顶部分区域，塑性区相对较少。

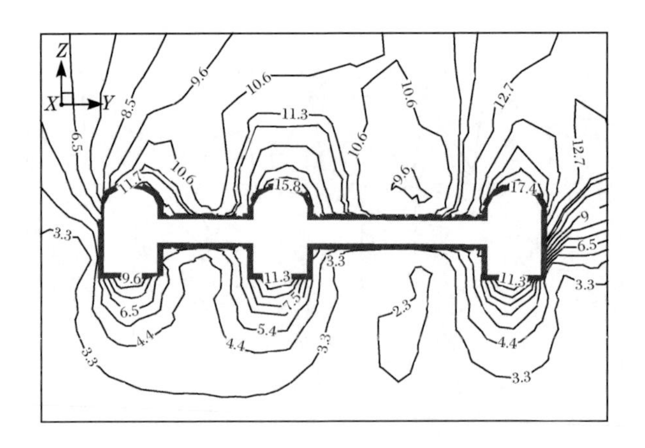

(a) 合位移(单位:mm)

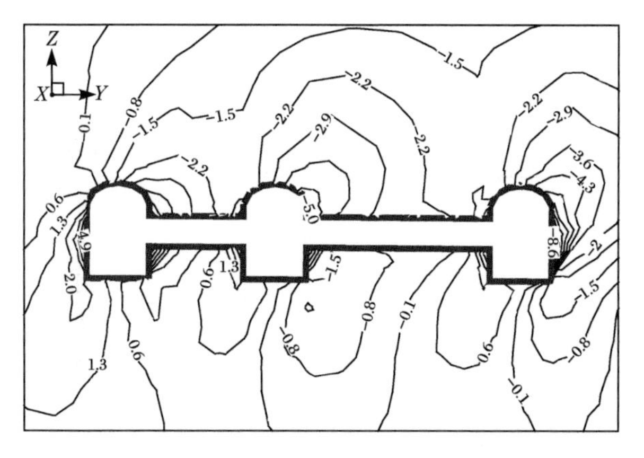

(b) Y 向位移(单位:mm)

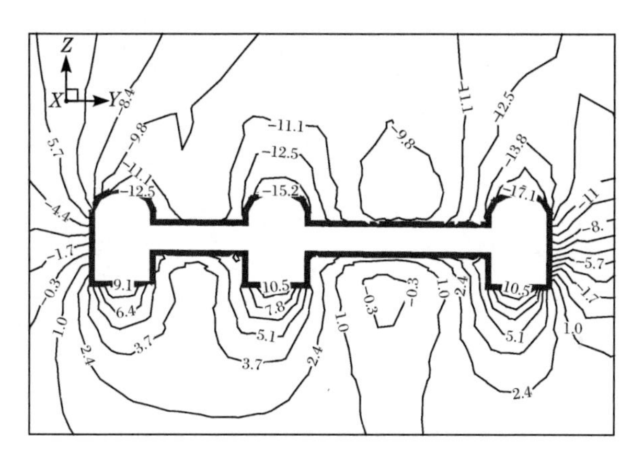

(c) Z 向位移(单位:mm)

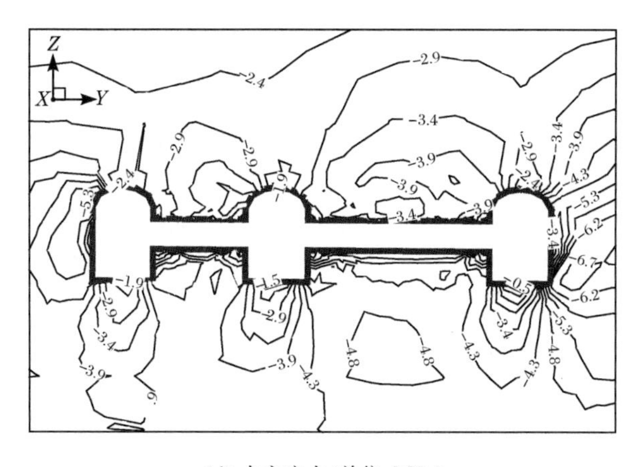

(d) 大主应力(单位:MPa)

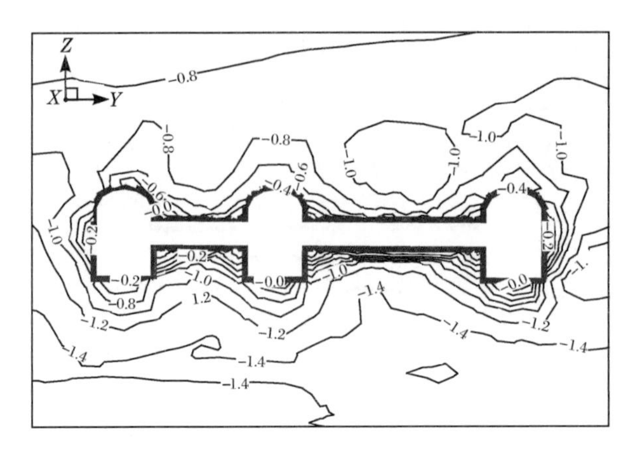

(e) 小主应力(单位:MPa)

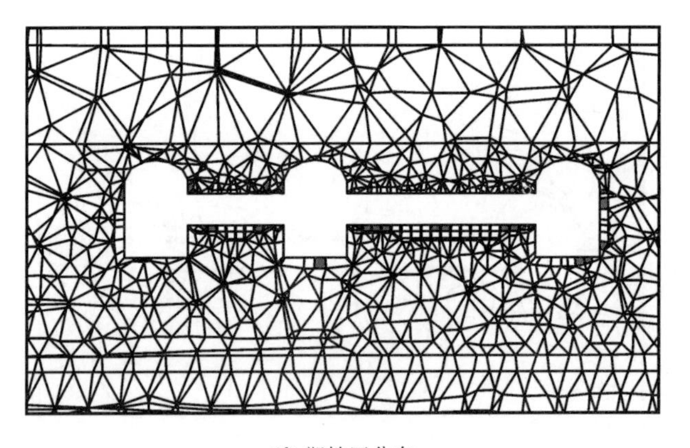

(f) 塑性区分布

图 6.4 $X=0+352.32$m 断面 A 洞罐组流变计算结果

2. B 洞罐组

基于地下水封洞库三维流变数值计算结果,得到沿主洞室 0+352.32m 断面 B 洞罐组的流变位移等值线图如图 6.5(a)~(c)所示。由等值线图可见,该断面 Y 向最大位移为 8.1mm,位于 6 号主洞室右侧边墙中部以及 5 号主洞室巷道拱顶与 4 号和 5 号连接巷道交叉处;Z 向最大位移出现在 4 号、5 号和 6 号 3 个主洞室的拱顶部位,其值为 20.8~24.6mm;在主洞室底部出现 11.2~14.5mm 的回弹位移,连接巷道拱顶的最大 Z 向位移为 19.9mm;B 洞罐组最大合位移出现在 5 号主洞室拱顶部位,其值为 24.9mm;在 3 个主洞室底板出现 11.6~14.5mm 的回弹位移。

由图 6.5(d)可知,洞室周边围岩大主应力的最大值为−7.9MPa,出现在 6 号主洞室底角处。由于受洞室开挖的影响，在洞室拐角处以及主洞室与连接巷道交叉处出现了少量的应力集中区域，断层F3切割5号与6号主洞室之间的连接巷道，因此，在该部位的应力等值线出现弯折、突变。图6.5(e)为小主应力图，由应力等值线图可以看出，洞室周边围岩处于临界应力状态，在主洞室底部、连接巷道底板以及主洞室与连接巷道交叉处部分区域出现拉应力，最大拉应力为0.4MPa。

图6.5(f)为该断面B洞罐组的塑性区图，由图可见，该断面靠近断层F3附近的连接巷道拱顶、底板，主洞室两侧边墙以及主洞室与连接巷道交叉处均出现少量的塑性区，塑性区范围比弹塑性计算条件下有所增多。

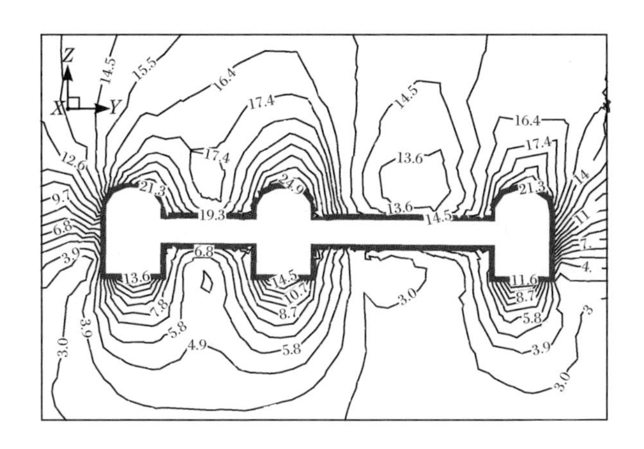

(a) 合位移(单位：mm)

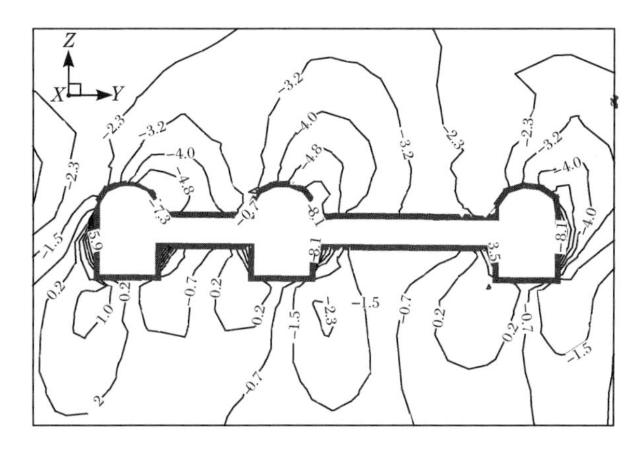

(b) Y向位移(单位：mm)

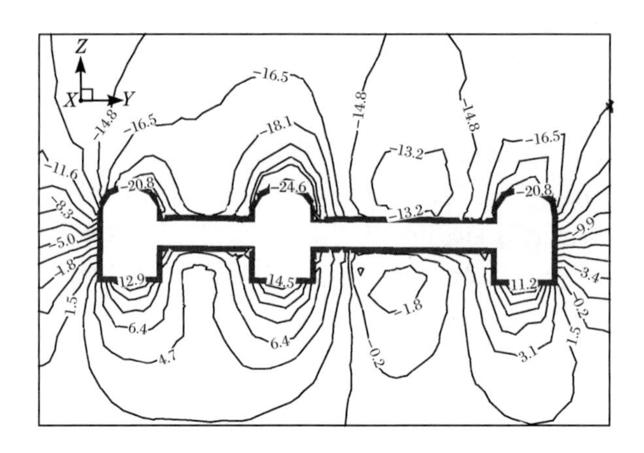

(c) Z 向位移(单位:mm)

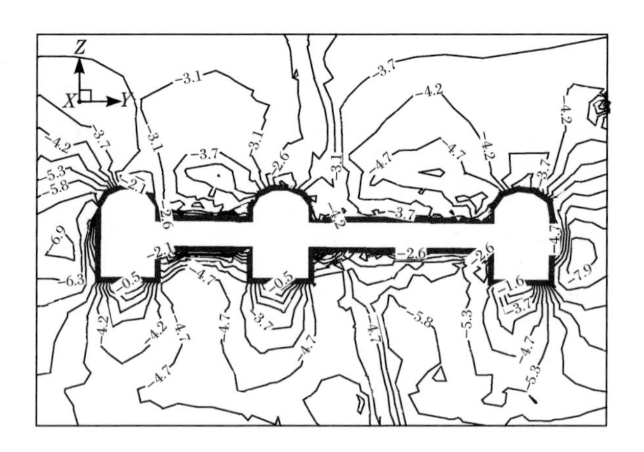

(d) 大主应力(单位:MPa)

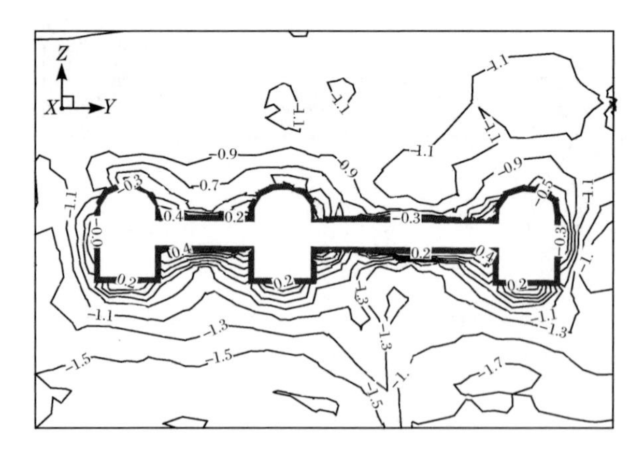

(e) 小主应力(单位:MPa)

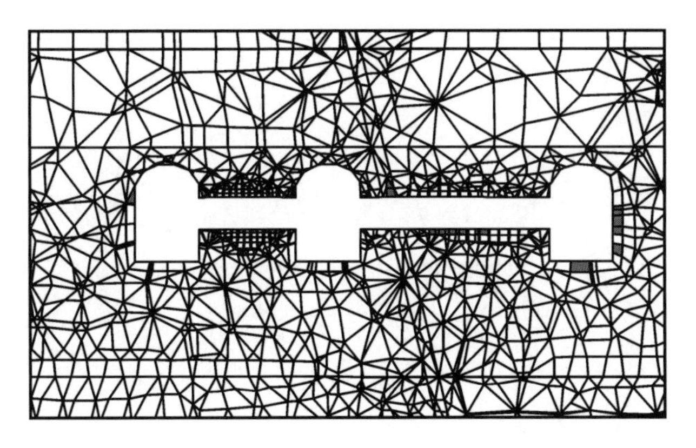

(f) 塑性区分布

图 6.5　X=0+352.32m 断面 B 洞罐组流变计算结果

6.2.3　X=0+532.78m 断面(C 洞罐组)流变计算结果

基于地下水封洞库三维流变数值计算结果，得到沿主洞室 0+532.78m 断面 C 洞罐组位移等值线图如图 6.6(a)～(c)所示。由等值线图可见，该断面 Y 向最大位移为 6.5mm，位于 7 号主洞室与连接巷道交叉处连接巷道拱顶；Z 向最大位移出现在 3 个主洞室的拱顶部位，其值为 17.1～18.2mm，在主洞室底部出现 11.2～12.2mm 的回弹位移，连接巷道的最大 Z 向位移为 12.2mm，位于连接巷道拱顶处；最大合位移出现在 8 号和 9 号主洞室拱顶部位，其值为 18.7mm，同样在 3 个主洞室底板出现较大的竖向回弹位移，为 11.2～12.2mm；连接巷道最大合位移为 15.2mm，位于 7 号与 8 号主洞室之间连接巷道拱顶，受洞室开挖影响，洞室底部、连接巷道与主洞室交叉处位移等值线图相对密集、弯曲。

由图 6.6(d)可知，洞室周边围岩大主应力的最大值为－6.8MPa，出现在 7 号和 9 号主洞室外侧边墙。由于受洞室开挖的影响，在主洞室底部拐角、拱顶和主洞室与连接巷道交叉处出现了少量的应力集中区域，上述部位的应力等值线出现弯折、密集现象。图 6.6(e)为小主应力图，由应力等值线图可以看出，在主洞室底板、主洞室与连接巷道交叉处以及连接巷道底板部位围岩应力处于应力临界状态。

图 6.6(f)为该断面 C 洞罐组塑性区图，由图可见，该断面在连接巷道与主洞室交叉处、主洞室两侧边墙及拱顶部位出现少量塑性区，且范围比弹塑性计算条件下有所增加。

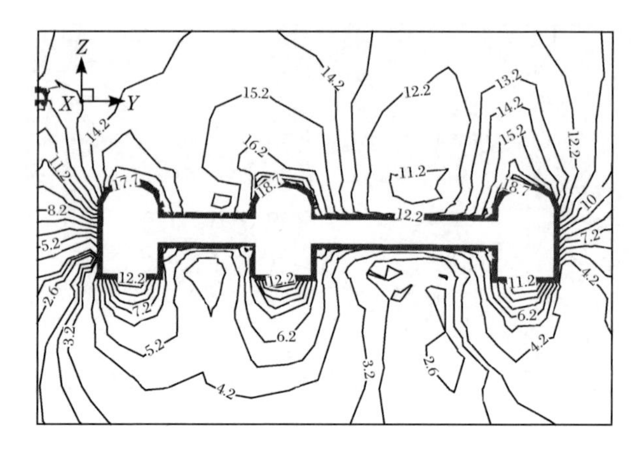

(a) 合位移(单位:mm)

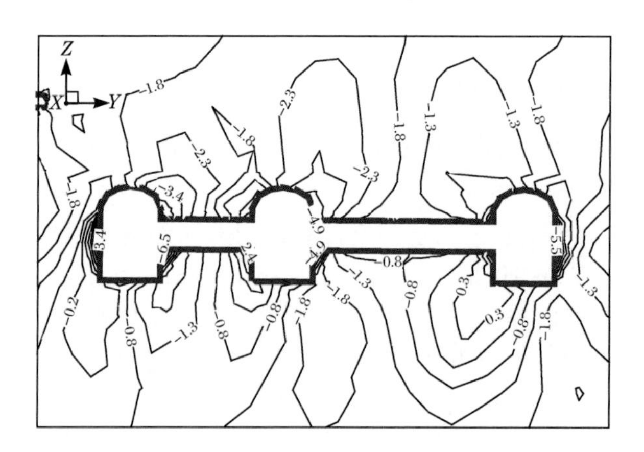

(b) Y 向位移(单位:mm)

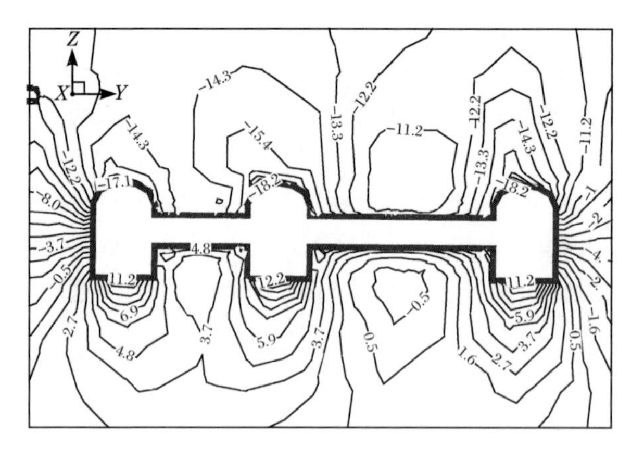

(c) Z 向位移(单位:mm)

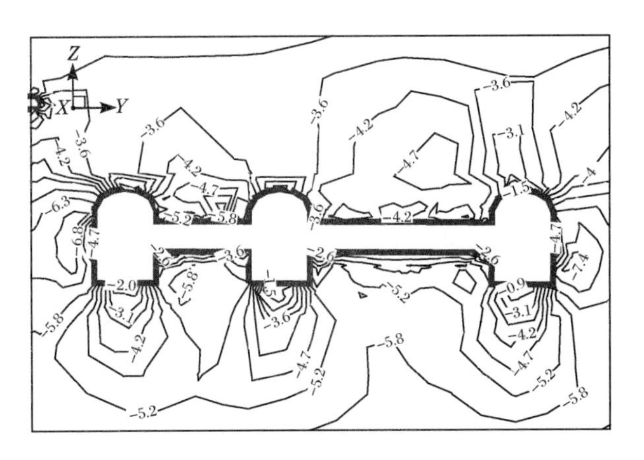

(d) 大主应力(单位:MPa)

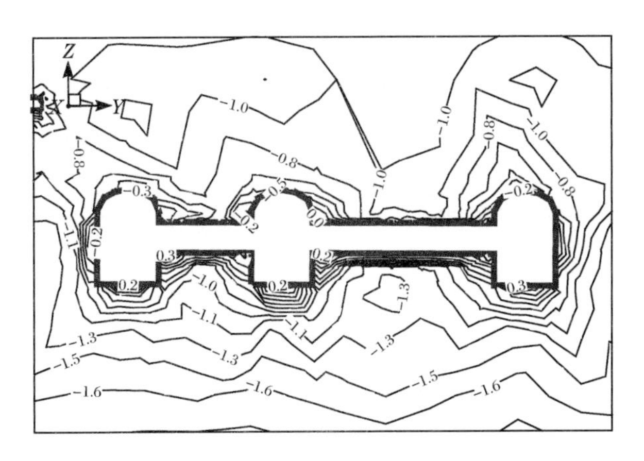

(e) 小主应力(单位:MPa)

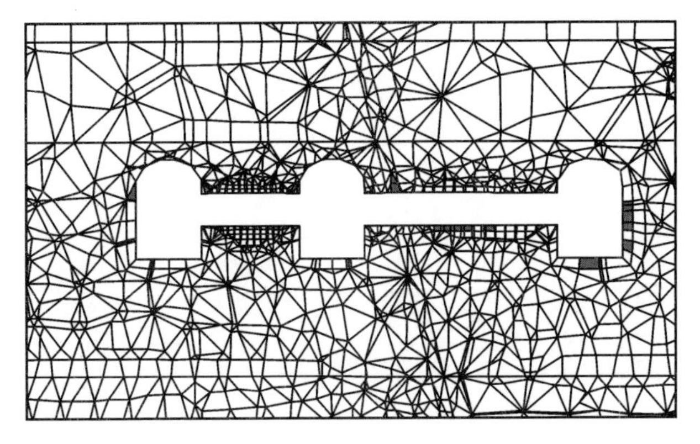

(f) 塑性区分布

图 6.6　$X=0+352.32$m 断面 C 洞罐组流变计算结果

6.2.4 2号主洞室轴线剖面(Y=60m)流变计算结果

基于地下水封洞库三维流变数值计算结果，得到2号主洞室轴线剖面位移等值线图如图6.7(a)～(c)所示。由等值线图可见，该剖面X向最大位移为3.3mm，位于2号主洞室底部靠近断层F3附近，断层切割处主洞室顶部出现1.2mm的位移；Z向最大位移出现在主洞室拱顶部位，受断层影响，在断层切割处位移最大，为14.8mm，主洞室底部出现5.2～10.8mm的回弹位移；最大合位移等值线趋势与Z向位移相近，最大值出现在2号主洞室拱顶断层F3切割部位，其值为15.3mm，在主洞室底部出现不同程度的回弹位移，其值为5.6～10.9mm；受洞室开挖和断层F3的影响，在断层附近位移等值线相对密集、弯曲。

由图6.7(d)可知，洞室围岩大主应力的最大值为－8.1MPa，出现在2号主洞室左侧段(靠近山内侧)。由于受洞室开挖和断层F3的影响，在主洞室开挖边界、断层F3两侧部位出现了应力集中区域，上述部位的应力等值线弯折、密集。图6.7(e)为小主应力图，由应力等值线图可以看出，主洞室周边围岩部分处于应力临界状态，受断层影响，在断层附近应力等值线呈现出不光滑、弯折等现象。

图6.7(f)为2号主洞室轴线剖面塑性区图，通过塑性区分布可看出，局部出现塑性区，塑性区主要集中在断层F3切割处的洞室拱顶、底板以及主洞室上部断层破碎带。

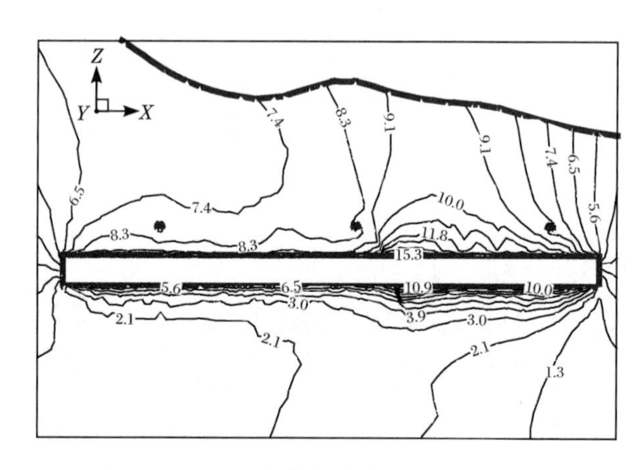

(a) 合位移(单位:mm)

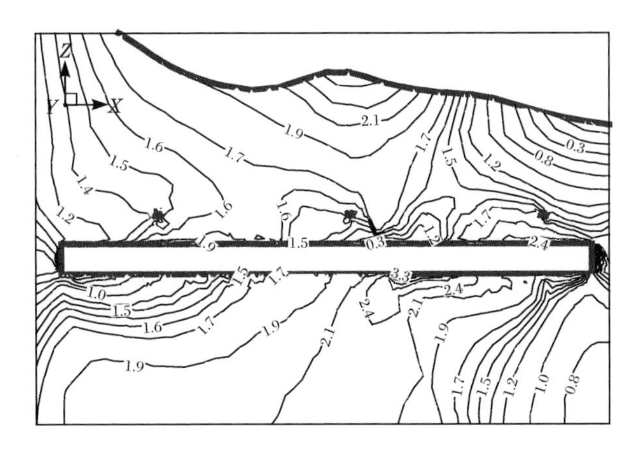

(b) X 向位移(单位:mm)

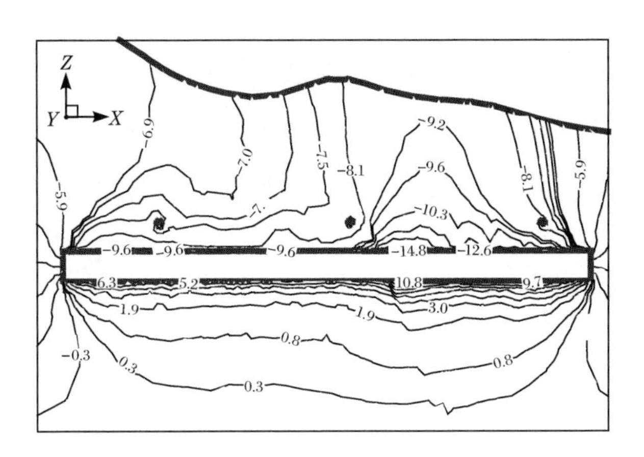

(c) Z 向位移(单位:mm)

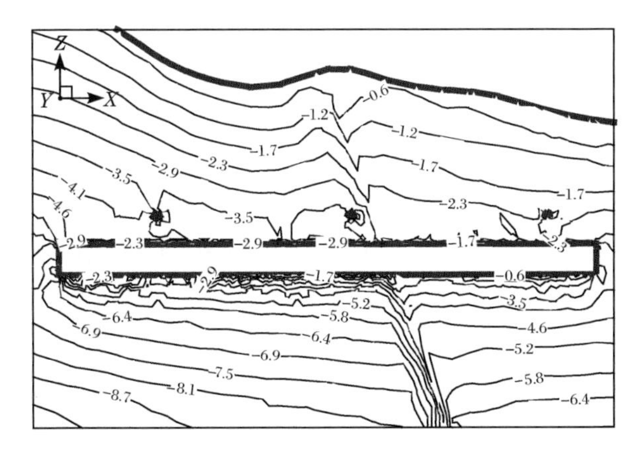

(d) 大主应力(单位:MPa)

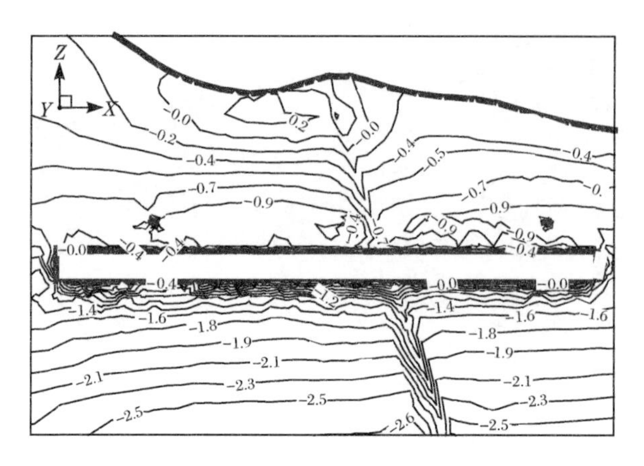

(e) 小主应力(单位:MPa)

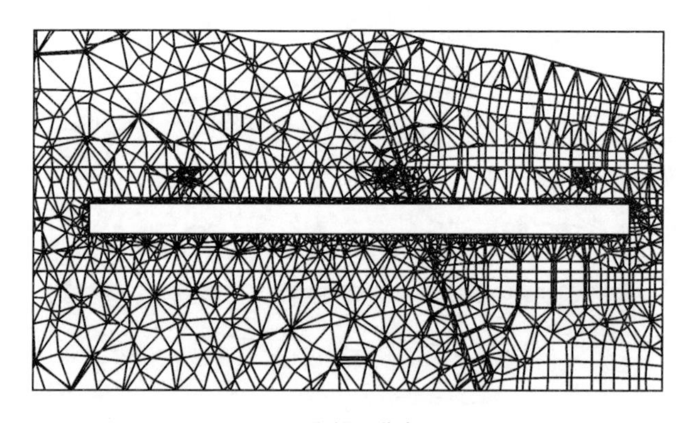

(f) 塑性区分布

图 6.7　2 号主洞室轴线剖面(Y=60m)流变计算结果

6.2.5　4 号主洞室轴线剖面(Y=199m)流变计算结果

基于地下水封洞库三维流变数值计算结果,得到 4 号主洞室轴线剖面位移等值线如图 6.8(a)～(c)所示。由等值线图可见,4 号主洞室被断层 F8 和断层 F3 同时切割,受断层影响,在断层 F3 切割处的洞室底板以及断层 F8 切割处的洞室拱顶均出现 X 向最大位移为 3.1mm;Z 向最大位移同样出现在主洞室拱顶部位靠近断层 F8 与 F3 切割处,其值为 20.4mm,在主洞室底部出现 7.1～12.4mm 的回弹位移;洞室围岩的最大合位移等值线趋势与 Z 向位移相近,最大值同样出现在 4 号主洞室拱顶断层 F3 切割部位,最大值为 21.1mm,在主洞室底部出现不同程度的回弹位移,其值为 8.3～12.8mm;受洞室开挖和断层 F3 的影响,在断层附近位移等值线出现密集、突变弯曲现象。

由图 6.8(d)可知，洞室周围的围岩大主应力最大值为－7.4MPa，出现在 4 号主洞室左侧段(靠近山内侧)。由于受洞室开挖和断层 F3 的影响，在主洞室开挖边界、断层 F3、断层 F8 两侧部位出现了应力集中区域，上述部位的应力等值线出现突变、密集现象。图 6.8(e)为小主应力图，由应力等值线图可以看出，主洞室周边围岩部分处于应力临界状态，洞室底板部分位置出现拉应力，最大值为 0.4MPa，受断层影响，在断层附近应力等值线呈现出不光滑、突变等现象。

图 6.8(f)为 4 号主洞室轴线剖面塑性区图，从图中可看出，局部出现塑性区，塑性区主要集中在断层 F3 与 F8 切割处的洞室拱顶、底板以及主洞室上部断层破碎带，塑性区范围相对较少，但比弹塑性计算条件下有所增多。

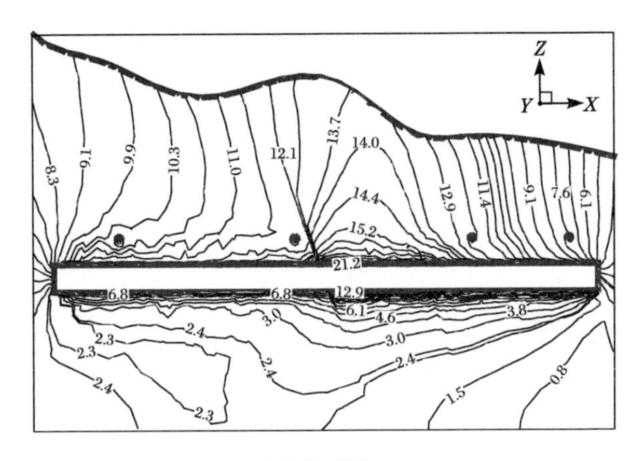

(a) 合位移(单位：mm)

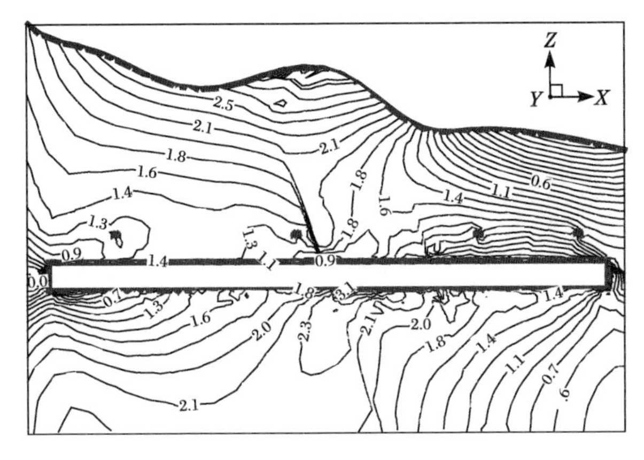

(b) X 向位移(单位：mm)

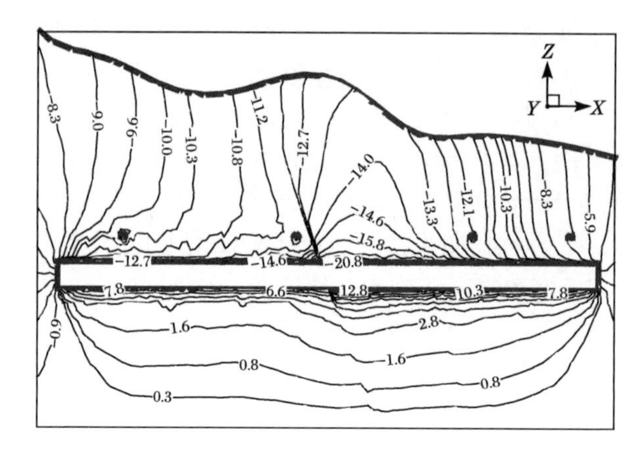

(c) Z 向位移(单位:mm)

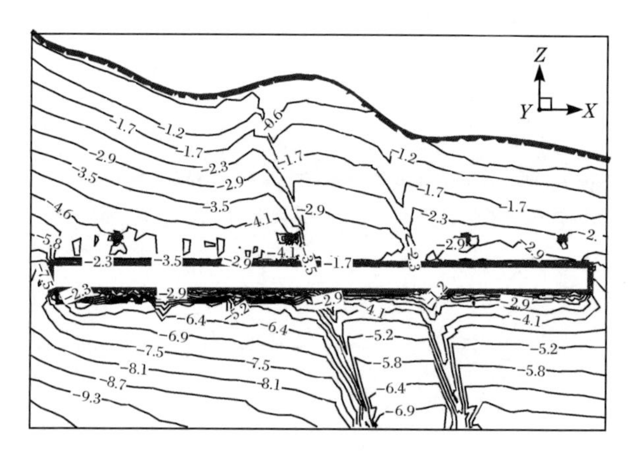

(d) 大主应力(单位:MPa)

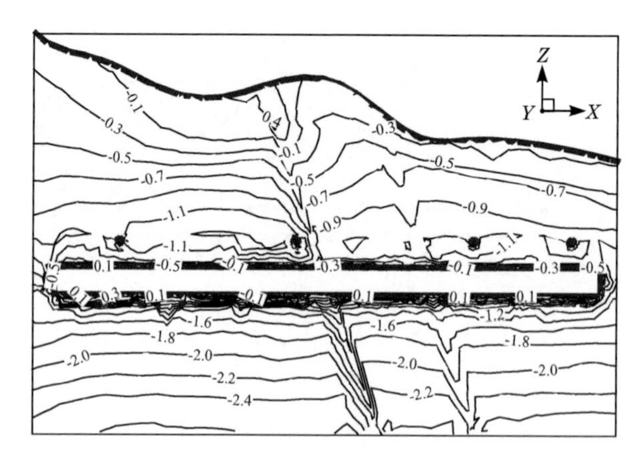

(e) 小主应力(单位:MPa)

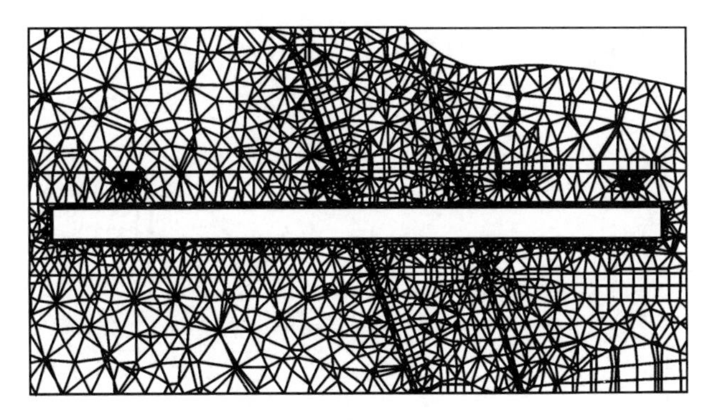

(f) 塑性区分布

图 6.8　4 号主洞室轴线剖面(Y=199m)流变计算结果

6.2.6　6 号主洞室轴线剖面(Y=328m)流变计算结果

基于地下水封洞库三维流变数值计算结果，得到 6 号主洞室轴线剖面流变位移等值线图如图 6.9(a)～(c)所示。由等值线图可见，6 号主洞室受断层 F3 切割影响，在断层 F3 切割处的洞室拱底附近出现 X 向最大位移为 2.9mm；Z 向最大位移同样出现在主洞室拱顶部位靠近断层 F8 切割处，其值为 21.2mm，在主洞室底部出现 11.5mm 的回弹位移；洞室围岩最大合位移等值线趋势与 Z 向位移相近，最大值同样出现在 6 号主洞室拱顶断层 F3 切割部位，最大值为 21.6mm，在主洞室底部出现不同程度的回弹位移，最大竖向回弹位移为 10.4mm；受洞室开挖影响以及断层 F3 的影响，在断层附近位移等值线出现密集、突变弯曲现象。

由图 6.9(d)可知，6 号主洞室周围的围岩大主应力最大值为－7.4MPa，出现在 6 号主洞室左侧段(靠近山内侧)。受洞室开挖和断层 F3 的影响，在主洞室开挖边界、断层 F3 两侧部位出现了应力集中区域，上述部位的应力等值线出现突变、密集现象。图 6.9(e)为小主应力图，由应力等值线图可以看出，主洞室周边围岩部分处于应力临界状态，受断层影响，在断层附近应力等值线呈现出不光滑、突变等现象。

图 6.9(f)为 6 号主洞室轴线剖面塑性区图，通过塑性区图可以看出，该剖面局部出现塑性区，塑性区主要集中在断层 F3 切割处的洞室拱顶、底板以及主洞室上部断层破碎带，塑性区范围相对较少，但比弹塑性计算条件下有所增多。

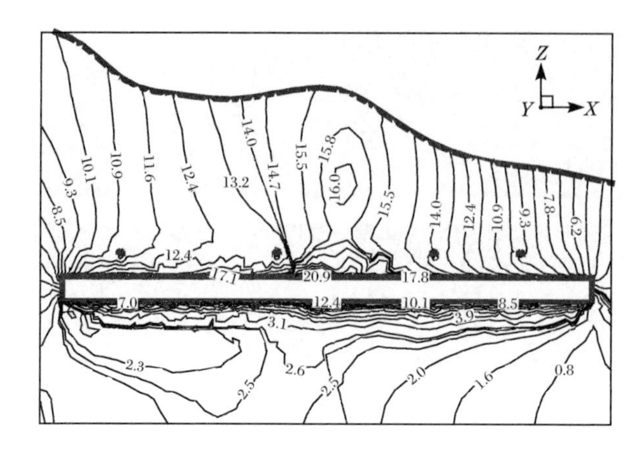

(a) 合位移(单位:mm)

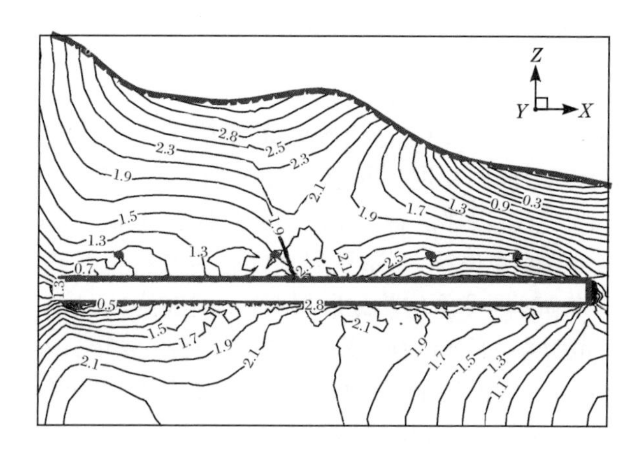

(b) X 向位移(单位:mm)

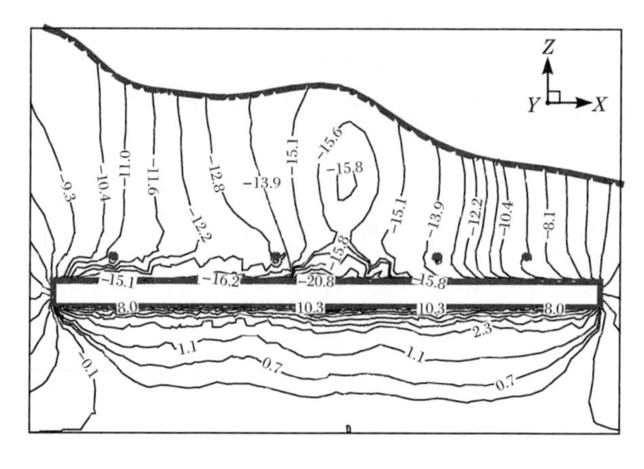

(c) Z 向位移(单位:mm)

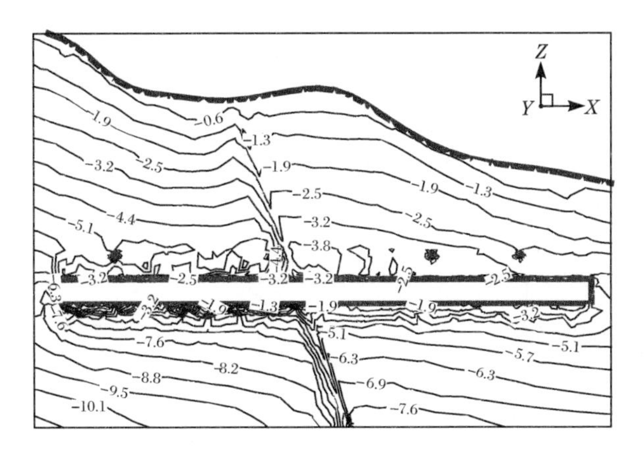

(d) 大主应力(单位:MPa)

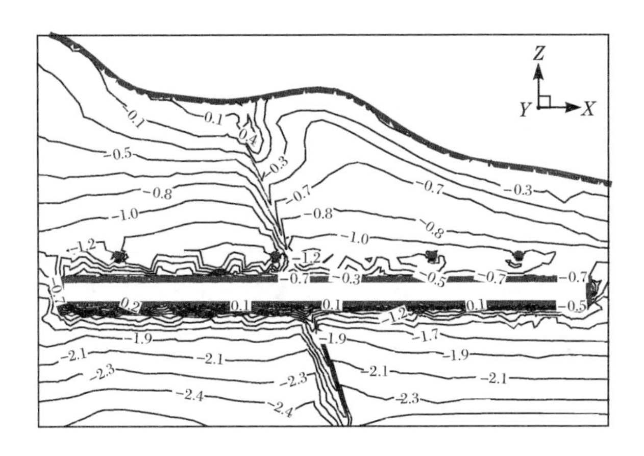

(e) 小主应力(单位:MPa)

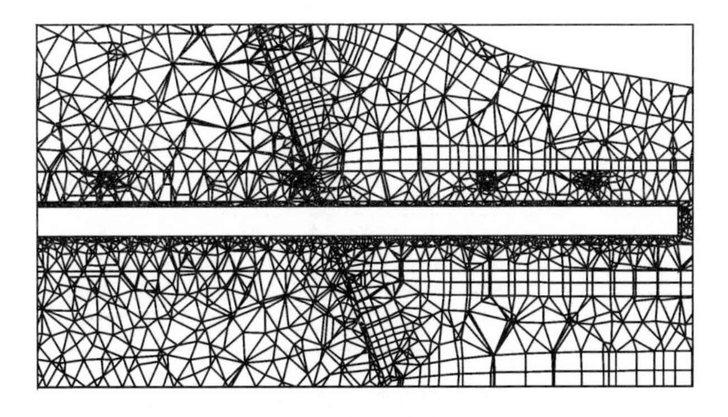

(f) 塑性区分布

图 6.9　6 号主洞室轴线剖面(Y=328m)流变计算结果

6.3 流变计算条件下主洞室特征点位移分析

根据 5.4 节选取的典型剖面,分析典型剖面上 8 个特征点的位移变化情况,统计流变计算条件下各特征点的位移特征。

表 6.2～表 6.6 为流变计算条件下典型剖面特征点位移统计结果。由表可知,X=0+200m 断面 2 号主洞室剖面最大位移出现在主洞室拱顶一侧特征点 3 处,最大位移值为 9.8mm;X=0+200m 断面 4 号主洞室剖面与 8 号主洞室剖面最大位移出现在主洞室拱顶特征点 4 处,最大位移值分别为 13.4mm 和 17.2mm,与弹塑性计算相比,对应剖面各特征点位移均有所增大。X=0+352.32m 断面 4 号主洞室剖面最大位移出现在洞室拱顶靠近连接巷道一侧特征点 3 处,受连接巷道开挖影响,最大值为 22.2mm;X=0+352.32m 断面 6 号主洞室剖面最大位移出现在主洞室拱顶特征点 4 处,最大位移值为 21.4mm。

表 6.2　X=0+200m 断面 2 号主洞室剖面 8 个特征点位移(流变)

特征点编号	1	2	3	4	5	6	7	8
Y 向位移/mm	−1.7	−5.2	−3.5	−1.8	−1.0	2.2	0.7	−0.2
Z 向位移/mm	1.3	−5.0	−9.0	−9.4	−8.4	−2.4	2.6	5.9
合位移/mm	2.7	7.4	9.8	9.7	8.6	3.6	3.2	6.2

表 6.3　X=0+200m 断面 4 号主洞室剖面 8 个特征点位移(流变)

特征点编号	1	2	3	4	5	6	7	8
Y 向位移/mm	−1.8	−6.8	−4.2	−3.0	−0.9	2.4	0.1	−0.8
Z 向位移/mm	2.1	−7.0	−12.1	−13.0	−12.1	−2.8	2.2	7.5
合位移/mm	3.2	9.9	12.9	13.4	12.2	4.0	2.7	7.7

表 6.4　X=0+200m 断面 8 号主洞室剖面 8 个特征点位移(流变)

特征点编号	1	2	3	4	5	6	7	8
Y 向位移/mm	−1.6	−5.2	−2.7	−2.0	−0.6	4.6	−0.1	−0.2
Z 向位移/mm	2.7	−6.9	−15.1	−17.1	−14.9	−6.4	4.2	9.6
合位移/mm	3.5	8.8	15.4	17.2	15.0	8.0	4.4	9.8

表 6.5　X=0+352.32m 断面 4 号主洞室剖面 8 个特征点位移(流变)

特征点编号	1	2	3	4	5	6	7	8
Y 向位移/mm	−1.4	—	−5.4	−3.7	−2.2	6.1	1.0	−0.1
Z 向位移/mm	8.1	—	−21.5	−20.1	−17.1	−2.8	5.6	13.2
合位移/mm	8.6	—	22.2	20.5	17.3	6.9	6.2	13.5

表 6.6　X=0+352.32m 断面 6 号主洞室剖面 8 个特征点位移(流变)

特征点编号	1	2	3	4	5	6	7	8
Y 向位移/mm	−1.9	−9.1	−5.4	−3.3	−2.0	—	0.8	0.5
Z 向位移/mm	2.9	−10.8	−18.2	−21.0	−19.7	—	6.4	12.2
合位移/mm	4.2	14.3	19.1	21.4	19.9	—	6.9	12.5

通过统计分析不同剖面 8 个特征点的位移可以发现，地下水封洞库工程洞室开挖完成后，洞周围岩最大位移主要发生在洞室拱顶部位，受洞室开挖影响，部分在主洞室底板也出现相对较大的竖向回弹位移。通过与弹塑性计算结果相比，对应剖面各特征点合位移均有所增大。

6.4 本章小结

将地下水封洞库三维流变数值仿真计算结果进行统计，表 6.7 为流变计算条件下典型剖面位移统计结果。由表可以得知，合位移最大值出现在 $X=0+352.32$m断面 B 洞罐组，最大位移值为 24.9mm。该部位处于断层 F3 附近，为了保证主洞室的长期安全运行，需对断层破碎带采取相应的支护措施。

表 6.7　流变计算条件下的典型剖面位移统计

<table>
<tr><th colspan="2">剖面位置</th><th>最大合位移/mm</th><th>流变合位移最大位置</th><th>弹塑性合位移最大位置</th></tr>
<tr><td rowspan="3">$X=0+200$m</td><td>A 洞罐组</td><td>11.9</td><td>3 号主洞室拱顶部位</td><td>3 号主洞室拱顶部位</td></tr>
<tr><td>B 洞罐组</td><td>16.2</td><td>6 号主洞室拱顶部位</td><td>6 号主洞室拱顶部位</td></tr>
<tr><td>C 洞罐组</td><td>17.0</td><td>7 号和 8 号主洞室拱顶部位</td><td>7 号主洞室拱顶部位</td></tr>
<tr><td rowspan="2">$X=0+352.32$m</td><td>A 洞罐组</td><td>17.4</td><td>3 号主洞室拱顶部位</td><td>3 号主洞室拱顶部位</td></tr>
<tr><td>B 洞罐组</td><td>24.9</td><td>5 号主洞室拱顶部位</td><td>5 号主洞室拱顶部位</td></tr>
<tr><td>$X=0+532.78$m</td><td>C 洞罐组</td><td>18.7</td><td>7 号、8 号以及 9 号主洞室拱顶部位</td><td>8 号和 9 号主洞室拱顶部位</td></tr>
<tr><td colspan="2">2 号主洞室轴线剖面</td><td>15.3</td><td>2 号主洞室拱顶断层 F3 切割部位</td><td>2 号主洞室拱顶断层 F3 切割部位</td></tr>
<tr><td colspan="2">4 号主洞室轴线剖面</td><td>21.1</td><td>4 号主洞室拱顶断层 F3 切割部位</td><td>4 号主洞室拱顶断层 F3 切割部位</td></tr>
<tr><td colspan="2">6 号主洞室轴线剖面</td><td>21.6</td><td>6 号主洞室拱顶断层 F3 切割部位</td><td>6 号主洞室拱顶断层 F3 切割部位</td></tr>
</table>

通过对不同剖面特征点位移的统计分析，可以看出，洞室开挖后对主洞室各特征点位移影响不尽相同，特征点 4 位于主洞室拱顶部位，因此对特征点 4 的影响最为明显。

将弹塑性计算结果与流变计算结果进行对比可以发现，各典型剖面流变计算位移均大于弹塑性计算结果，且最大合位移发生位置基本相同，流变计算条件下的位移比弹塑性位移增大 2.8～6.9mm。

第 7 章　地下水封洞库三维流变损伤数值分析

大量现场试验研究结果表明，地下水封洞库围岩变形具有明显的时间效应，而且地下洞室开挖后，导致开挖区周围围岩发生应力调整和二次应力重分布，这种原岩应力状态的改变导致洞壁周边压力约束的下降和拉应力增大，进而导致围岩损伤。因此，开展地下水封洞库三维流变损伤数值计算与分析是十分必要的。

本章计算分析时采用第 4 章所建立的考虑损伤演化的岩石流变损伤模型，分析洞库围岩在流变损伤作用下的长期变形特征。根据室内岩石流变力学试验结果，确定岩石发生损伤的相关材料参数，开展地下水封洞库开挖完成后，洞库围岩在流变损伤作用下的长期变形规律，重点分析洞室开挖后围岩流变变形对洞库围岩周围岩体损伤效应，以及流变损伤对地下水封洞库长期运行稳定性的影响。

7.1　洞库围岩三维流变损伤数值分析

为了分析流变损伤对地下水封洞库围岩变形以及洞库工程长期稳定性的影响，采用考虑损伤演化的流变损伤本构模型，对地下水封洞库开展三维流变损伤数值计算，分析流变损伤影响下的地下水封洞库围岩的变形规律。

7.1.1　X＝0＋200m 断面（A、B、C 洞罐组）流变损伤计算结果

1. A 洞罐组

基于地下水封洞库流变损伤数值计算结果，得到沿主洞室轴线 0＋200m 断面 A 洞罐组的位移等值线图如图 7.1(a)～(c)所示。由图可见，该断面 Y 向最大位移为 6.4mm，分别位于 3 号主洞室右侧边墙；1 号和 2 号主洞室右侧边墙变形也比较明显，其 Y 向位移值分别为 4.4mm 和 5.7mm。Z 向最大位移出现在 3 号主洞室的拱顶，位移值为 13.1mm，在主洞室底部出现 4.7～5.3mm 的回弹位移。该断面 A 洞罐组的最大合位移出现在 3 号主洞室拱顶部位，其合位移最大值为 13.6mm；另外，1 号和 2 号主洞室拱顶岩体变形也较为明显，其合位移值分别为 10.1mm和 11.5mm，且 3 号主洞室底部出现 5.9mm 的回弹位移。流变损伤计算洞室围岩位移值比流变计算条件下有所增加。

由图 7.1(d)可知，洞室周边围岩大主应力的最大值为－9.6MPa，出现在 3 号主洞室左上角和右底角处，从应力等值线图可以看出，A 洞罐组 3 个主洞室大主

应力最大值均出现在左上角和右底角，出现上述现象是由于洞室开挖引起该部位出现应力集中区域，且洞室围岩出现的大主应力均为压应力。

图7.1(e)为小主应力图，洞室开挖边界围岩部分处于临界应力状态，洞室底板部分区域出现拉应力，最大拉应力为0.1MPa。受洞室开挖影响，应力等值线在洞室周边呈现出不光滑、密集现象。

流变损伤计算条件下，可以用损伤圈评价围岩的破损程度。图7.1(f)为该断面A洞罐组损伤圈图。由图可见，在流变损伤计算条件下该断面损伤圈主要出现在主洞室两侧，最大损伤量为0.15，位于3号主洞室右侧边墙。

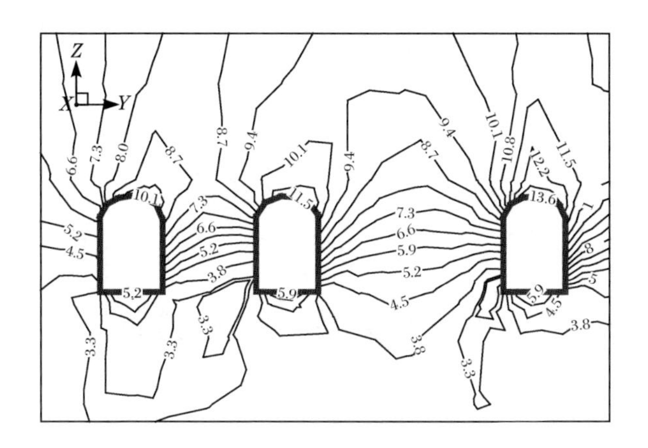

(a) 合位移(单位:mm)

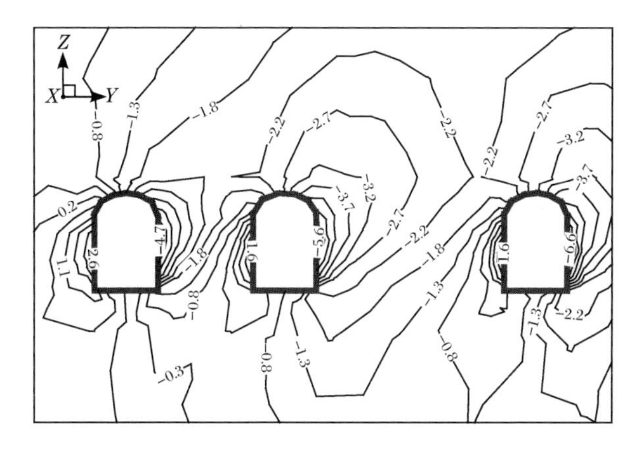

(b) Y向位移(单位:mm)

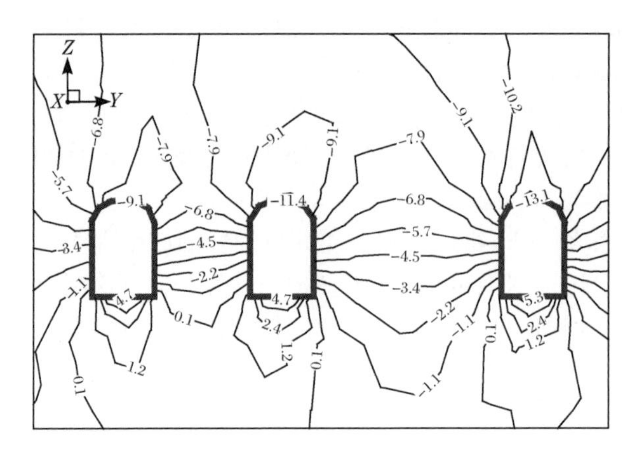

(c) Z 向位移(单位:mm)

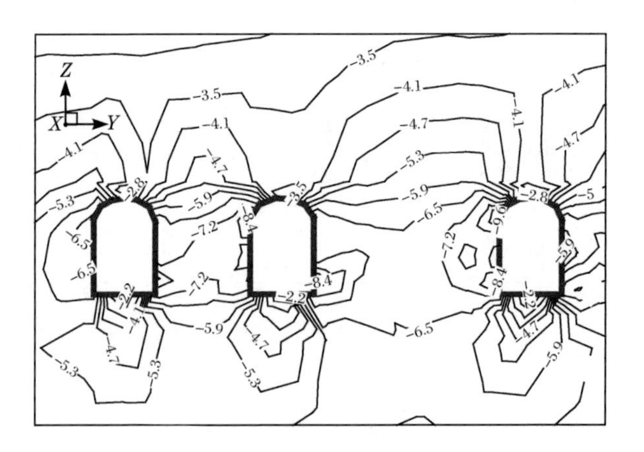

(d) 大主应力 (单位:MPa)

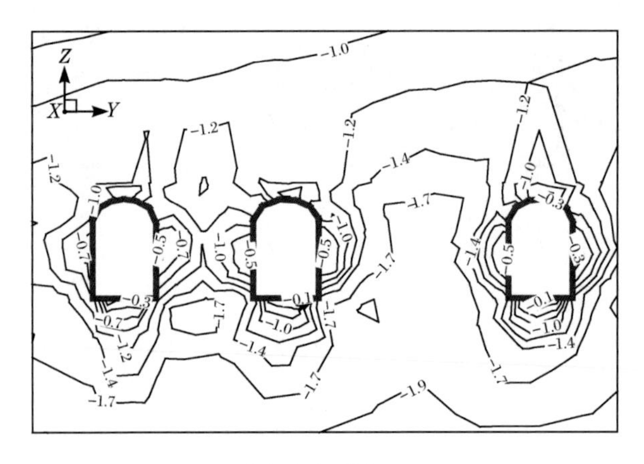

(e) 小主应力(单位:MPa)

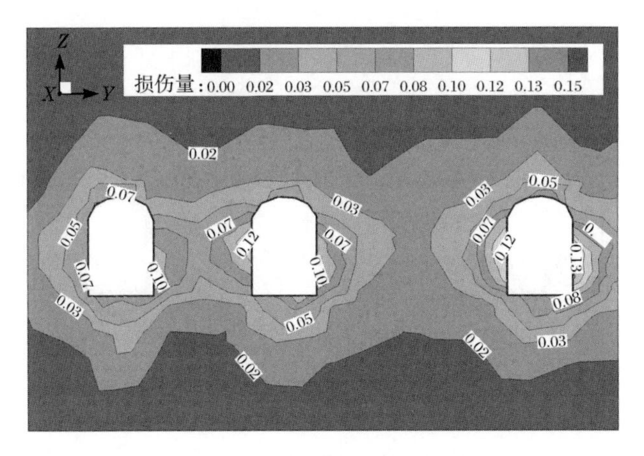

(f) 损伤圈

图 7.1　X=0+200m 断面 A 洞罐组流变损伤计算结果

2. B 洞罐组

基于地下水封洞库三维流变损伤数值计算结果，得到沿主洞室 0+200m 断面 B 洞罐组的位移等值线图如图 7.2(a)～(c)所示。由等值线图可见，该断面 Y 向最大位移为 7.1mm，位于 4 号、5 号和 6 号主洞室右侧边墙中上部位。Z 向最大位移出现在 6 号主洞室的拱顶部位，其 Z 向最大位移值为 18.0mm；该断面 B 洞罐组最大合位移出现在 6 号主洞室拱顶部位，其最大合位移值为 18.6mm；而且 4 号和 5 号主洞室拱顶也出现较大位移，其合位移值分别为 15.4mm 和 17.2mm，3 个主洞室底板分别出现 6.6～7.5mm 的回弹位移。

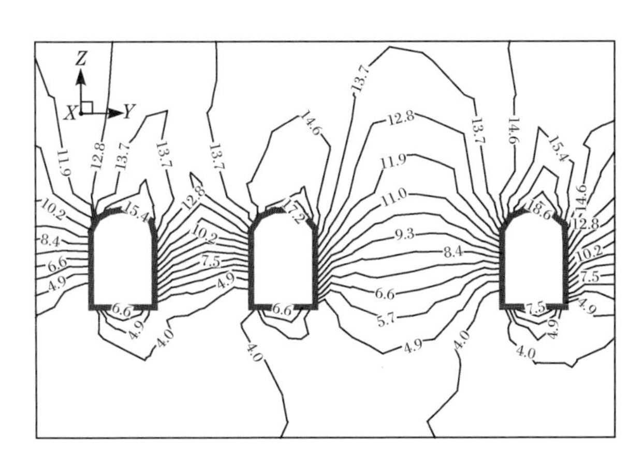

(a) 合位移(单位：mm)

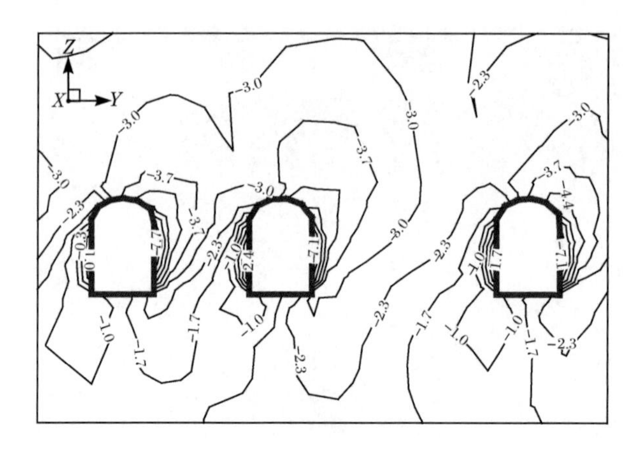

(b) Y 向位移(单位:mm)

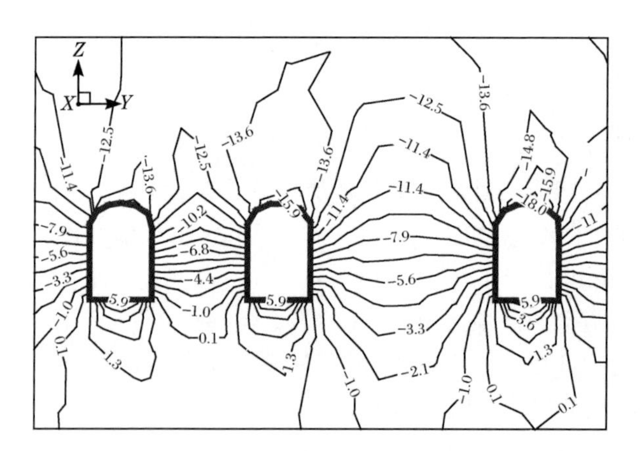

(c) Z 向位移(单位:mm)

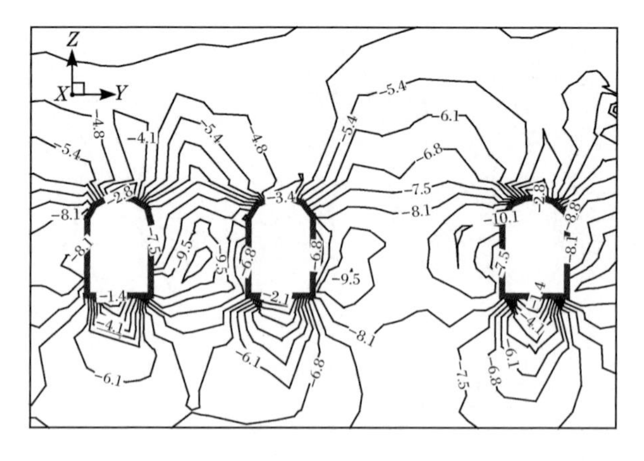

(d) 大主应力 (单位:MPa)

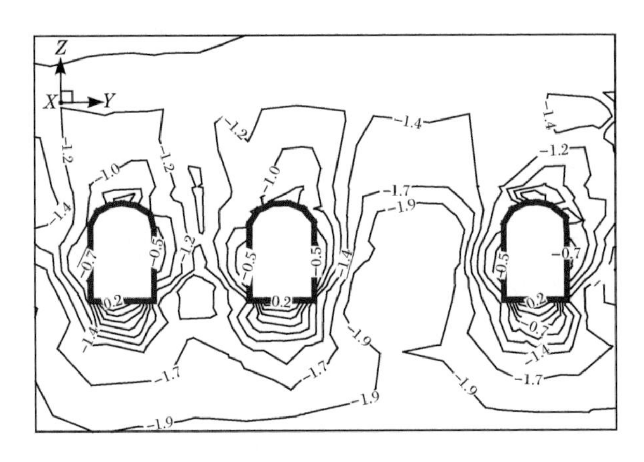

(e) 小主应力(单位:MPa)

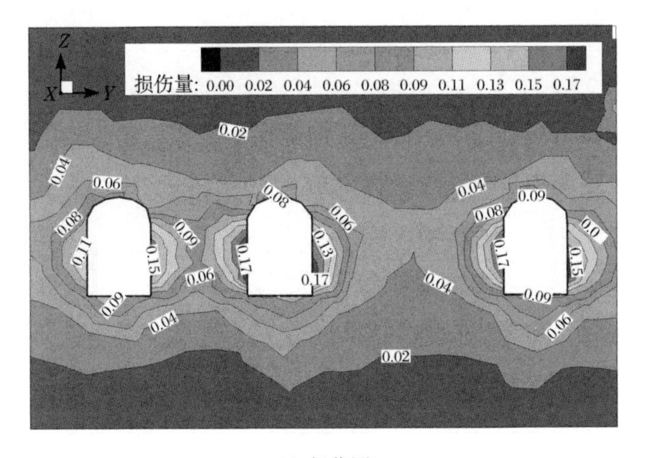

(f) 损伤圈

图 7.2　X=0+200m 断面 B 洞罐组流变损伤计算结果

由图 7.2(d)可知,洞室围岩出现的大主应力均为压应力,围岩大主应力的最大值为−10.1MPa,出现在 6 号主洞室右顶角处,这是主洞室开挖完成后,该部位出现了应力集中所致。图 7.2(e)为小主应力图,由图可以看出,主洞室开挖边界部分围岩出现拉应力区,最大拉应力为 0.2MPa,出现在 3 个主洞室底板部位。

图 7.2(f)为该断面 B 洞罐组的损伤圈图。由图可见,在流变损伤计算条件下该断面损伤圈主要发生在洞室两侧边墙,最大损伤量为 0.17。

3. C 洞罐组

基于地下水封洞库三维流变损伤数值计算结果,得到沿主洞室轴线 0+200m 断面 C 洞罐组的位移等值线图如图 7.3(a)~(c)所示。由等值线图可见,该断面

Y 向最大位移为 7.7mm，位于 7 号主洞室右侧边墙中下部位；8 号和 9 号主洞室右侧边墙变形也比较明显，Y 向位移值分别为 6.4mm 和 5.7mm。C 洞罐组断面 Z 向位移主要出现在 7～9 号主洞室的拱顶部位，Z 向位移最大值为 19.2mm，位于 7 号和 8 号主洞室拱顶部位；主洞室底部出现 7.1～8.0mm 的竖向回弹位移。该 C 洞罐组断面最大合位移出现在 7 号和 8 号主洞室拱顶部位，其最大合位移值为 19.7mm，9 号主洞室拱顶部位变形也较为明显，其合位移为 18.3mm，C 洞罐组 3 个主洞室底部回弹合位移为 7.1～8.0mm。

由图 7.3(d)可知，主洞室围岩出现的大主应力均为压应力，洞室围岩周边大主应力最大值为－11.2MPa，位于 7 号主洞室与 8 号主洞室之间部位，且受洞室开挖的影响，大主应力调整，局部出现应力集中区域。图 7.3(e)为小主应力图，由应力等值线图可以看出，在 7 号主洞室开挖边界局部出现拉应力区，主要集中在洞室底部，最大拉应力为 0.2MPa。

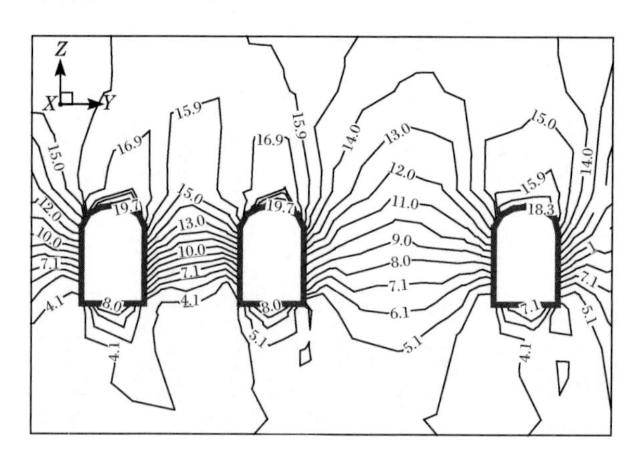

(a) 合位移(单位：mm)

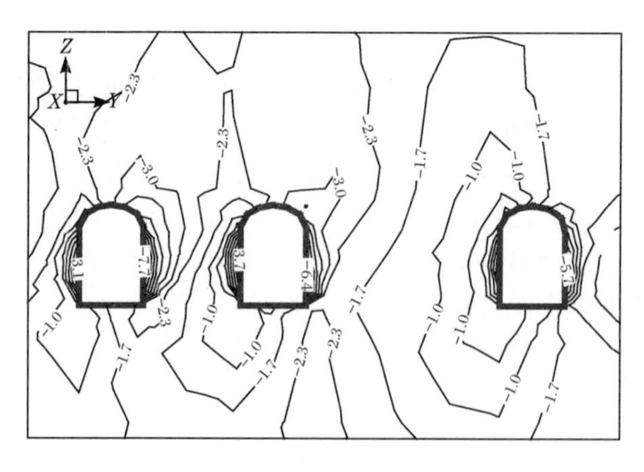

(b) Y 向位移(单位：mm)

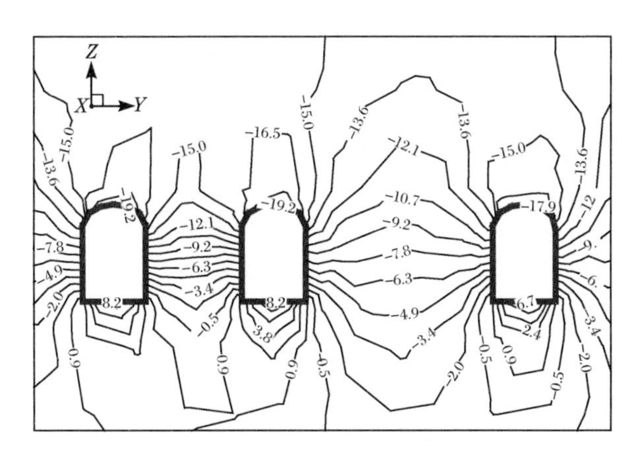

(c) Z 向位移(单位:mm)

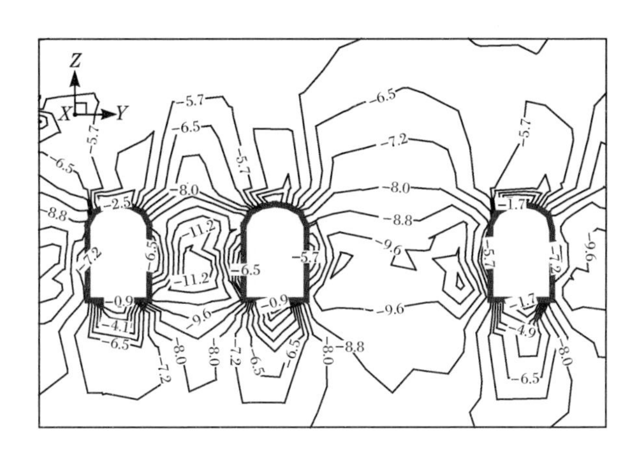

(d) 大主应力(单位:MPa)

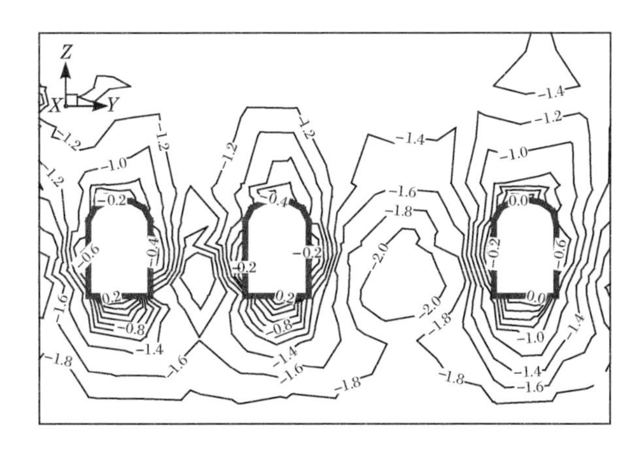

(e) 小主应力(单位:MPa)

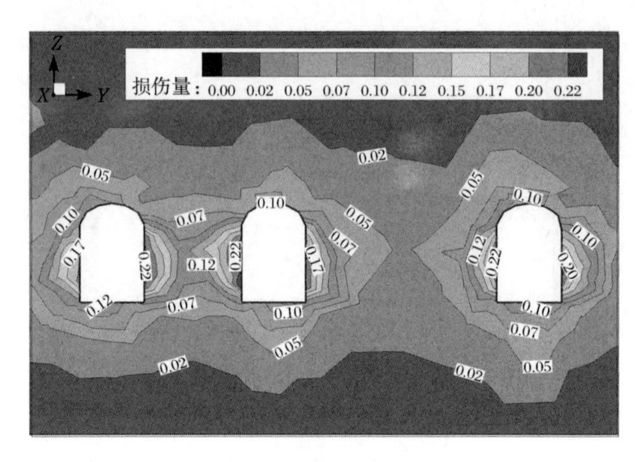

(f) 损伤圈

图 7.3 X=0+200m 断面 C 洞罐组流变损伤计算结果

图 7.3(f)为该断面 C 洞罐组的损伤圈图，由图可见，损伤量最大值出现位置与流变计算条件下塑性区出现位置大致相同，损伤最大值集中在洞室边墙两侧，最大损伤量为 0.22。

7.1.2 X=0+352.32m 断面(A、B 洞罐组)流变损伤计算结果

1. A 洞罐组

基于地下水封洞库流变损伤数值计算结果，得到沿主洞室 0+352.32m 断面 A 洞罐组位移等值线图如图 7.4(a)～(c)所示。由图可见，该断面 Y 向最大位移为 10.0mm，位于 3 号主洞室右侧边墙中部；该断面 3 个主洞室与连接巷道交叉处连接巷道底部出现 5.6mm 的 Y 向位移。该断面 Z 向最大位移出现在 3 号主洞室拱顶部位，其 Z 向最大位移值为 21.0mm；1 号和 2 号主洞室拱顶竖向变形也比较明显，Z 向位移值分别为 15.2mm 和 18.6mm，主洞室底部出现 7.9～9.3mm 的竖向回弹位移。该断面最大合位移出现在 3 号主洞室拱顶部位，其最大合位移值为 21.8mm；同样在 1 号和 2 号主洞室拱顶分别出现 16.3mm 和 19.5mm 的合位移。

由图 7.4(d)可知，洞室周边围岩大主应力均为压应力，其大主应力的最大值为−6.9MPa，出现在 3 号主洞室底角处。由于受洞室开挖的影响，在洞室拐角处以及主洞室与连接巷道交叉处出现了少量的应力集中区域，应力等值线出现弯折、密集现象。图 7.4(e)为小主应力图，由应力等值线图可以看出，在 3 号主洞室底部、主洞室与连接巷道交叉处局部出现拉应力区，最大拉应力为 0.1MPa。

图 7.4(f)为该断面 A 洞罐组的损伤圈图，由图可见，在流变损伤计算条件下该断面损伤圈主要发生在 3 号主洞室外侧边墙，最大损伤量为 0.26，在主洞室与

连接巷道交叉处出现 0.17～0.20 的损伤量。

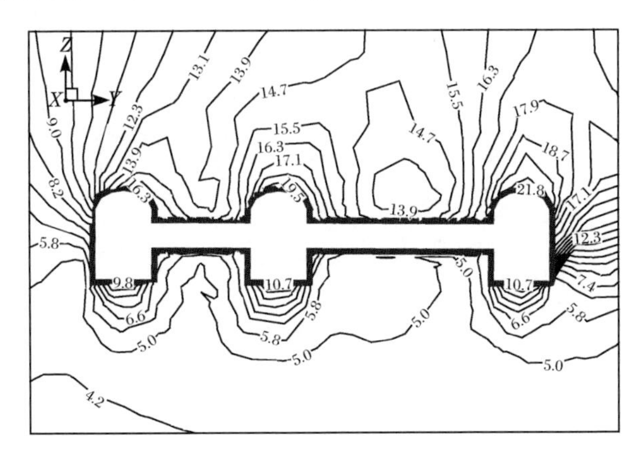

(a) 合位移(单位:mm)

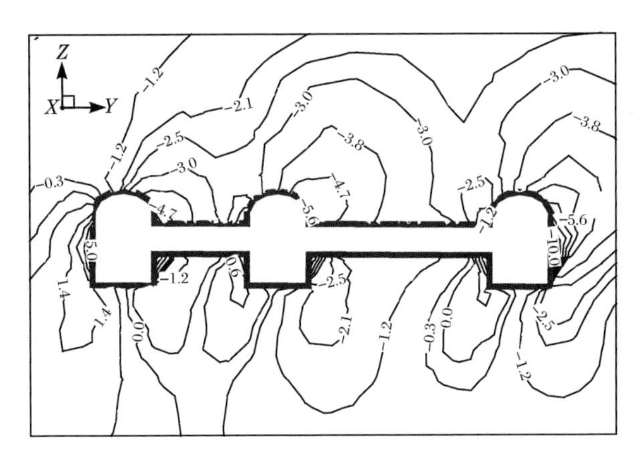

(b) Y 向位移(单位:mm)

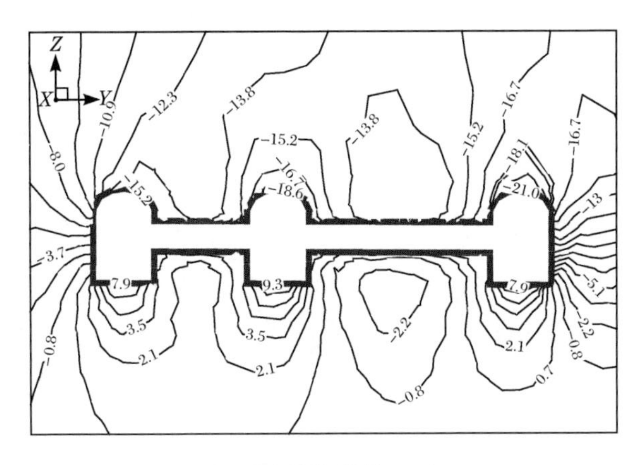

(c) Z 向位移(单位:mm)

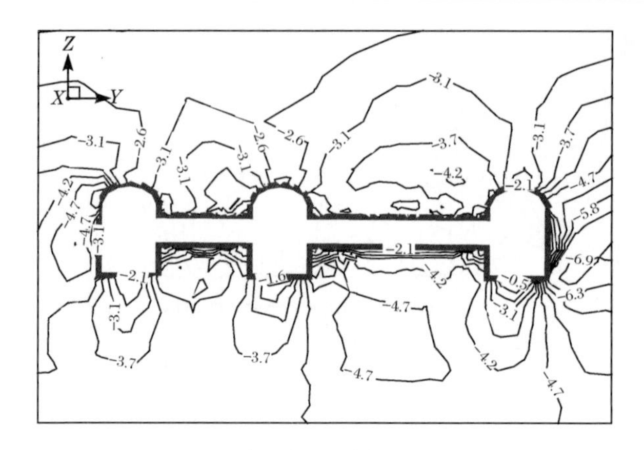

(d) 大主应力（单位：MPa）

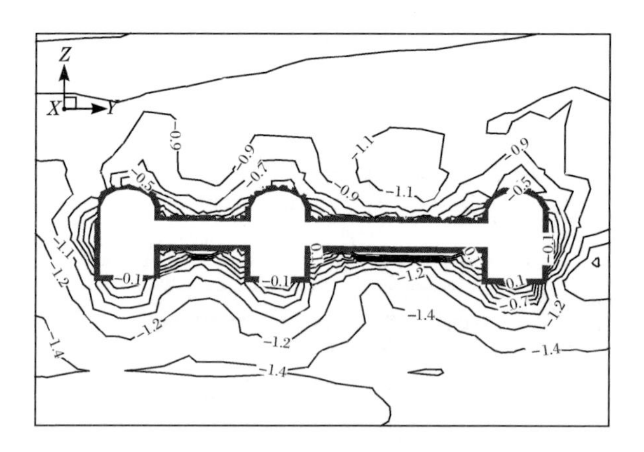

(e) 小主应力(单位：MPa)

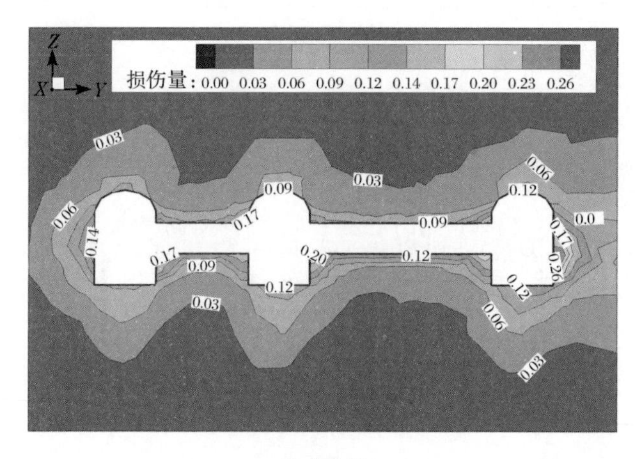

(f) 损伤圈

图 7.4　X=0+352.32m 断面 A 洞罐组流变损伤计算结果

2. B 洞罐组

基于地下水封洞库三维流变损伤数值计算结果，得到沿主洞室 0＋352.32m 断面 B 洞罐组的位移等值线图如图 7.5(a)～(c)所示。由图可见，该断面 Y 向最大位移为 10.9mm，位于 6 号主洞室右侧边墙中部。该断面 Z 向最大位移出现在 5 号主洞室的拱顶部位，其 Z 向最大位移值为 29.3mm；4 号和 6 号主洞室拱顶部位变形也比较明显，其 Z 向位移值分别为 26.8mm 和 27.4mm；主洞室底部出现 8.7～12.2mm 的回弹位移，连接巷道拱顶的最大 Z 向位移约为 24.7mm。0＋352.32m 断面最大合位移等值线趋势与 Z 向位移相似，最大值出现在 5 号主洞室拱顶部位，其值为 30.0mm，该部位距断层 F3 较近，故变形较大；同样 4 号和 6 号主洞室拱顶分别出现 26.8mm 和 27.4mm 的合位移。

由图 7.5(d)可知，洞室周边围岩大主应力的最大值为－6.9MPa，出现在 6 号主洞室右侧边墙附近。由于受洞室开挖的影响，在洞室拐角处以及主洞室与连接巷道交叉处出现了少量的应力集中区域，断层 F3 切割 5 号与 6 号主洞室之间的连接巷道，因此，上述部位的应力等值线出现弯折、密集现象。图 7.5(e)为小主应力图，由应力等值线图可以看出，该剖面出现拉应力区围岩范围较大，主要分布在 3 个主洞室底板、主洞室与连接巷道交叉处以及连接巷道底板处，最大拉应力为 0.4MPa，受洞室开挖及断层影响，应力等值线出现弯折、突变等现象。

图 7.5(f)为该断面 B 洞罐组的损伤圈图，由图可见，在流变损伤计算条件下该断面损伤圈主要发生在 4 号和 6 号主洞室外侧边墙，最大损伤量为 0.29，在主洞室与连接巷道交叉处也出现最大损伤量为 0.29 的损伤圈。

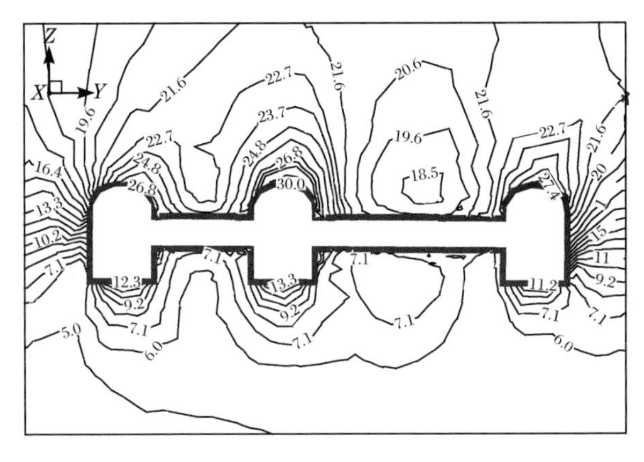

(a) 合位移(单位：mm)

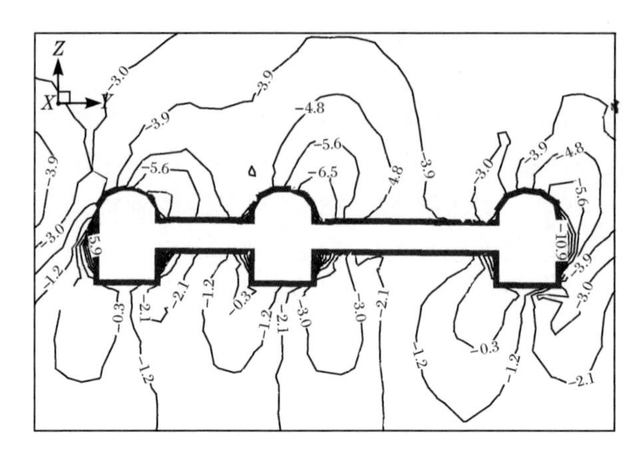

(b) Y 向位移(单位:mm)

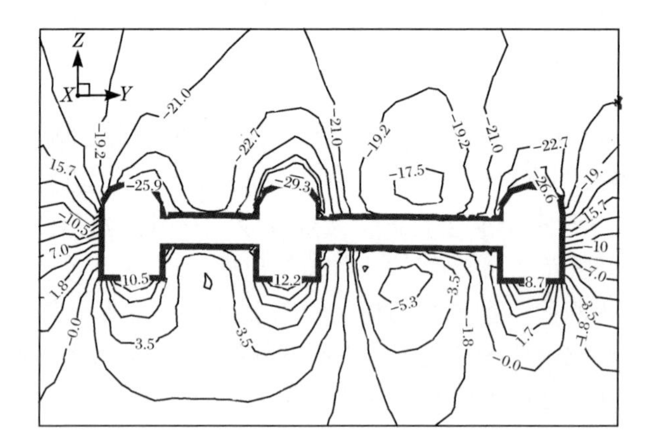

(c) Z 向位移(单位:mm)

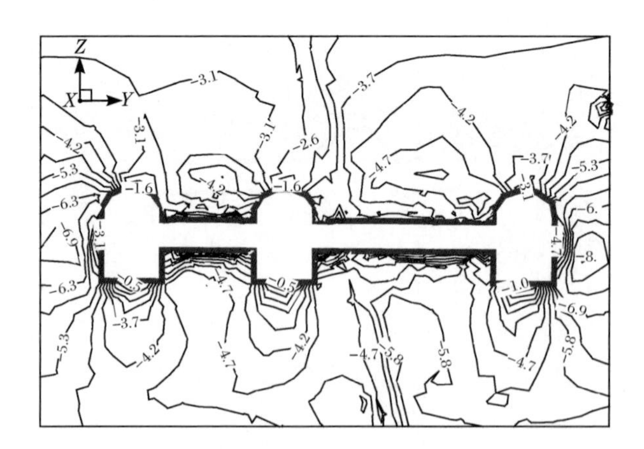

(d) 大主应力 (单位:MPa)

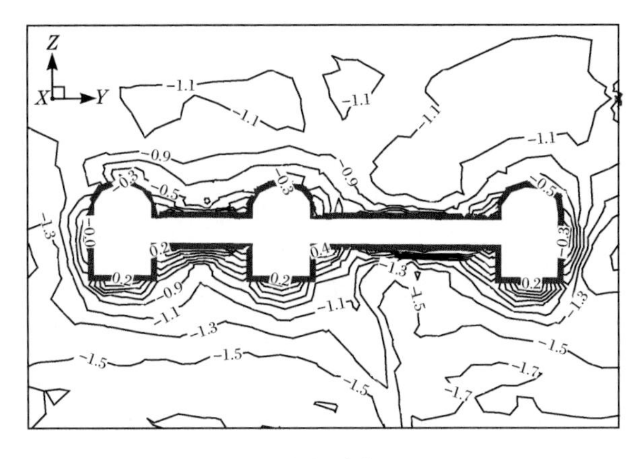

(e) 小主应力(单位:MPa)

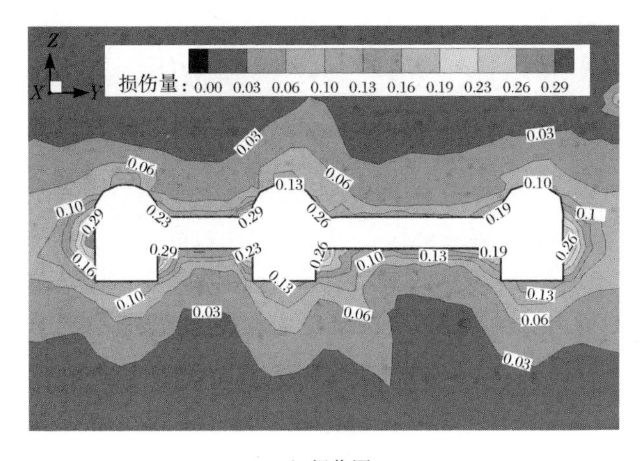

(f) 损伤圈

图 7.5 X=0+352.32m 断面 B 洞罐组流变损伤计算结果

7.1.3 X=0+532.78m 断面(C 洞罐组)流变损伤计算结果

基于地下水封洞库流变损伤数值计算结果,得到沿主洞室 0+532.78m 断面 C 洞罐组的位移等值线图如图 7.6(a)~(c)所示。由图可见,该断面 Y 向最大位移为 7.0mm,位于 7 号主洞室与连接巷道交叉处;该断面 Z 向最大位移出现在 8 号和 9 号主洞室的拱顶部位,其最大位移值为 21.9mm;7 号主洞室拱顶部位变形也比较明显,其合位移值为 20.7mm;该主洞室底部出现 8.3~10.6mm 的回弹位移,连接巷道的最大 Z 向位移为 17.8mm,位于连接巷道拱顶处。主洞室 0+532.78m断面最大合位移出现在 8 号和 9 号主洞室拱顶部位,其最大合位移值为 23.3mm;连接巷道最大合位移为 19.0mm,位于巷道拱顶,受洞室开挖影响,洞室底部、连接巷道与主洞室交叉处位移等值线图相对密集、弯曲。

由图 7.6(d)可知，洞室围岩大主应力的最大值为－6.9MPa，出现在 7 号与 9 号主洞室开挖边界围岩。由于受洞室开挖影响，在主洞室底部拐角、拱顶和主洞室与连接巷道交叉处出现了部分应力集中区域，上述部位应力等值线出现弯折、密集现象。图 7.6(e)为小主应力图，由图中可看出，在主洞室底部、主洞室与连接巷道交叉处出现拉应力区，拉应力值为 0.2MPa，局部出现 0.5MPa 的拉应力。

图 7.6(f)为该断面 C 洞罐组的损伤圈图，由图可见，损伤量最大值出现位置与流变计算条件下塑性区出现位置大致相同，损伤最大值集中在洞室边墙两侧，最大损伤量为 0.26，在连接巷道与主洞室相交处也出现较大范围的损伤圈。

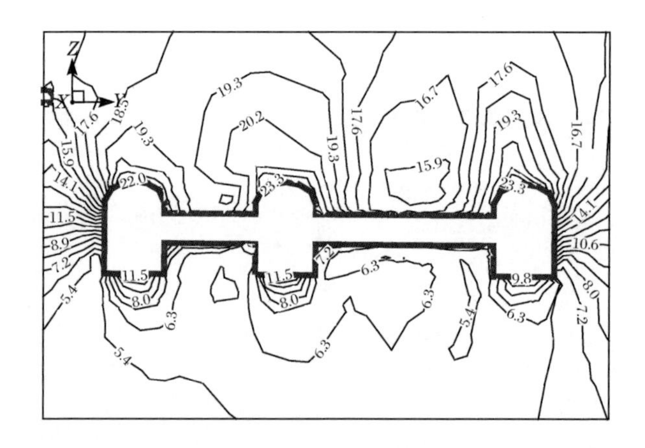

(a) 合位移(单位：mm)

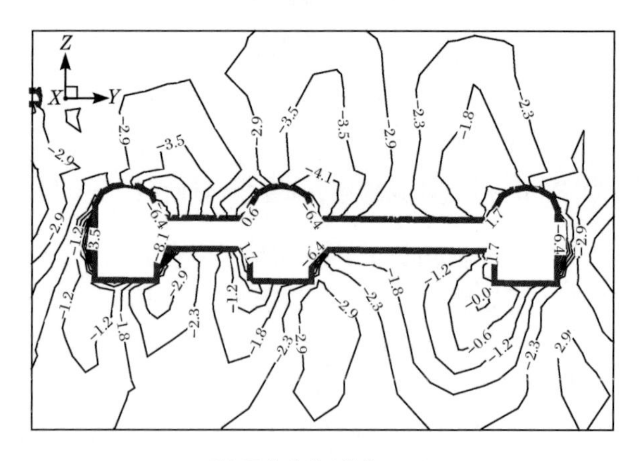

(b) Y 向位移(单位：mm)

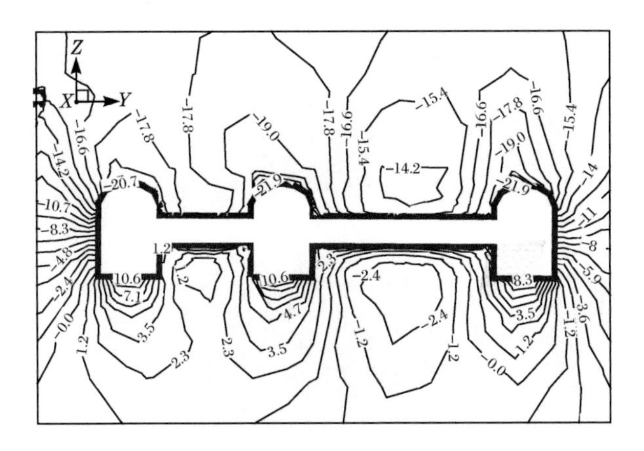

(c) Z 向位移(单位:mm)

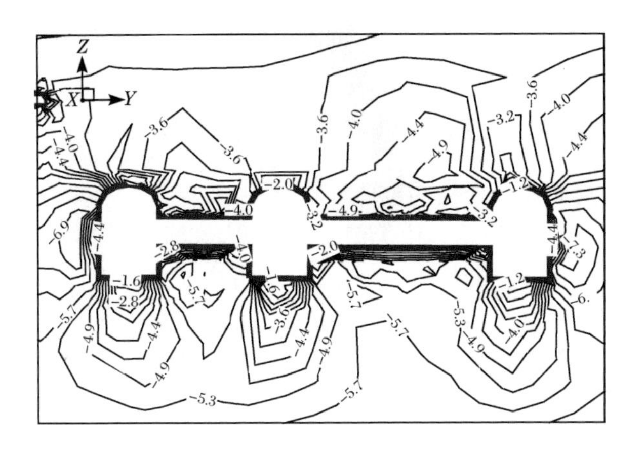

(d) 大主应力 (单位:MPa)

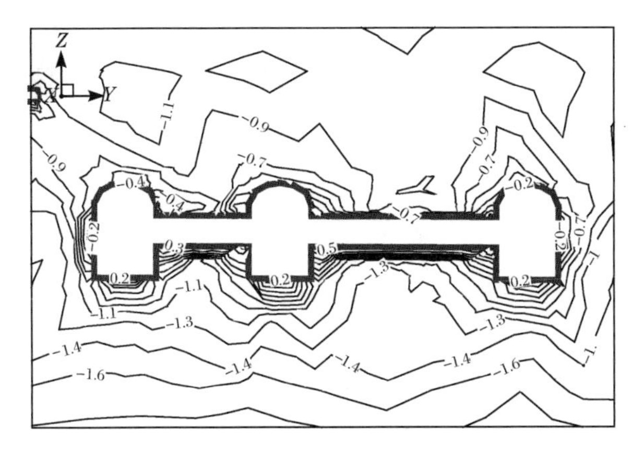

(e) 小主应力(单位:MPa)

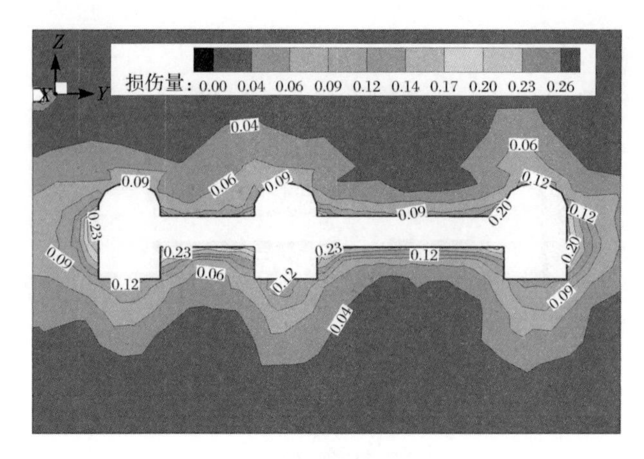

(f) 损伤圈

图 7.6　$X=0+532.78\mathrm{m}$ 断面 C 洞罐组流变损伤计算结果

7.1.4　2 号主洞室轴线剖面($Y=60\mathrm{m}$)流变损伤计算结果

基于地下水封洞库流变损伤数值计算结果，得到 2 号主洞室轴线剖面位移等值线图如图7.7(a)～(c)所示。由等值线图可见，该剖面 X 向最大位移为5.9mm，位于 2 号主洞室底板靠近断层 F3 附近，断层切割处主洞室顶部出现3.9mm的位移。Z 向最大位移出现在主洞室拱顶部位，受断层影响，在断层切割处最大值为 18.5mm，在主洞室底部出现 9.0mm 的回弹位移；2 号主洞室轴线剖面最大合位移等值线趋势与 Z 向位移相近，最大值出现在 2 号主洞室拱顶断层 F3 切割部位，最大合位移值为 19.5mm，在主洞室底部出现不同程度的回弹位移，其值为 5.9～10.7mm；受洞室开挖影响以及断层 F3 的影响，在断层附近位移等值线出现密集、弯曲现象。

由图 7.7(d)可知，洞周围岩大主应力的最大值为−7.0MPa，出现在 2 号主洞室左侧段(靠近山内侧)。由于受洞室开挖和断层 F3 的影响，在主洞室底部、拱顶和断层 F3 两侧部位出现了应力集中区域，上述部位的应力等值线弯折、密集。图 7.7(e)为小主应力图，由应力等值线图可知，洞周围岩局部处于应力临界状态，局部出现拉应力区，最大拉应力为 0.1MPa。

图 7.7(f)为该轴线剖面损伤圈图，通过损伤圈图可以看出，洞室周边围岩均出现不同程度的损伤圈，损伤量最大值为 0.12，位于主洞室底板靠近断层 F3 切割处，断层破碎带也出现一定的损伤范围。

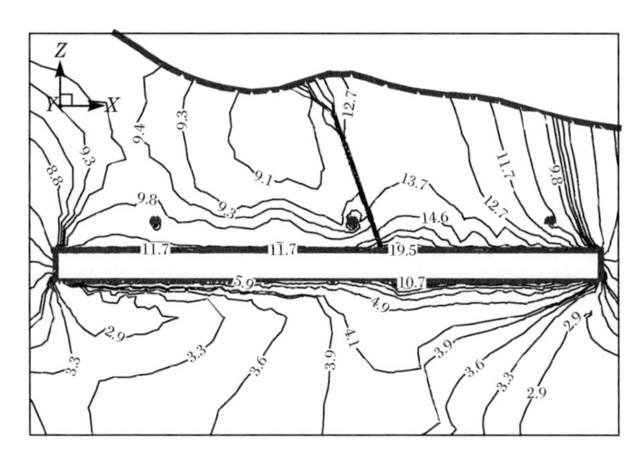

(a) 合位移(单位:mm)

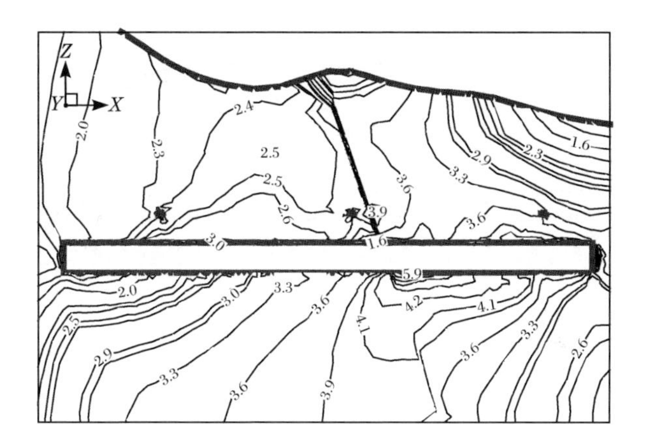

(b) X 向位移(单位:mm)

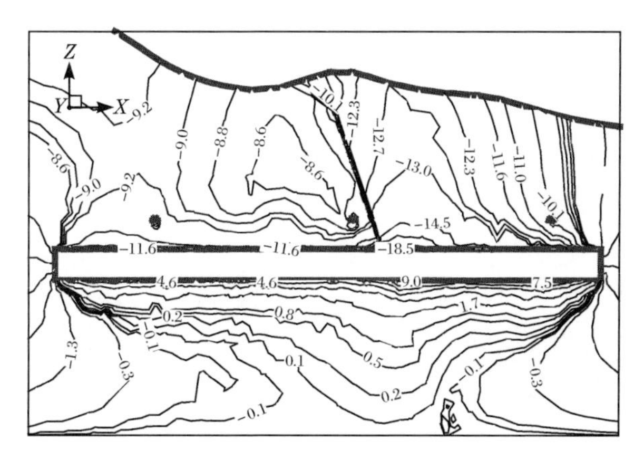

(c) Z 向位移(单位:mm)

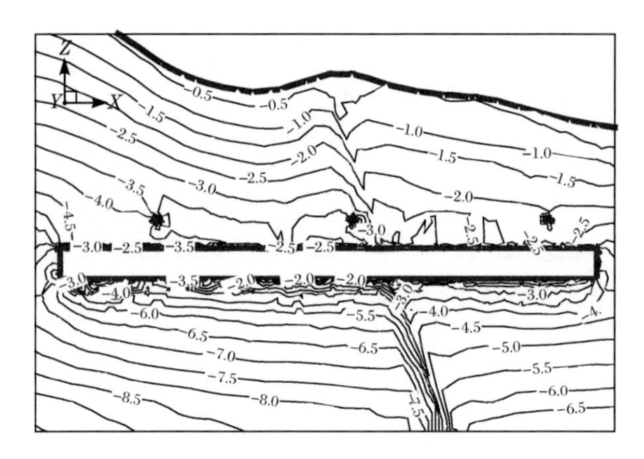

(d) 大主应力 (单位:MPa)

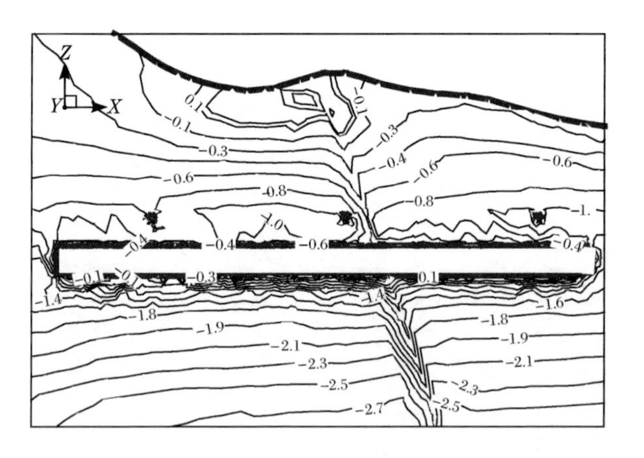

(e) 小主应力(单位:MPa)

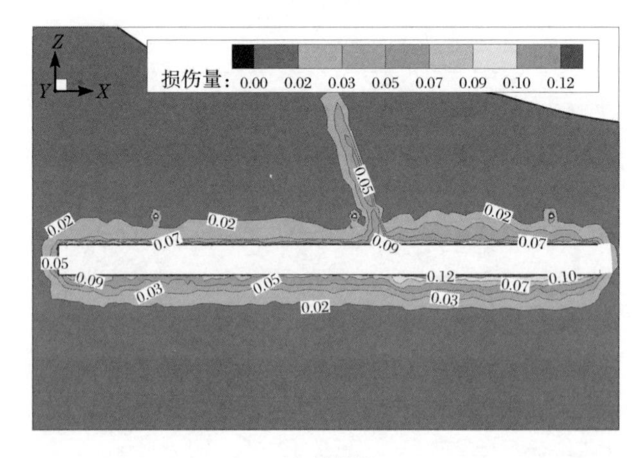

(f) 损伤圈

图 7.7　2 号主洞室轴线剖面($Y=60$m)流变损伤计算结果

7.1.5　4 号主洞室轴线剖面(*Y*＝199m)流变损伤计算结果

基于地下水封洞库流变损伤数值计算结果，得到 4 号主洞室轴线剖面位移等值线图如图 7.8(a)～(c)所示。由等值线图可见，该剖面 *X* 向最大位移为 5.5mm，位于 4 号主洞室底板靠近断层 F3 附近，受断层影响，在主洞室拱顶部位靠近断层处位移等值线出现突变、弯折现象。该剖面 *Z* 向最大位移同样出现在主洞室拱顶部位，在断层切割处达到最大，其 *Z* 向最大位移值为 25.2mm，且在主洞室底部出现最大值为 11.0mm 的竖向回弹位移；4 号主洞室轴线剖面最大合位移变化趋势与 *Z* 向位移相近，最大值同样出现在 4 号主洞室拱顶断层 F3 切割部位，最大合位移值为 26.5mm；受洞室开挖影响以及断层 F3 的影响，在断层附近位移等值线出现密集、弯曲现象。

由图 7.8(d)可知，洞周围岩大主应力的最大值为－7.5MPa，出现在剖面内 4 号主洞室左侧。该剖面 4 号主洞室被断层 F3 和 F8 同时切割，受洞室开挖和断层

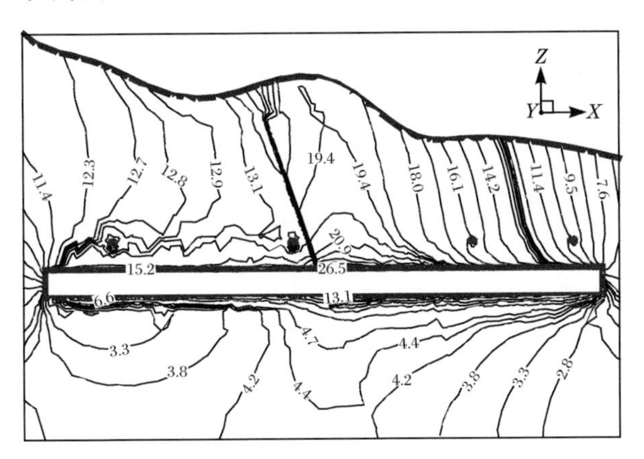

(a) 合位移(单位：mm)

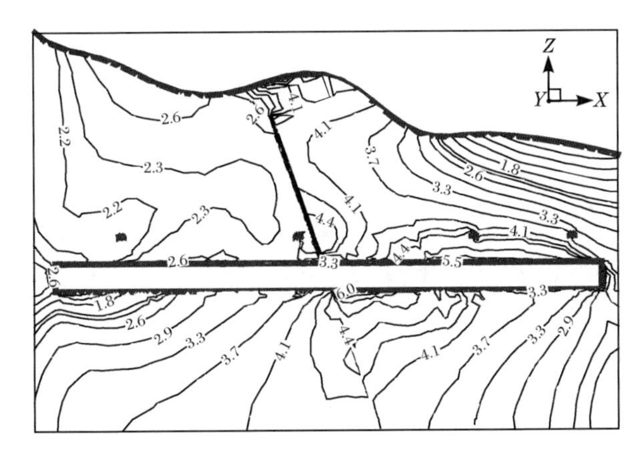

(b) *X* 向位移(单位：mm)

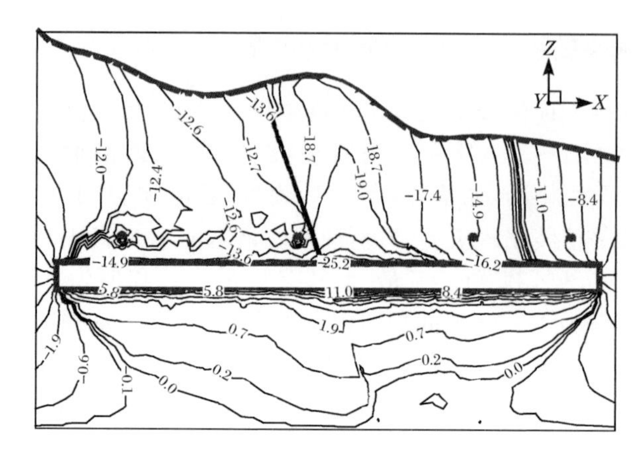

(c) Z 向位移(单位:mm)

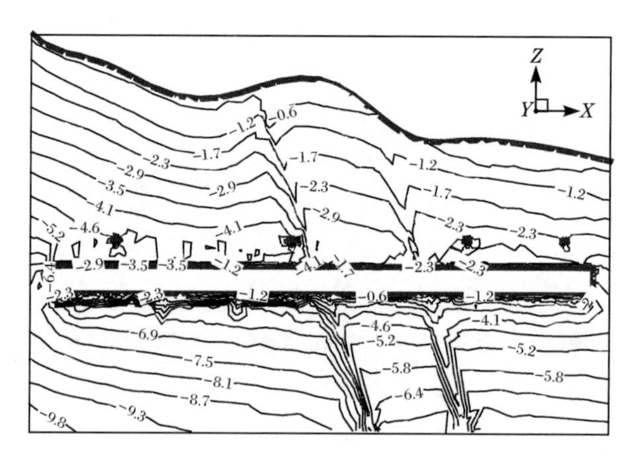

(d) 大主应力 (单位:MPa)

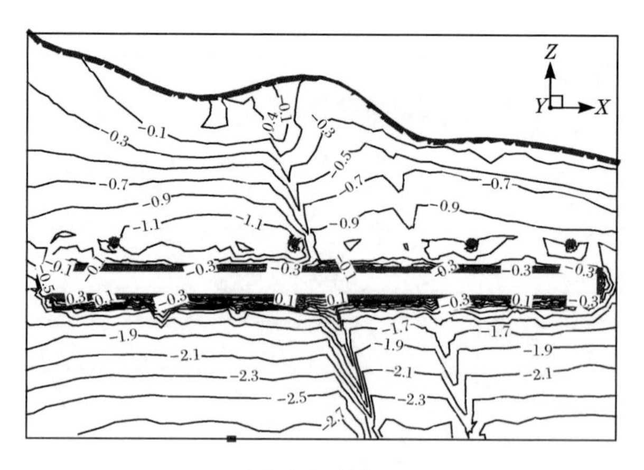

(e) 小主应力(单位:MPa)

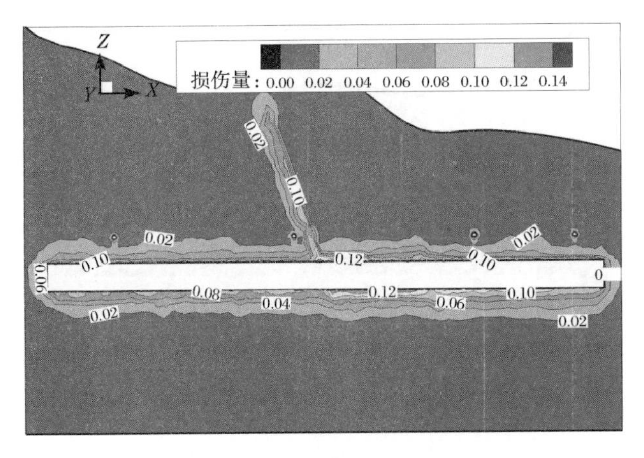

(f) 损伤圈

图 7.8　4 号主洞室轴线剖面(Y＝199m)流变损伤计算结果

的影响，在主洞室底部、拱顶和断层 F3、F8 破碎带范围出现了应力集中区域，上述部位的应力等值线出现突变、弯折等现象。图 7.8(e)为小主应力图，由应力等值线图可以看出，在主洞室底部围岩处于应力临界状态，局部出现 0.1～0.3MPa 的拉应力，受断层影响，在断层附近应力等值线呈现出不光滑、弯折等现象。

图 7.8(f)为 4 号主洞室轴线剖面损伤圈图，通过损伤圈图可以看出，损伤量较大的部位与流变计算塑性区出现的位置大致相同，该剖出现最大损伤量为 0.14，主要位于 4 号主洞室底板靠近断层 F3 切割处。

7.1.6　6 号主洞室轴线剖面(*Y*＝328m)流变损伤计算结果

基于地下水封洞库流变损伤数值计算结果，得到 6 号主洞室轴线剖面位移等值线图如图 7.9(a)～(c)所示。由等值线图可见，该剖面 *X* 向最大位移为 6.2mm，位于 6 号主洞室拱顶以及主洞室底板靠近断层 F3 附近，断层切割处主洞室顶部出现 4.4mm 的位移。该剖面 *Z* 向最大位移同样出现在主洞室拱顶部位，受断层影响，在断层切割处最大值为 26.7mm，在主洞室底部出现 8.7mm 的竖向位移。6 号主洞室轴线剖面最大合位移等值线趋势与 *Z* 向位移相近，最大值出现在 6 号主洞室被断层 F3 切割处的拱顶部位，其值为 27.4mm。

由图 7.9(d)可知，洞周围岩大主应力的最大值为－7.0MPa，出现在 6 号主洞室剖面左侧。由于受洞室开挖和断层 F3 的影响，在主洞室底部、拱顶和断层 F3 两侧部位出现了应力集中区域，上述部位的应力等值线弯折、密集。图 7.9(e)为小主应力图，由应力等值线图可以看出，在主洞室底部围岩处于应力临界状态，受断层影响，在断层附近应力等值线呈现出不光滑、弯折等现象。

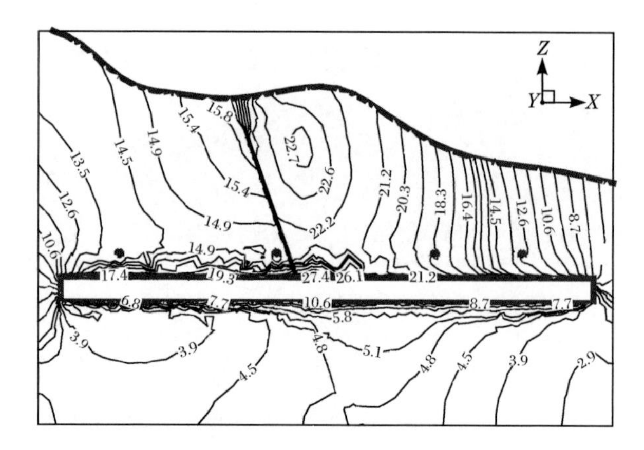

(a) 合位移(单位:mm)

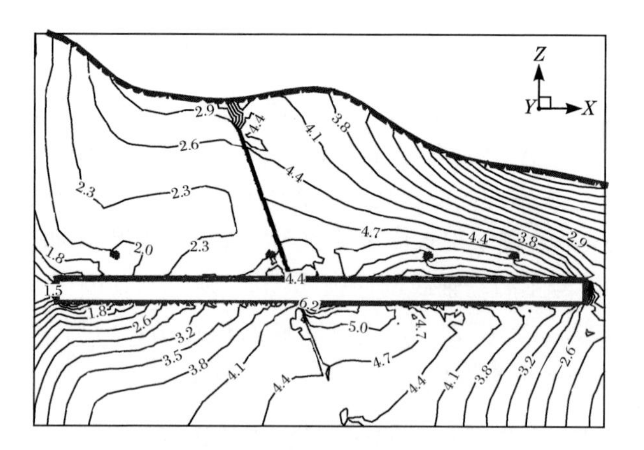

(b) X 向位移(单位:mm)

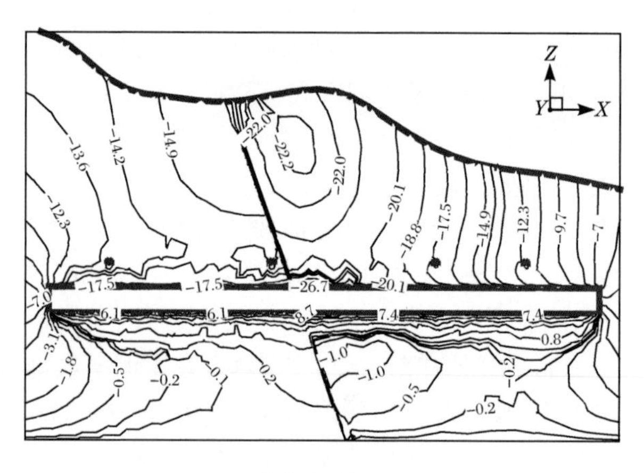

(c) Z 向位移(单位:mm)

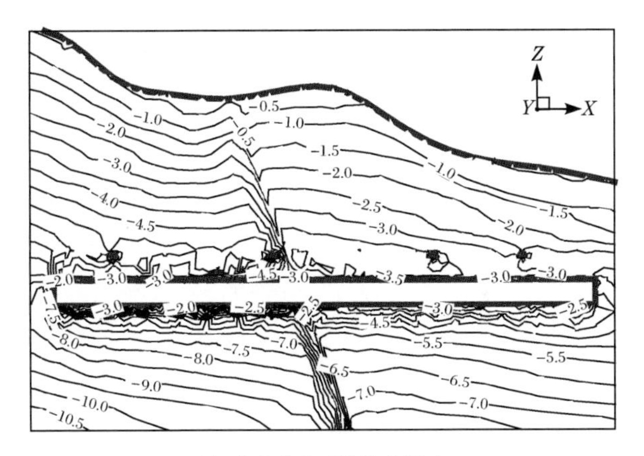

(d) 大主应力（单位：MPa）

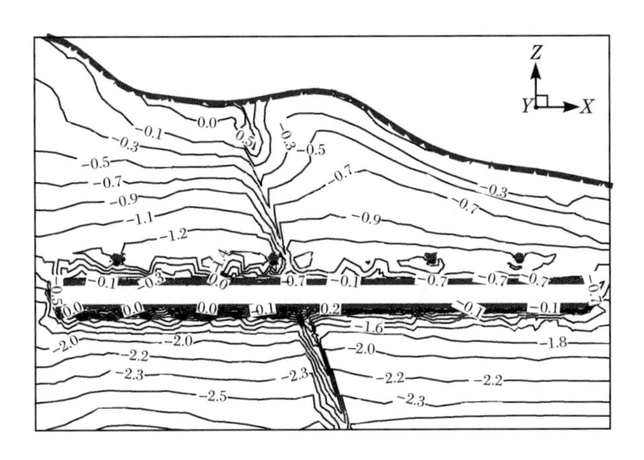

(e) 小主应力(单位：MPa)

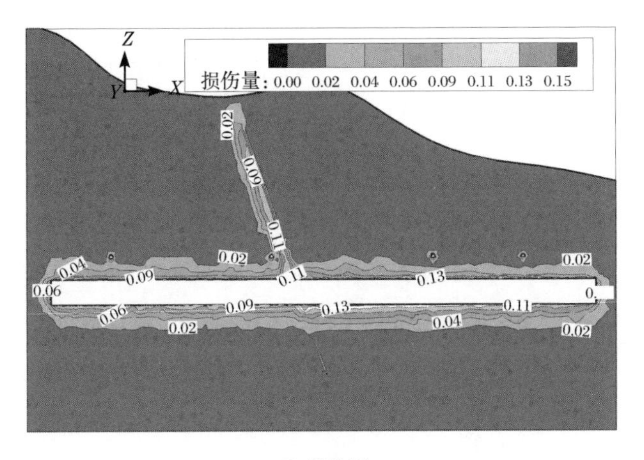

(f) 损伤圈

图 7.9　6 号主洞室轴线剖面(Y=328m)流变损伤计算结果

图 7.9(f)为该轴线剖面损伤圈图，通过损伤圈可以看出，损伤量较大的部位与流变计算塑性区出现的位置大致相同，该剖面出现最大损伤量为 0.15，主要位于 6 号主洞室底板靠近断层 F3 切割处。

7.2 流变损伤计算条件下主洞室特征点位移分析

现根据主洞室典型断面特征点，分析流变损伤计算条件下的洞室围岩的变形规律。表 7.1～表 7.5 为流变损伤计算条件下各典型剖面特征点位移统计结果。由统计结果可知，X＝0＋200m 断面 2 号主洞室剖面最大位移出现在主洞室拱顶一侧特征点 3 处，最大位移值为 11.6mm，比流变计算条件增大 2.1mm；X＝0＋200m 断面 4 号主洞室剖面与 8 号主洞室剖面最大位移出现在主洞室拱顶特征点 4 处，最大位移值分别为 15.5mm 和 19.7mm。与流变计算条相比，特征点 4 对应合位移分别增大 2.1mm 和 2.5mm。X＝0＋352.32m 断面 4 号主洞室剖面最大位移出现在洞室拱顶靠近连接巷道一侧特征点 3 处，受连接巷道开挖影响，最大合位移值为 27.3mm，比流变计算相比增加 5.1mm；X＝0＋352.32m 断面 6 号主洞室剖面最大位移出现在主洞室拱顶特征点 4 处，最大合位移值为 27.3mm，比流变计算结果增大 21.4～5.9mm。

表 7.1　X＝0＋200m 断面 2 号主洞室剖面 8 个特征点位移(流变损伤)

特征点编号	1	2	3	4	5	6	7	8
Y 向位移/mm	−2.4	−6.0	−4.3	−2.4	−1.5	1.9	0.2	−0.7
Z 向位移/mm	0.3	−6.3	−10.4	−10.8	−9.8	−3.5	1.7	5.1
合位移/mm	3.9	9.2	11.6	11.4	10.3	4.9	3.5	6.0

表 7.2　X＝0＋200m 断面 4 号主洞室剖面 8 个特征点位移(流变损伤)

特征点编号	1	2	3	4	5	6	7	8
Y 向位移/mm	−2.6	−7.8	−5.2	−3.8	−1.5	1.9	−0.5	−1.5
Z 向位移/mm	0.9	−8.5	−13.9	−14.8	−13.9	−4.2	1.1	6.5
合位移/mm	4.2	11.9	15.0	15.5	14.2	5.4	3.1	7.3

表 7.3　X＝0＋200m 断面 8 号主洞室剖面 8 个特征点位移(流变损伤)

特征点编号	1	2	3	4	5	6	7	8
Y 向位移/mm	−2.3	−6.1	−3.5	−2.7	−1.1	4.3	−0.6	−0.8
Z 向位移/mm	1.2	−8.8	−17.4	−19.4	−17.1	−8.2	2.7	8.3
合位移/mm	4.0	11.0	17.9	19.7	17.3	9.8	4.1	8.9

表 7.4　X=0+352.32m 断面 4 号主洞室剖面 8 个特征点位移(流变损伤)

特征点编号	1	2	3	4	5	6	7	8
Y 向位移/mm	−1.9	—	−6.6	−4.7	−3.1	5.9	−0.4	−1.3
Z 向位移/mm	5.8	—	−26.2	−24.7	−21.5	−6.3	3.0	11.0
合位移/mm	8.1	—	27.3	25.5	22.1	9.6	5.9	12.6

表 7.5　X=0+352.32m 断面 6 号主洞室剖面 8 个特征点位移(流变损伤)

特征点编号	1	2	3	4	5	6	7	8
Y 向位移/mm	−2.5	−11.5	−6.5	−4.4	−2.9	—	−0.1	0.4
Z 向位移/mm	−0.5	−15.3	−23.6	−26.5	−25.1	—	3.6	10.5
合位移/mm	6.3	19.8	25.0	27.3	25.7	—	6.6	12.0

统计分析流变损伤计算条件下不同剖面 8 个特征点的位移可以发现，洞室开挖完成后，主洞室围岩最大位移主要发生在洞室拱顶部位，受洞室开挖影响，部分主洞室底板也出现相对较大的竖向回弹位移。通过与流变计算条件对比，对应剖面各特征点合位移均有所增大，增幅为 2.1～5.9mm。

7.3　本章小结

对地下水封洞库流变损伤数值仿真计算结果进行统计，表 7.6 为流变损伤计算条件下典型剖面位移统计结果。由表可以得知，合位移最大值出现在 X=0+352.32m 断面 B 洞罐组，最大位移值为 30.0mm，最大值比流变计算增加 9.5mm，增幅较大。该部位处于断层 F3 破碎带附近，应注意加强监测和保护。

表 7.6　流变损伤计算条件下典型剖面位移统计

剖面位置		最大合位移/mm	流变损伤合位移最大位置	流变合位移最大位置
X=0+200m	A 洞罐组	13.6	3 号主洞室拱顶部位	3 号主洞室拱顶部位
	B 洞罐组	18.6	5 号和 6 号主洞室拱顶部位	6 号主洞室拱顶部位
	C 洞罐组	19.7	7 号和 8 号主洞室拱顶部位	7 号和 8 号主洞室拱顶部位
X=0+352.32m	A 洞罐组	21.8	3 号主洞室拱顶部位	3 号主洞室拱顶部位
	B 洞罐组	30.0	5 号主洞室拱顶部位	5 号主洞室拱顶部位
X=0+532.78m	C 洞罐组	23.3	8 号和 9 号主洞室拱顶部位	7 号、8 号和 9 号主洞室拱顶部位

续表

剖面位置	最大合位移/mm	流变损伤合位移最大位置	流变合位移最大位置
2 号主洞室轴线剖面	19.5	2 号主洞室拱顶断层 F3 切割部位	2 号主洞室拱顶断层 F3 切割部位
4 号主洞室轴线剖面	26.5	4 号主洞室拱顶断层 F3 切割部位	4 号主洞室拱顶断层 F3 切割部位
6 号主洞室轴线剖面	27.4	6 号主洞室拱顶断层 F3 切割部位	6 号主洞室拱顶断层 F3 切割部位

从不同剖面 8 个特征点位移的统计分析可以看出，洞室开挖后对主洞室不同断面各特征点位移影响不尽相同，特征点 4 位于主洞室拱顶部位，开挖对其影响最为明显。将流变损伤计算结果与流变计算结果对比可以发现，各典型剖面流变损伤位移均大于流变计算结果，流变损伤计算条件下合位移值比流变计算条增大 2.0～7.8mm。

第8章　地下水封洞库渗流应力耦合长期安全性分析

由于地下水封洞库处在正常地下水位之下，洞库围岩在应力作用下随时间的流变损伤演化，渗流应力耦合作用下地下水封洞库围岩由于受到开挖卸荷的影响，形成围岩周围岩体裂隙扩展、损伤劣化，渗透性明显增强，进而改变了围岩周围渗流场和应力场的分布。

本章利用渗流应力耦合流变损伤本构模型，开展地下水封洞库渗流应力耦合作用下流变损伤数值计算分析，模拟地下水封洞库工程开挖完成后，洞库围岩长期流变条件下的应力场、位移场以及围岩损伤圈演化规律的变化特征。结合流变损伤计算结果，评估了在考虑应力渗流耦合条件下，流变损伤对地下水封洞库变形以及主洞室长期运行稳定性与安全性的影响。

8.1　渗流应力耦合流变损伤数值计算与分析

为了分析渗流应力耦合环境下地下水封洞库围岩长期稳定性与安全性的影响，采用渗流应力耦合流变损伤本构模型，对地下水封洞库开展渗流应力耦合作用下的三维流变损伤数值计算，分析渗流应力耦合作用下的地下水封洞库围岩流变损伤特性与流变变形规律。

8.1.1　X＝0＋200m断面(A、B、C洞罐组)渗流应力耦合流变损伤计算结果

1. A洞罐组

基于地下水封洞库渗流应力耦合流变损伤数值计算结果，得到沿主洞室轴线0＋200m断面A洞罐组的位移等值线图如图8.1(a)～(c)所示。由等值线图可见，该断面Y向最大位移为6.9mm，位于3号主洞室边墙右侧。Z向最大位移出现在3号主洞室的拱顶，其Z向最大位移值为13.0mm，且在3号主洞室底部出现5.0mm的竖向回弹位移。该剖面最大合位移出现在3号主洞室拱顶部位，其值为13.8mm，1号和2号主洞室拱顶分别出现10.1mm和11.6mm的位移。

由图8.1(d)可知，X＝0＋200m断面主洞室周边围岩大主应力最大值为－9.2MPa，出现在3号主洞室拱顶左侧，主洞室最大主应力主要集中在洞室拐角处，由于受洞室开挖影响，在洞室拐角处出现应力集中区域。洞室围岩出现的大主应力均为压应力。图8.1(e)为小主应力图，在洞室周边围岩处于应力临界状

态，但没有出现拉应力区。

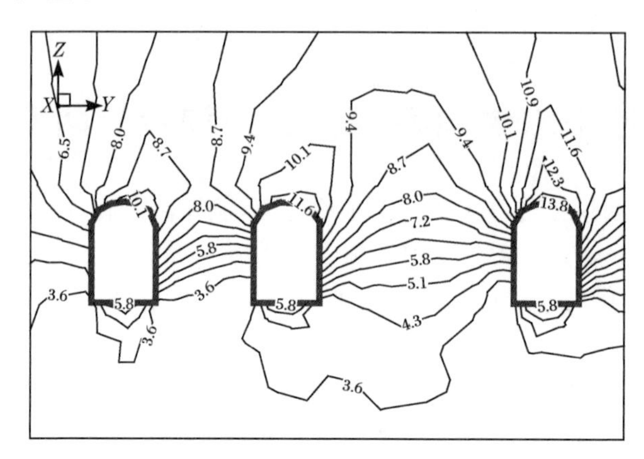

(a) 合位移(单位:mm)

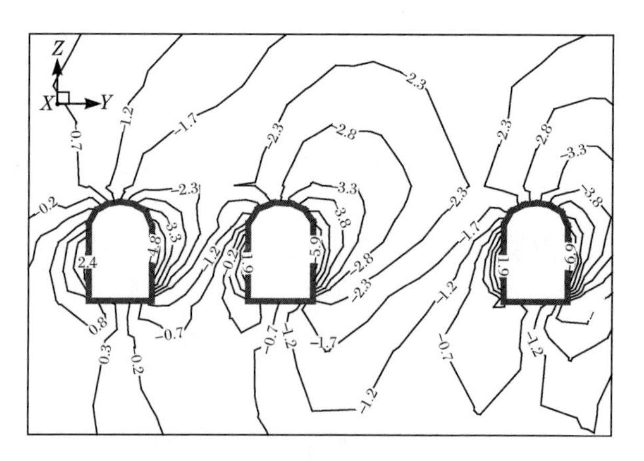

(b) Y 向位移(单位:mm)

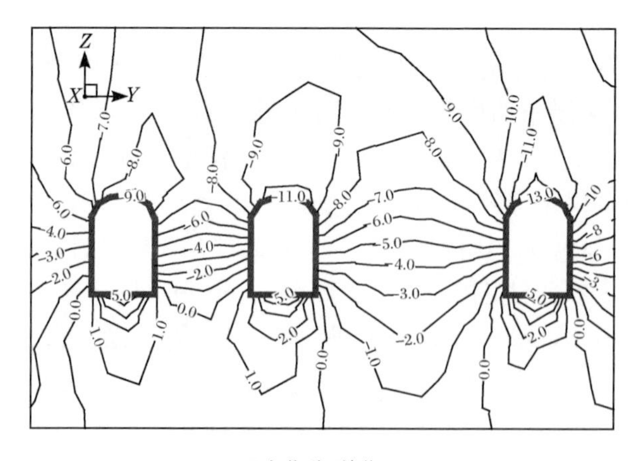

(c) Z 向位移(单位:mm)

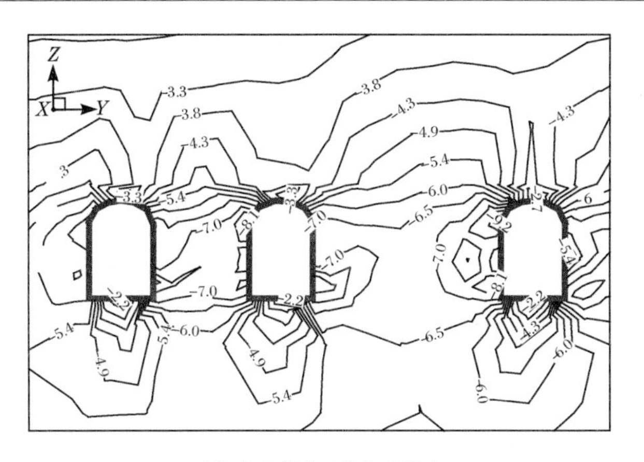

(d) 大主应力（单位：MPa）

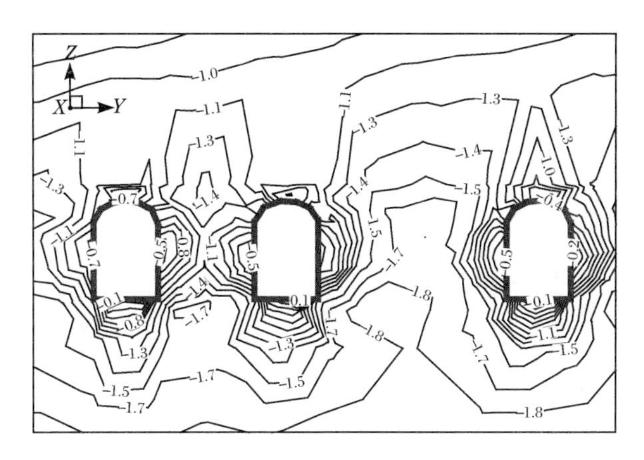

(e) 小主应力(单位：MPa)

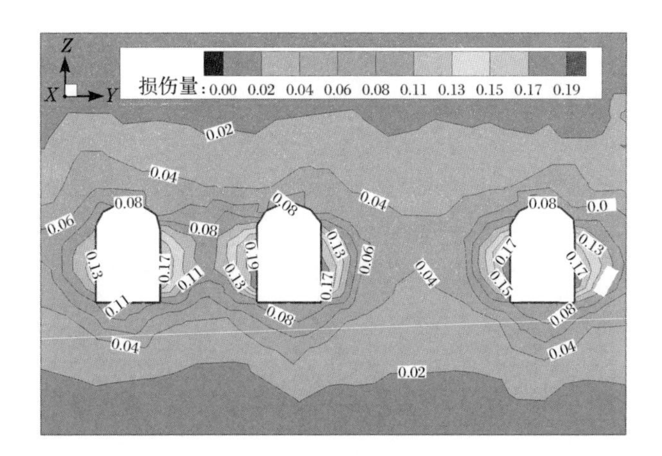

(f) 损伤圈

图 8.1　$X=0+200$m 断面 A 洞罐组渗流应力耦合流变损伤计算结果

图 8.1(f)为该断面 A 洞罐组损伤圈云图，由图可见，在考虑渗流应力耦合条件下，损伤圈主要出现在洞室周围，在主洞室边墙两侧达到最大，最大损伤量出现在 3 号主洞室右侧边墙，其值为 0.19。

2. B 洞罐组

基于地下水封洞库渗流应力耦合流变损伤数值计算结果，得到沿主洞室轴线 0+200m 断面 B 洞罐组位移等值线图如图 8.2(a)～(c)所示。由等值线图可见，该断面 Y 向最大位移为 7.4mm，位于 4、5 号主洞室右侧边墙中上部位。该断面 Z 向最大位移出现在 6 号主洞室拱顶部位，其 Z 向最大位移值为 18.1mm，且在主洞室底部出现最大为 6.1mm 的竖向回弹位移。0+200m 断面 B 洞罐组最大合位移出现在 6 号主洞室拱顶部位，其位移最大值为 18.7mm，4 号和 5 号主洞室拱顶出现较大位移，其位移值分别为 15.8mm 和 16.6mm。

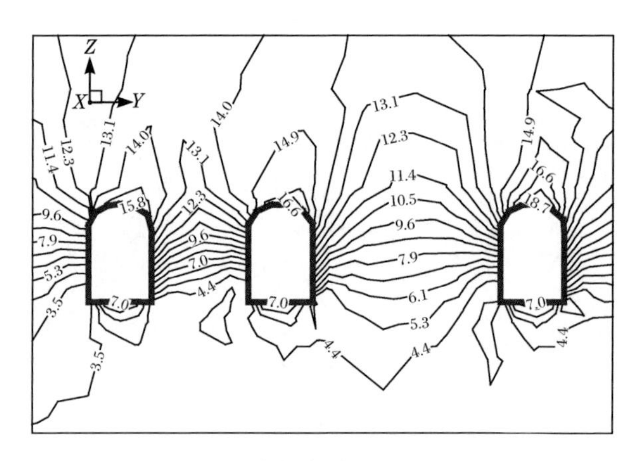

(a) 合位移(单位:mm)

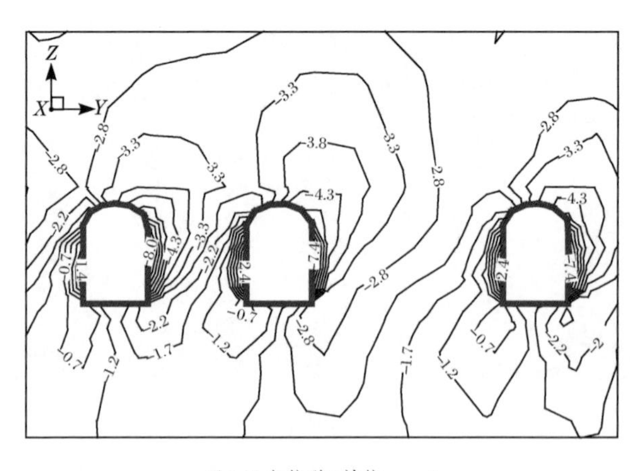

(b) Y 向位移(单位:mm)

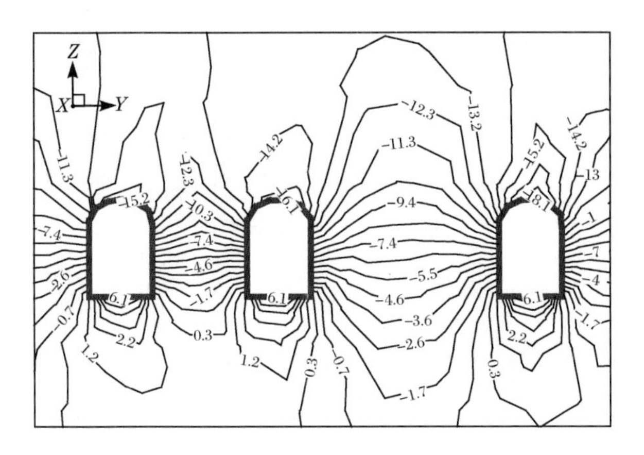

(c) Z 向位移(单位:mm)

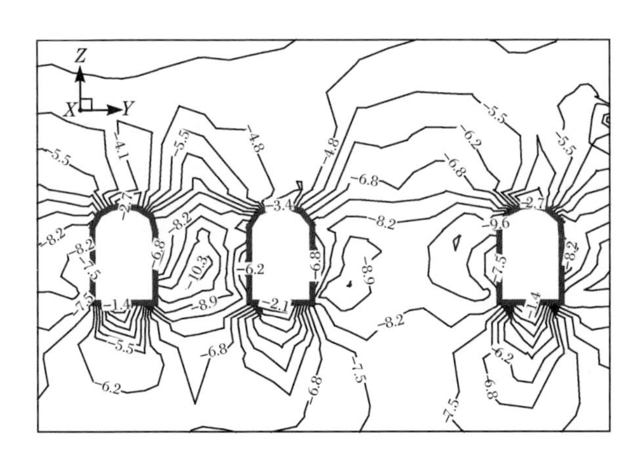

(d) 大主应力(单位:MPa)

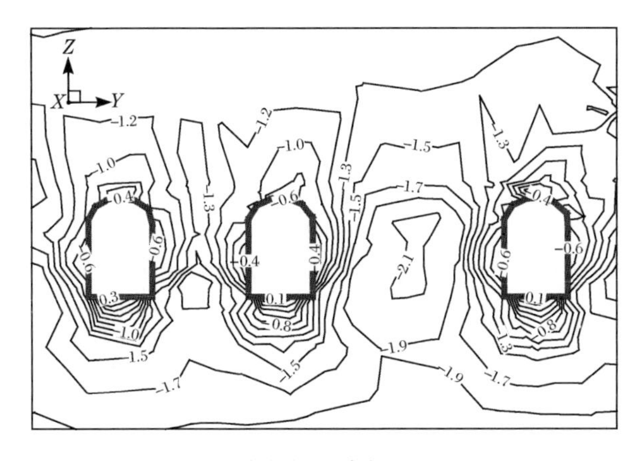

(e) 小主应力(单位:MPa)

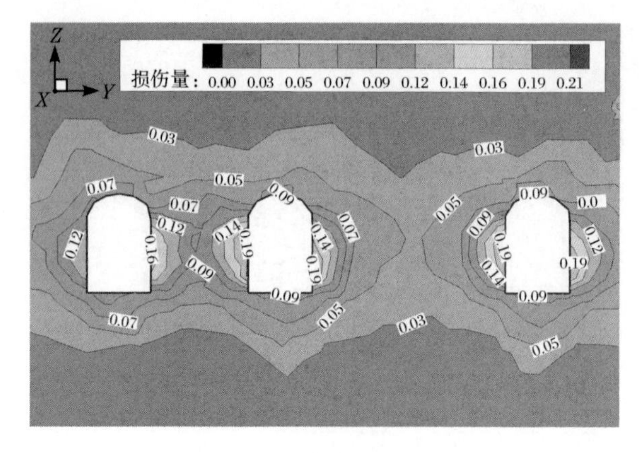

(f) 损伤圈

图 8.2 X=0+200m 断面 B 洞罐组渗流应力耦合流变损伤计算结果

由图 8.2(d)可知，洞室周边围岩大主应力的最大值为−9.6MPa，最大值出现在主洞室拐角处，由于受洞室开挖影响，该部位出现了应力集中；另外对两条主洞室之间围岩应力进行调整，主应力相对较大。洞室围岩出现的大主应力均为压应力。图 8.2(e)为小主应力图，由应力等值线图可以看出，在 4、5、6 号主洞室开挖边界局部出现拉应力区，最大拉应力为 0.3MPa。

图 8.2(f)为该断面 B 洞罐组的损伤圈图，由图可见，在考虑渗流应力耦合计算条件下，该断面损伤圈集中在主洞室边墙两侧，最大损伤量为 0.21。

3. C 洞罐组

基于地下水封洞库渗流应力耦合流变损伤数值计算结果，得到沿主洞室 0+200m 断面 C 洞罐组的位移等值线图如图 8.3(a)～(c)所示。由等值线图可见，该断面 Y 向最大位移为 8.3mm，位于 7 号主洞室右侧边墙中下部位，主洞室左侧边墙 Y 向位移均小于右侧边墙；由位移等值线的疏密可以看出，7 号与 8 号主洞室之间的位移比 8 号与 9 号之间的位移值大。该断面 Z 向最大位移出现在 7 号与 8 号主洞室的拱顶部位，其 Z 向最大位移值为 18.8mm。0+200m 断面 C 洞罐组合位移等值线趋势与 Z 向位移趋势相近，最大值同样出现在 7 号主洞室拱顶部位，位移值为 20.0mm；8 号和 9 号主洞室拱顶部位的合位移分别为 19.3mm 和 18.4mm，且该断面 3 个主洞室底部发生 7.9～8.8mm 的回弹位移。

由图 8.3(d)可知，洞室围岩出现的大主应力均为压应力，且洞室周边岩体大主应力一般在−6.0～−7.0MPa，主要出现在主洞室两侧边墙，且由于受洞室开挖的影响，在洞室拐角处出现了局部的应力集中区域。在 7 号与 8 号主洞室之间岩体出现−12.2MPa 的应力。图 8.3(e)为小主应力图，由应力等值线图可以看出，主洞周围岩处于临界应力状态，部分区域出现拉应力区，最大拉应力为 0.3MPa，主要集中在 7 号与 8 号主洞室底板部位。

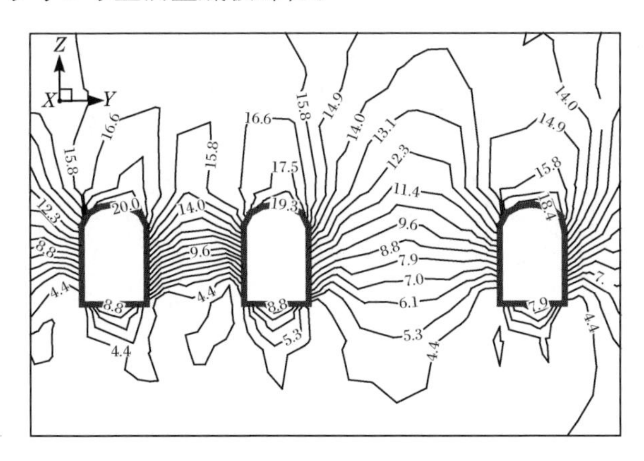

(a) 合位移(单位：mm)

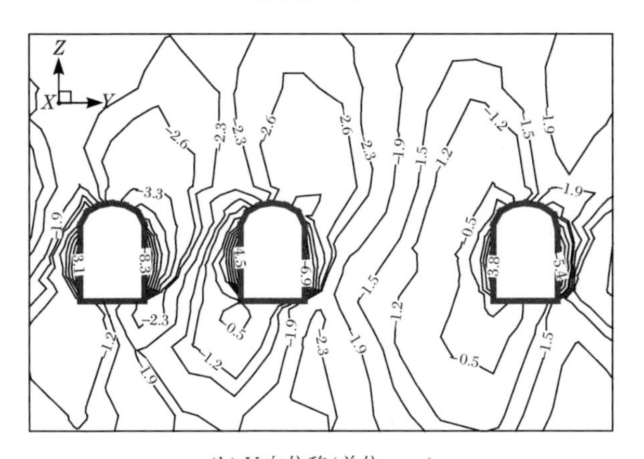

(b) Y 向位移(单位：mm)

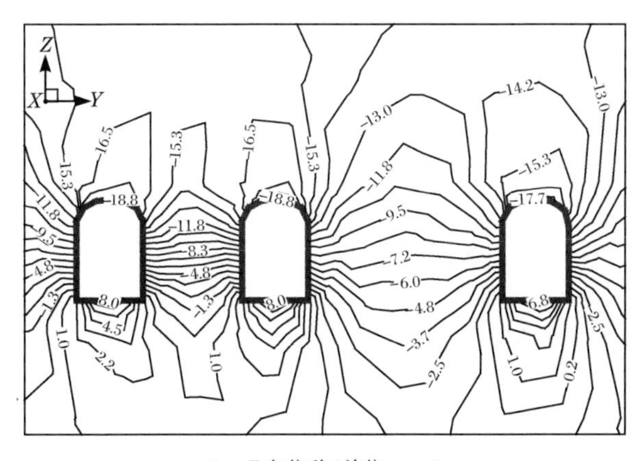

(c) Z 向位移(单位：mm)

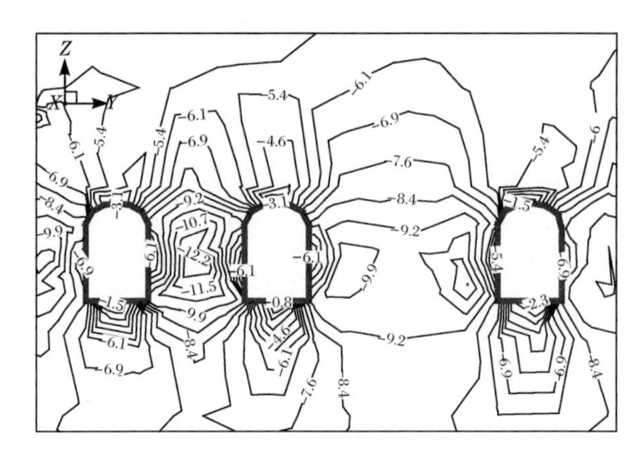

(d) 大主应力 (单位:MPa)

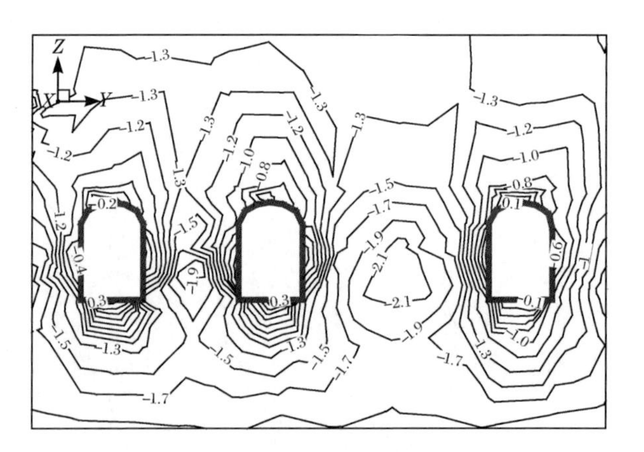

(e) 小主应力(单位:MPa)

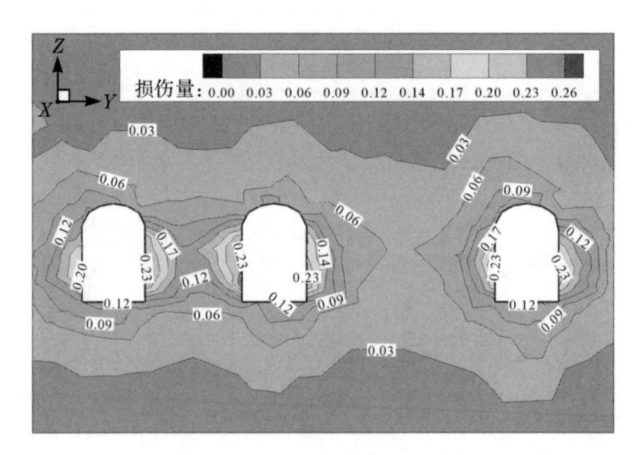

(f) 损伤圈

图 8.3　X=0+200m 断面 C 洞罐组渗流应力耦合流变损伤计算结果

图 8.3(f)为该断面 C 洞罐组损伤圈图，由图可见，在考虑渗流应力耦合计算条件下，该断面损伤圈集中在主洞室边墙两侧，与未考虑渗流应力耦合计算条件下的损伤圈部位大致相同，最大损伤量为 0.26，与流变损伤计算条件下相比，损伤量增大约 0.04。

8.1.2　X＝0＋352.32m 断面(A、B 洞罐组) 渗流应力耦合流变损伤计算结果

1. A 洞罐组

基于地下水封洞库渗流应力耦合流变损伤数值计算结果，得到沿主洞室轴线 0＋352.32m 断面 A 洞罐组的位移等值线图如图 8.4(a)～(c)所示。由图可见，该断面 Y 向最大位移为 11.4mm，位于 3 号主洞室右侧边墙中部，在主洞室与连接巷道交叉处岩体的 Y 向位移约 6.9mm。该断面 Z 向最大位移出现在 3 号主洞室的拱顶部位，其 Z 向位移最大值为 22.1mm，且 1 号与 2 号主洞室的拱顶位移分别为 16.6mm 和 19.9mm，主洞室底板出现的最大竖向回弹位移为 8.8mm。0＋352.32m断面 A 洞罐组的最大合位移出现在 3 号主洞室拱顶部位，合位移最大值为 23.7mm；1 号和 2 号主洞室拱顶合位移为 16.9mm 和 21.2mm。

由图 8.4(d)可知，洞室围岩出现的大主应力均为压应力，洞室周边围岩大主应力一般在－3.0～－5.0MPa。由于受洞室开挖的影响，在洞室拐角处以及主洞室与连接巷道交叉处局部出现应力集中区域，应力等值线出现弯折、密集现象。图 8.4(e)为小主应力图，由应力等值线图可以看出，在主洞室与连接巷道交叉处局部出现拉应力区，最大拉应力为 0.2MPa。

图 8.4(f)为该断面 A 洞罐组损伤圈图，由图可见，在考虑渗流应力耦合计算条件下，该断面损伤圈集中在主洞室边墙两侧以及主洞室与连接巷道交叉处，最大损伤量出现在 3 号主洞室右侧边墙，最大值为 0.31。

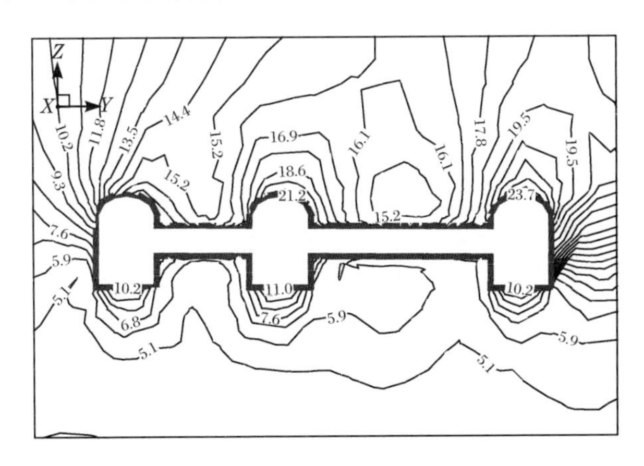

(a) 合位移(单位:mm)

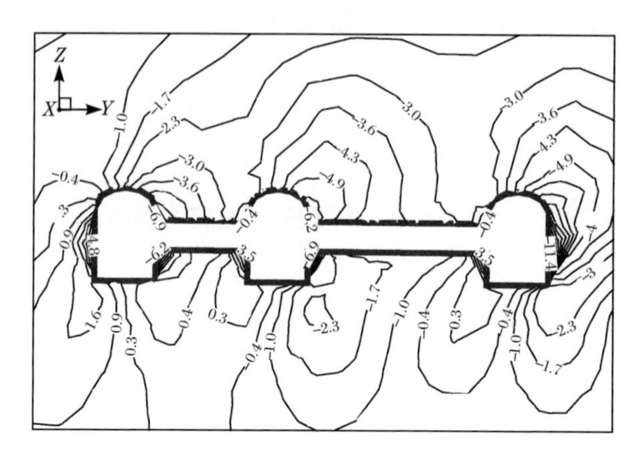

(b) Y 向位移(单位:mm)

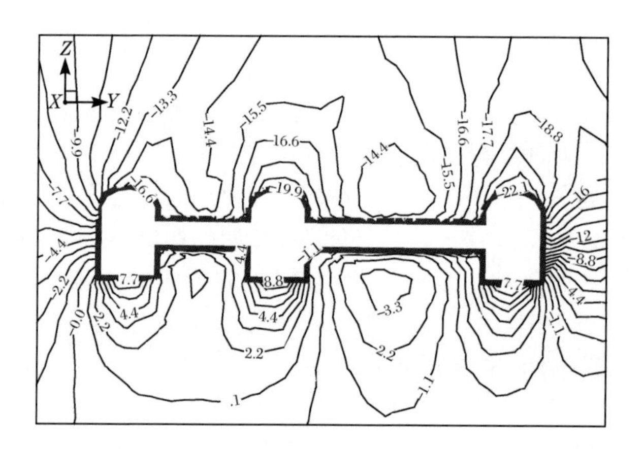

(c) Z 向位移(单位:mm)

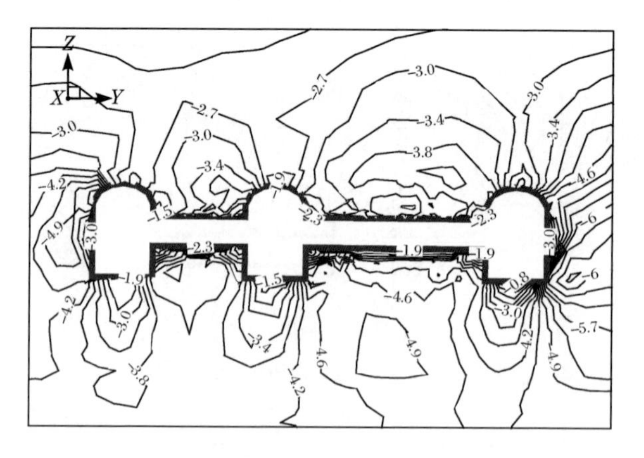

(d) 大主应力 (单位:MPa)

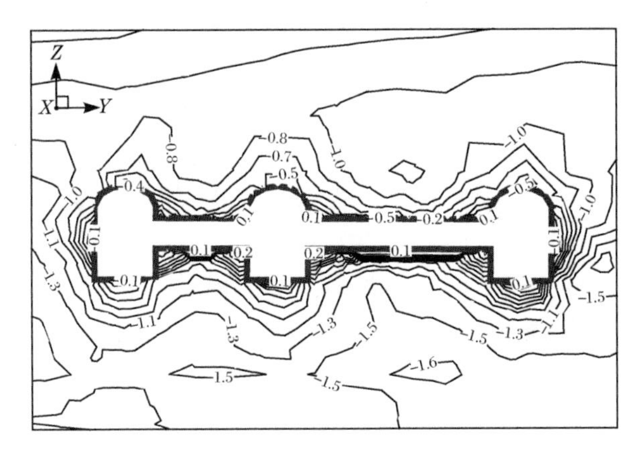

(e) 小主应力(单位:MPa)

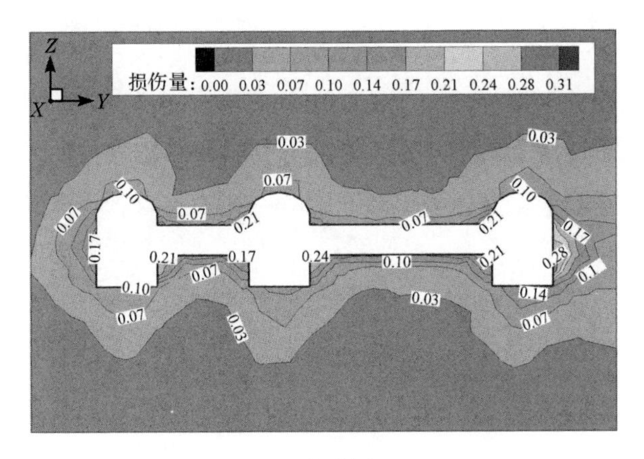

(f) 损伤圈

图 8.4　X=0+352.32m 断面 A 洞罐组渗流应力耦合流变损伤计算结果

2. B 洞罐组

基于地下水封洞库渗流应力耦合流变损伤数值计算结果,得到沿主洞室轴线 0+352.32m 断面 B 洞罐组的位移等值线图如图 8.5(a)～(c)所示。由等值线图可见,该断面 Y 向最大位移为－11.5mm,位于 6 号主洞室右侧边墙;该断面的 Z 向最大位移出现在 5 号主洞室的拱顶部位,其值为 31.0mm,4 号与 6 号主洞室的拱顶 Z 向位移分别为 28mm 和 28.6mm,且 3 个主洞室底板出现 8.0～11.0mm 的竖向回弹位移,连接巷道拱顶的最大 Z 向位移为 26.5mm。该断面 B 洞罐组的最大合位移出现在 5 号主洞室拱顶部位,其值为 32.8mm;4 号和 6 号主洞室拱顶部位也发生较大变形,合位移值分别为 28.4mm 和 29.6mm。

由图 8.5(d)可知，洞室周边围岩大主应力最大值为－7.1MPa，出现在 6 号主洞室底板拐角处。由于受洞室开挖影响，在洞室拐角处及主洞室与连接巷道交叉处出现了少量应力集中区域，且断层 F3 切割 5 号与 6 号主洞室之间连接巷道部位岩体应力等值线出现了弯折、密集现象。图 8.5(e)为小主应力图，由应力等值线图可以看出，在 3 个主洞室底板、主洞室与连接巷道交叉处以及连接巷道底板均出现拉应力区，最大拉应力为 0.5MPa。

图 8.5(f)为该断面 B 洞罐组损伤圈图，由图可见，在考虑渗流应力耦合计算条件下，该断面损伤圈集中在主洞室边墙两侧以及主洞室与连接巷道交叉处，与流变损伤计算条件下的损伤圈部位大致相同；损伤圈最大损伤量为 0.36，比流变损伤计算条件下增大了 0.07。

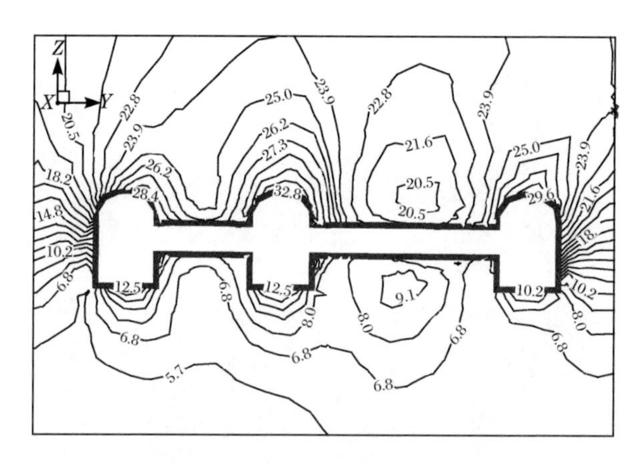

(a) 合位移(单位:mm)

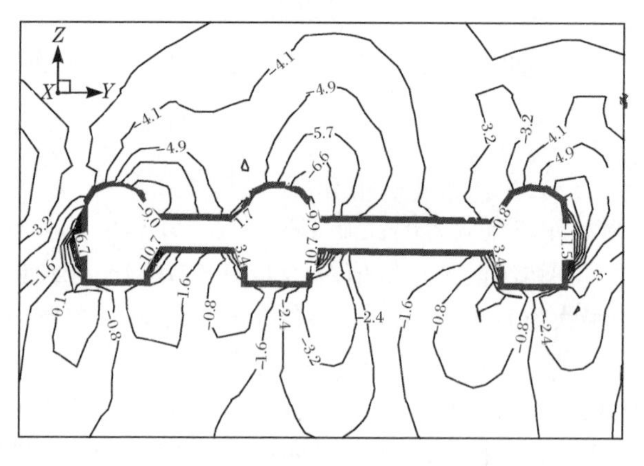

(b) Y 向位移(单位:mm)

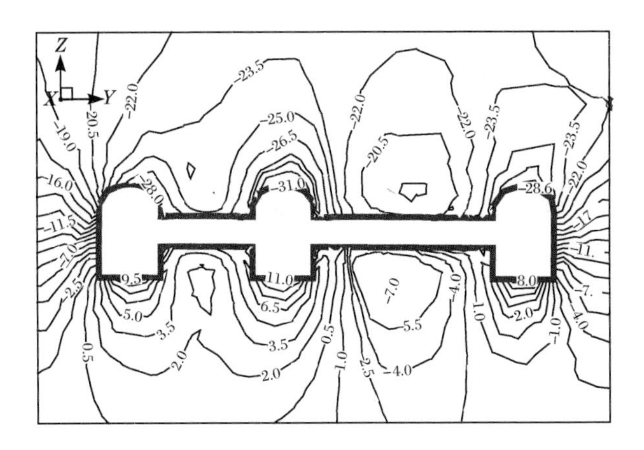

(c) Z 向位移(单位:mm)

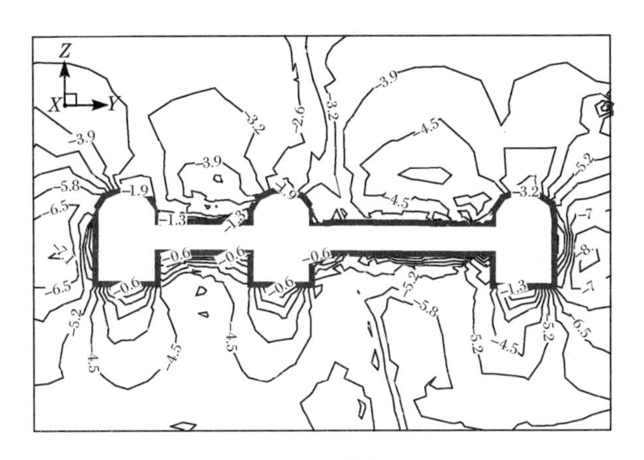

(d) 大主应力 (单位:MPa)

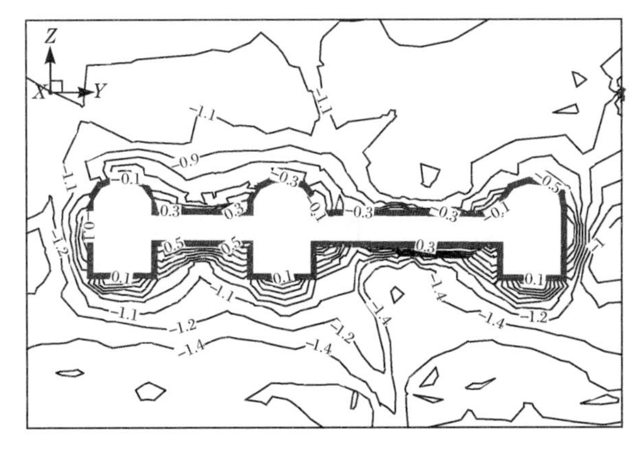

(e) 小主应力(单位:MPa)

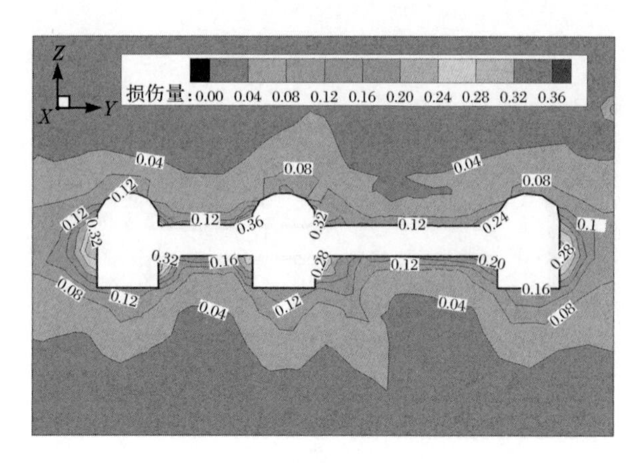

(f) 损伤圈

图 8.5　X＝0＋352.32m 断面 B 洞罐组渗流应力耦合流变损伤计算结果

8.1.3　X＝0＋532.78m 断面(C 洞罐组) 渗流应力耦合流变损伤计算结果

基于地下水封洞库渗流应力耦合流变损伤数值计算结果，得到主洞室 0＋532.78m断面 C 洞罐组的位移等值线图如图 8.6(a)～(c)所示。由等值线图可见，该断面 Y 向最大位移为 8.3mm，位于 7 号主洞室与连接巷道交叉处；Z 向最大位移出现在 8 号和 9 号主洞室的拱顶部位，其值为 22.6mm，且主洞室底部出现了 8.8～10.0mm 的竖向回弹位移，连接巷道的最大 Z 向位移为 18.3mm，位于连接巷道拱顶处。0＋532.78m 断面 C 洞罐组的最大合位移出现在 8 号和 9 号主洞室拱顶部位，其值为 24.1mm，连接巷道最大合位移为 20.7mm，位于巷道拱顶。受洞室开挖影响，洞室底部、连接巷道与主洞室交叉处位移等值线图相对密集、弯曲。

由图 8.6(d)可知，主洞室周边大主应力均为压应力，洞室周边围岩大主应力一般在－4.0～－7.0MPa。由于受洞室开挖的影响，在主洞室底部拐角、拱顶和主洞室与连接巷道交叉处出现了少量的应力集中区域，应力等值线出现弯折、密集现象。图 8.6(e)为小主应力图，由应力等值线图可以看出，在主洞室底板、主洞室与连接巷道交叉处以及连接巷道底板均出现拉应力，最大拉应力为 0.5MPa。

图 8.6(f)为该断面 C 洞罐组损伤圈图。由图可见，在考虑渗流应力耦合计算条件下，该断面损伤圈集中在主洞室边墙两侧以及主洞室与连接巷道交叉处，与流变损伤计算条件下损伤圈部位及流变计算条件下塑性区部位大致相同，最大损伤量为 0.30，比流变损伤计算条件下增大了 0.04。

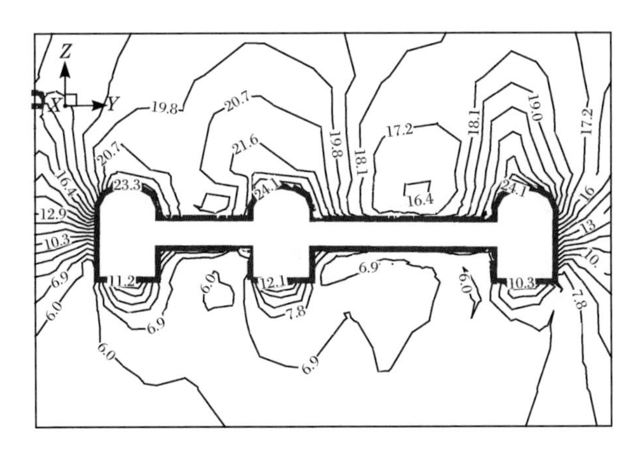

(a) 合位移(单位:mm)

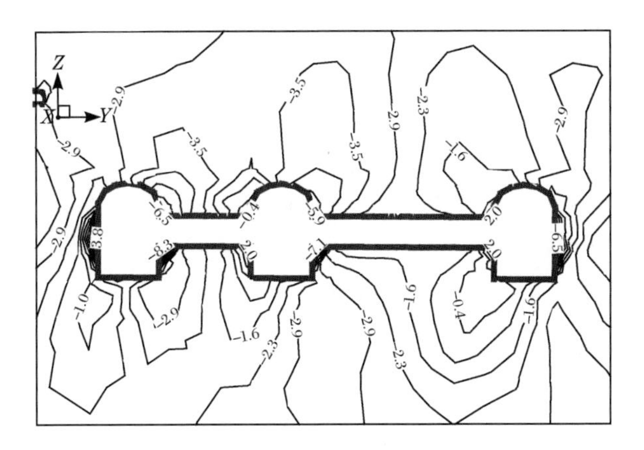

(b) Y 向位移(单位:mm)

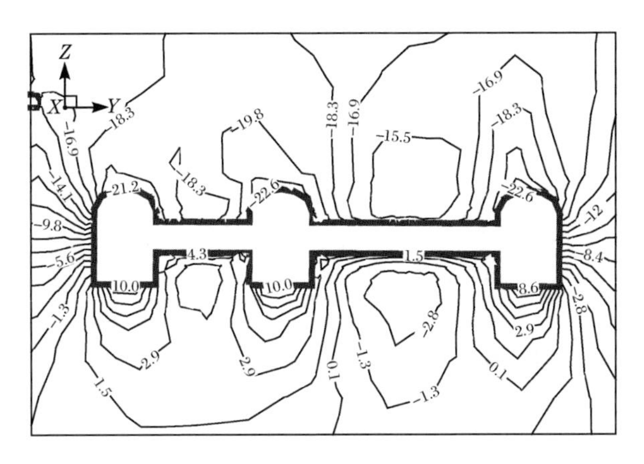

(c) Z 向位移(单位:mm)

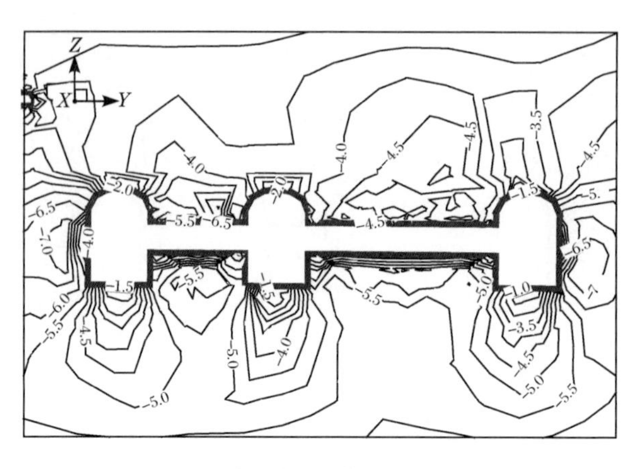

(d) 大主应力 (单位:MPa)

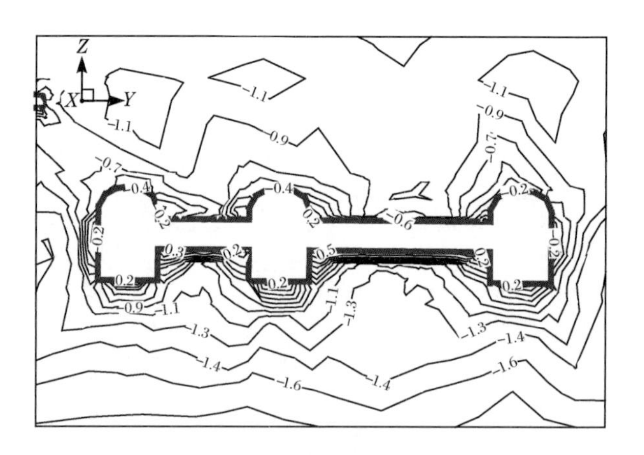

(e) 小主应力(单位:MPa)

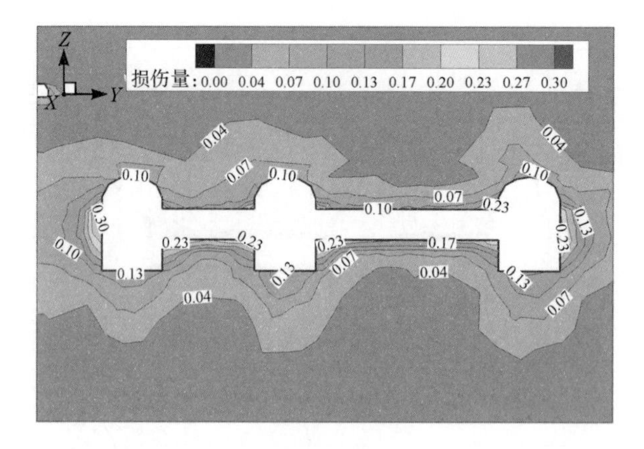

(f) 损伤圈

图 8.6　X=0+532.32m 断面 C 洞罐组渗流应力耦合流变损伤计算结果

8.1.4　2 号主洞室轴线剖面(Y＝60m)渗流应力耦合流变损伤计算结果

基于地下水封洞库渗流应力耦合流变损伤数值计算结果，得到 2 号主洞室轴线剖面位移等值线图如图 8.7(a)～(c)所示。由等值线图可见，该剖面 X 向最大位移为 6.3mm，位于 2 号主洞室底板靠近断层 F3 附近，断层切割处主洞室顶部出现 4.6mm 的位移。该剖面 Z 向最大位移同样出现在主洞室拱顶部位，受断层影响，在断层切割处最大值为 20.1mm，且主洞室底部发生 9.5mm 的竖向回弹位移；2 号主洞室轴线剖面的最大合位移等值线趋势与 Z 向位移分布相近，最大值出现在 2 号主洞室拱顶断层 F3 切割部位，其值为 20.6mm；受洞室开挖影响以及断层 F3 的影响，在断层附近位移等值线出现密集、弯曲现象。

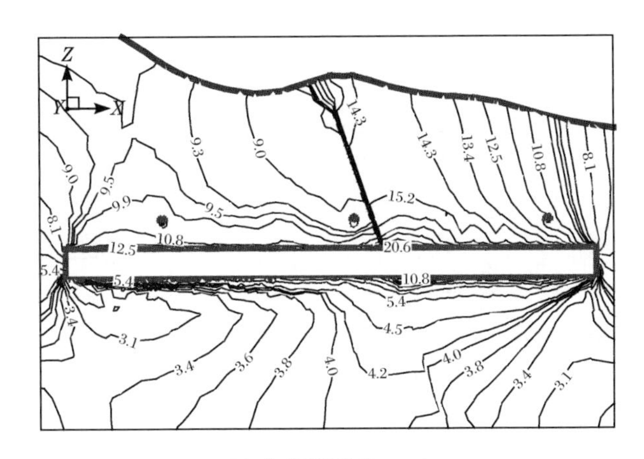

(a) 合位移(单位:mm)

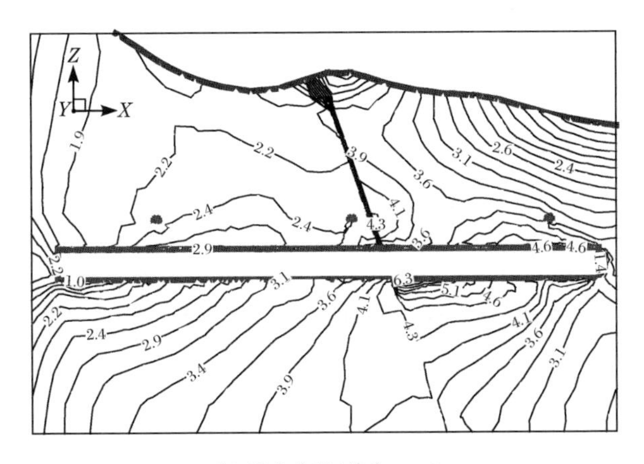

(b) X 向位移(单位:mm)

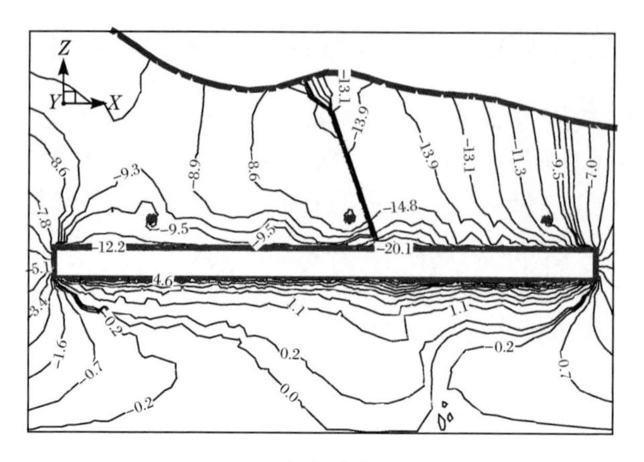

(c) Z 向位移(单位:mm)

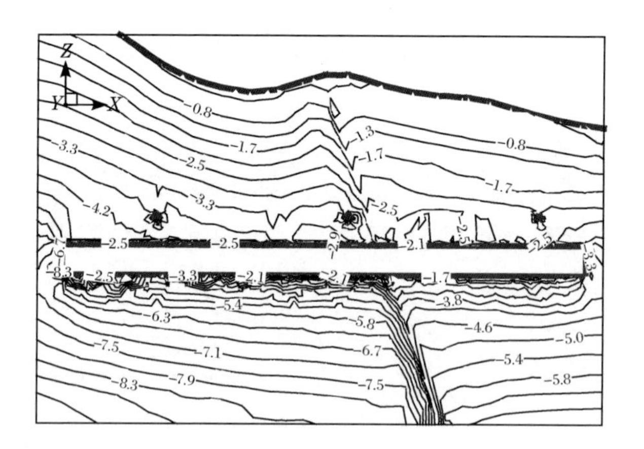

(d) 大主应力 (单位:MPa)

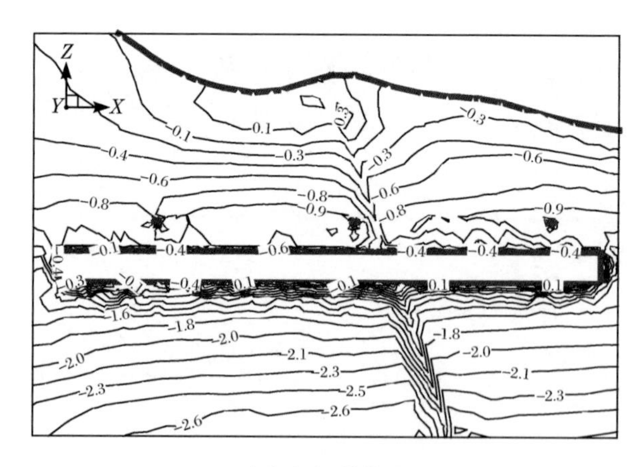

(e) 小主应力(单位:MPa)

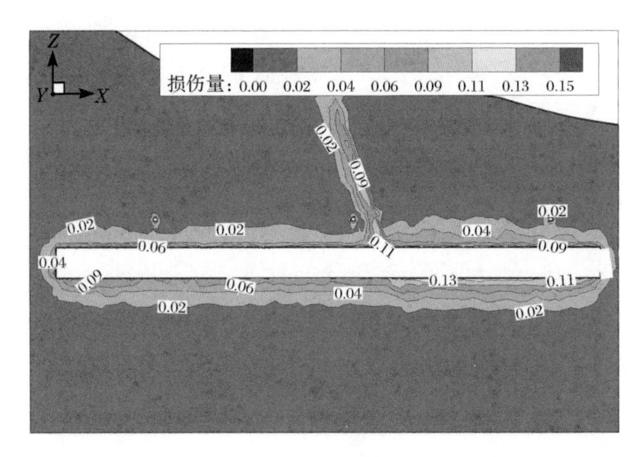

(f) 损伤圈

图 8.7　2 号主洞室轴线剖面(Y=60m)渗流应力耦合流变损伤计算结果

由图 8.7(d)可知,洞周围岩大主应力均为压应力,最大值为-8.3MPa,出现在 2 号主洞室左侧部位。由于受洞室开挖和断层 F3 的影响,在主洞室底部、拱顶和断层 F3 两侧部位出现了应力集中区域,上述部位的应力等值线弯折、密集。图 8.7(e)为小主应力图,由应力等值线图可以看出,在主洞室底部围岩处于拉应力临界状态,受断层影响,在断层附近应力等值线呈现出不光滑、弯折等现象。

图 8.7(f)为该轴线剖面损伤圈图,在考虑渗流应力耦合计算条件下,该断面损伤圈集中在主洞室洞周围岩及断层 F3 破碎带附近,与流变损伤计算条件下的损伤圈部位及流变计算条件下的塑性区部位大致相同,最大损伤量为 0.15,比流变损伤计算条件下增大了 0.03。

8.1.5　4 号主洞室轴线剖面(Y=199m)渗流应力耦合流变损伤计算结果

基于地下水封洞库渗流应力耦合流变损伤数值计算结果,得到 4 号主洞室轴线剖面位移等值线图如图 8.8(a)~(c)所示。由等值线图可见,该剖面 X 向最大位移为 6.6mm,位于 4 号主洞室底板靠近断层 F3 附近;受断层影响,在主洞室拱顶部位靠近断层处位移等值线出现密集、弯折现象。该剖面 Z 向最大位移同样出现在主洞室拱顶部位,在断层切割处达到最大,其 Z 向位移最大值为 28.0mm,且主洞室底部出现最大值为 10.6mm 的竖向回弹位移;该剖面最大合位移等值线趋势与 Z 向位移相近,最大值同样出现在 4 号主洞室拱顶断层 F3 切割部位,最大值为 28.6mm;受洞室开挖影响以及断层 F3 的影响,在断层附近位移等值线出现密集、弯曲现象。

图 8.8(d)可知,主洞室围岩大主应力均为压应力,其最大值为-6.6MPa,出

现在 4 号主洞室左侧。4 号主洞室被断层 F3 和 F8 同时切割，受洞室开挖和断层的影响，在主洞室底部、拱顶和断层 F3、F8 破碎带范围出现了应力集中区域，上述部位的应力等值线弯折、密集。图 8.8(e)为小主应力图，由应力等值线图可以看出，在主洞室底部的围岩处于应力临界状态，受断层影响，在断层附近的应力等值线呈现出不光滑、弯折等现象。

图 8.8(f)为该轴线剖面损伤圈云图，在考虑渗流应力耦合计算条件下，该断面损伤圈集中在洞周围岩及断层 F3 破碎带附近，与流变损伤计算条件下的损伤圈部位及流变计算条件下的塑性区部位大致相同，最大损伤量为 0.21，比流变损伤计算条件下增大了 0.07。

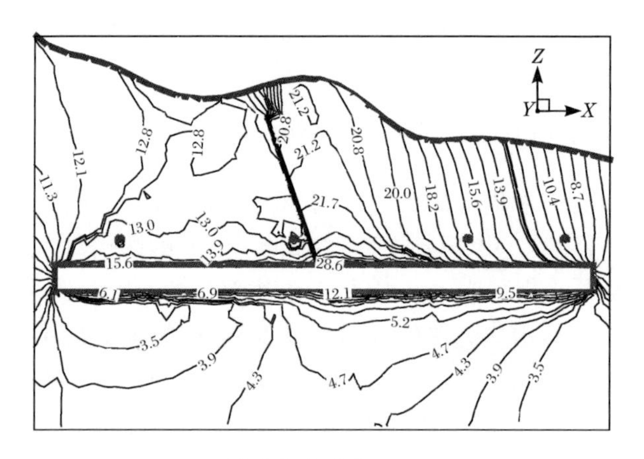

(a) 合位移(单位：mm)

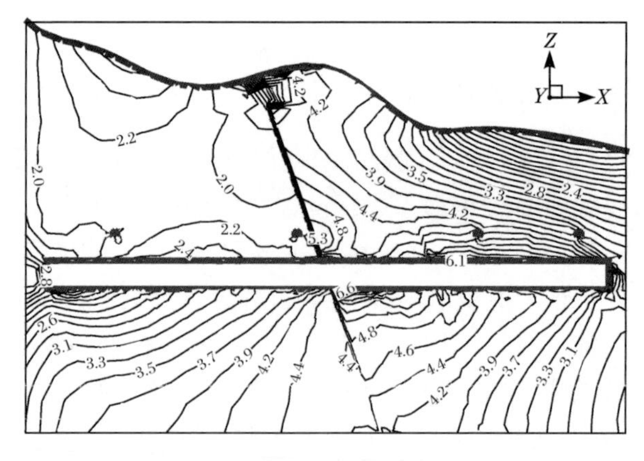

(b) X 向位移(单位：mm)

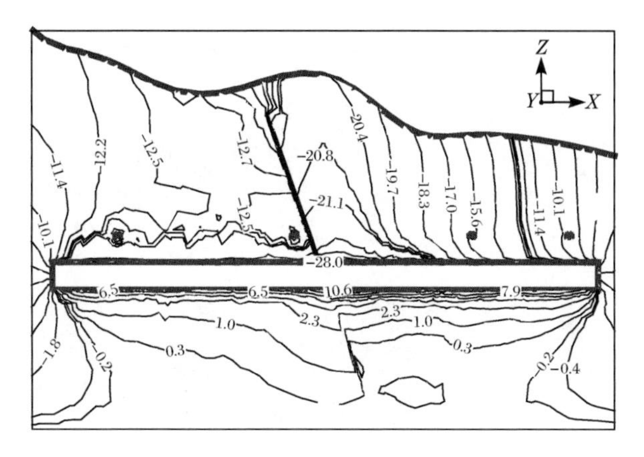

(c) Z 向位移(单位:mm)

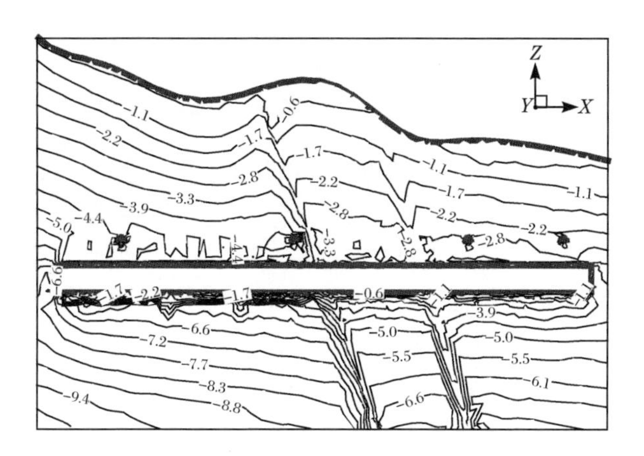

(d) 大主应力 (单位:MPa)

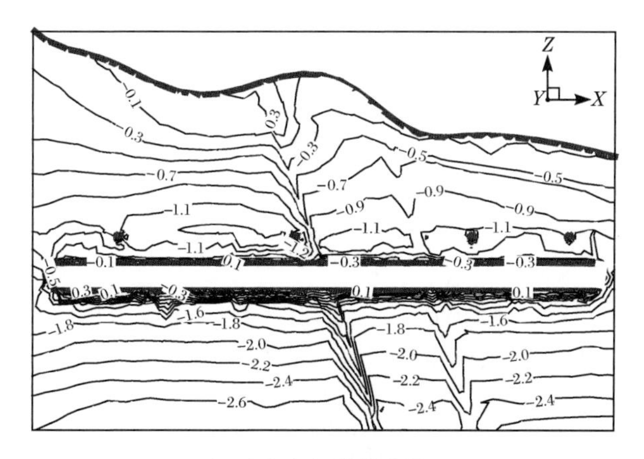

(e) 小主应力(单位:MPa)

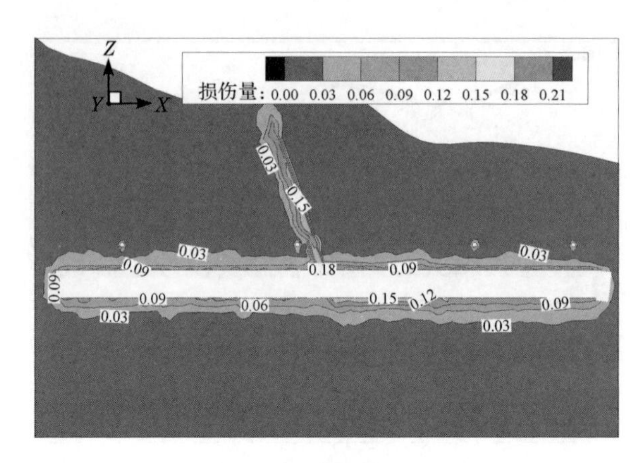

(f) 损伤圈

图 8.8　4 号主洞室轴线剖面(Y=199m)渗流应力耦合流变损伤计算结果

8.1.6　6 号主洞室轴线剖面(Y=328m)渗流应力耦合流变损伤计算结果

基于地下水封洞库渗流应力耦合流变损伤数值计算结果,得到 6 号主洞室轴线剖面位移等值线图如图 8.9(a)～(c)所示。由等值线图可见,该剖面 X 向最大位移为 7.0mm,位于 6 号主洞室拱顶部位;受断层 F3 影响,在断层切割处主洞室拱顶出现 6.7mm 的 X 向位移。该剖面的 Z 向最大位移出现在主洞室拱顶部位,受断层影响,在断层切割处达到最大,最大值为 28.9mm,主洞室底板出现 7.9mm 的竖向回弹位移;该剖面的最大合位移等值线趋势与 Z 向位移分布相近,合位移最大值出现在 6 号主洞室拱顶断层 F3 切割部位,最大值为 29.4mm;受洞室开挖影响以及断层 F3 的影响,在主洞室与断层交汇附近位移等值线出现密集、弯曲现象。

由图 8.9(d)可知,洞周围岩大主应力均为压应力,围岩大主应力最大值为 −5.8MPa,出现在 6 号主洞室左侧。由于受洞室开挖和断层 F3 影响,主洞室底部、拱顶和断层 F3 两侧部位出现了应力集中区域,上述部位的应力等值线弯折、密集。图 8.9(e)为小主应力图,由应力等值线图可以看出,在主洞室底部的围岩处于应力临界状态,受断层影响,在断层附近的应力等值线呈现出不光滑、弯折等现象。

图 8.9(f)为该轴线剖面损伤圈云图,在考虑渗流应力耦合计算条件下,该断面损伤圈集中在洞周围岩及断层 F3 破碎带附近,与未考虑渗流应力耦合计算条件下的损伤圈部位及流变计算条件下的塑性区部位大致相同,最大损伤量为 0.19,比未考虑渗流应力耦合的流变损伤计算条件下增大 0.04。

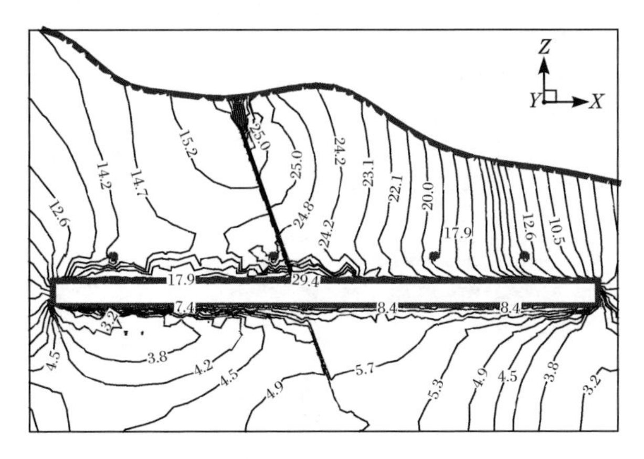

(a) 合位移(单位:mm)

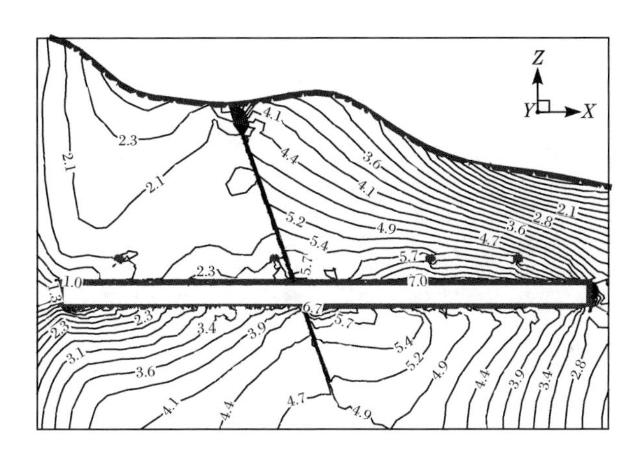

(b) X 向位移(单位:mm)

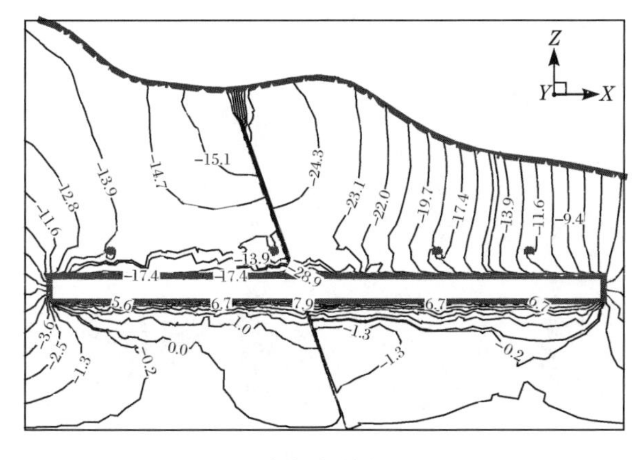

(c) Z 向位移(单位:mm)

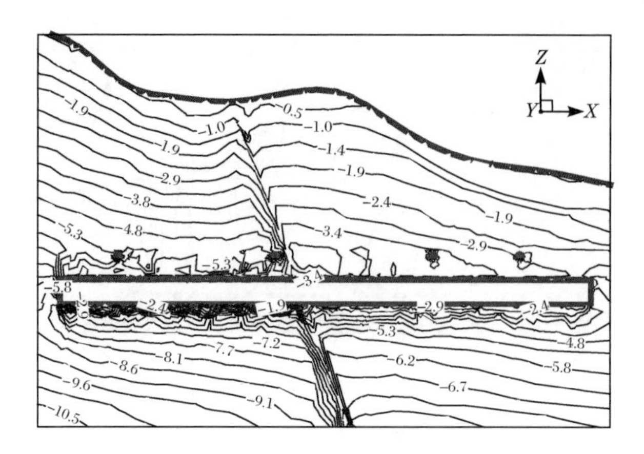

（d）大主应力（单位：MPa）

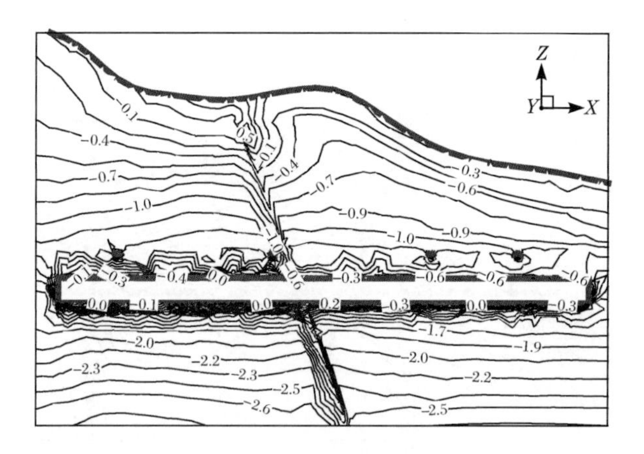

（e）小主应力（单位：MPa）

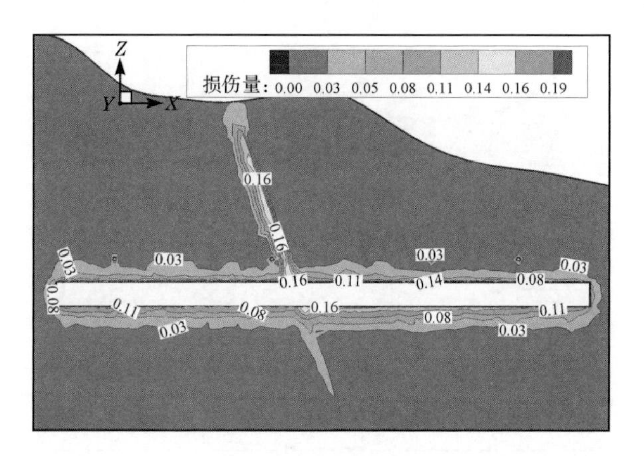

（f）损伤圈

图 8.9　6 号主洞室轴线剖面（Y＝328m）渗流应力耦合流变损伤计算结果

8.2　考虑渗流应力耦合作用的主洞室特征点位移分析

根据 5.4 节选取的典型剖面，分析典型剖面上个特征点的位移变化情况，统计考虑渗流应力耦合流变损伤计算条件下各特征点的位移特征。

表 8.1～表 8.5 为各典型剖面特征点的位移统计结果。由统计结果可知，X=0+200m断面 2 号主洞室剖面最大位移出现在主洞室拱顶一侧特征点 3 处，最大位移值为 11.6mm；X=0+200m 断面 4 号主洞室剖面与 8 号主洞室剖面最大位移出现在主洞室拱顶特征点 4 处，最大位移值分别为 15.6mm 和 19.8mm，与未考虑渗流耦合流变损伤计算条相比，对应剖面各特征点位移均有所增大。X=0+352.32m 断面 4 号主洞室剖面最大位移出现在洞室拱顶靠近连接巷道一侧特征点 3 处，受连接巷道开挖影响，最大值为 29.5mm；X=0+352.32m 断面 6 号主洞室剖面最大位移出现在主洞室拱顶特征点 4 处，最大位移值为 29.5mm。

表 8.1　X=0+200m 断面 2 号主洞室剖面 8 个特征点位移（渗流应力耦合流变损伤）

特征点编号	1	2	3	4	5	6	7	8
Y 向位移/mm	−2.3	−6.2	−4.3	−2.4	−1.5	2.0	0.2	−0.7
Z 向位移/mm	0.4	−6.3	−10.5	−10.9	−9.9	−3.5	1.8	5.2
合位移/mm	3.9	9.3	11.6	11.5	10.4	5.0	3.6	6.0

表 8.2　X=0+200m 断面 4 号主洞室剖面 8 个特征点位移（渗流应力耦合流变损伤）

特征点编号	1	2	3	4	5	6	7	8
Y 向位移/mm	−2.6	−8.1	−5.2	−3.8	−1.5	2.1	−0.5	−1.5
Z 向位移/mm	1.1	−8.6	−14.1	−14.9	−14.1	−4.2	1.3	6.6
合位移/mm	4.2	12.1	15.2	15.6	14.4	5.4	3.1	7.4

表 8.3　X=0+200m 断面 8 号主洞室剖面 8 个特征点位移（渗流应力耦合流变损伤）

特征点编号	1	2	3	4	5	6	7	8
Y 向位移/mm	−2.2	−6.3	−3.4	−2.6	−1.0	4.9	−0.5	−0.7
Z 向位移/mm	1.6	−8.7	−17.5	−19.5	−17.3	−8.2	3.1	8.6
合位移/mm	4.0	11.1	18.0	19.8	17.5	9.9	4.3	9.2

表 8.4　X=0+352.32m 断面 4 号主洞室剖面 8 个特征点位移（渗流应力耦合流变损伤）

特征点编号	1	2	3	4	5	6	7	8
Y 向位移/mm	−1.9	—	−6.8	−4.9	−3.2	6.7	−0.3	−1.3
Z 向位移/mm	5.7	—	−28.3	−26.7	−23.4	−7.4	2.5	10.6
合位移/mm	8.4	—	29.5	27.5	24.0	11.1	6.1	12.5

表 8.5 X=0+352.32m 断面 6 号主洞室剖面 8 个特征点位移(渗流应力耦合流变损伤)

特征点编号	1	2	3	4	5	6	7	8
Y 向位移/mm	−2.5	−12.2	−6.7	−4.5	−3.1	—	1.5	0.4
Z 向位移/mm	−1.6	−17.1	−25.8	−28.6	−27.1	—	2.5	9.3
合位移/mm	7.1	21.8	27.3	29.5	27.8	—	6.7	11.4

通过统计分析不同剖面 8 个特征点的位移可以发现,洞室开挖完成后,洞周围岩最大位移主要发生在洞室拱顶部位,受洞室开挖影响,部分在主洞室底板也出现相对较大的竖向回弹位移。通过与 7.5 节流变损伤计算结果对比,对应剖面各特征点合位移均有所增大。

8.3 不同计算方案下地下水封洞库围岩变形对比分析

8.3.1 典型剖面最大合位移对比分析

通过对三维弹塑性、三维流变、流变损伤以及渗流应力耦合流变损伤四种计算方案下地下水封洞库数值计算,得到了四种计算方案下的洞库围岩典型剖面最大合位移变化规律,如表 8.6 所示;分别对不同计算方案下的地下水封洞库围岩变形规律进行对比分析,如表 8.7~表 8.9 所示。

表 8.6 四种计算条件下地下水封洞库典型剖面最大合位移 (单位:mm)

剖面位置		弹塑性	流变	流变损伤	渗流应力耦合流变损伤
X=0+200m	A 洞罐组	8.0	11.9	13.6	13.8
	B 洞罐组	11.2	16.2	18.6	18.7
	C 洞罐组	11.9	17.0	19.7	20.0
X=0+352.32m	A 洞罐组	13.5	17.4	21.8	23.7
	B 洞罐组	19.2	24.9	30.0	32.8
X=0+532.78m	C 洞罐组	12.6	18.7	23.3	24.1
2 号主洞室轴线剖面		11.6	15.3	19.5	20.6
4 号主洞室轴线剖面		16.4	21.1	26.5	28.6
6 号主洞室轴线剖面		16.5	21.6	27.4	29.4

表 8.7　弹塑性和流变计算条件下地下水封洞库围岩位移变化规律　(单位:mm)

剖面位置		弹塑性	流变	增加值	增加幅度/%
X=0+200m	A 洞罐组	8.0	11.9	3.9	48.75
	B 洞罐组	11.9	16.2	4.3	36.13
	C 洞罐组	11.9	17.0	5.1	42.86
X=0+352.32m	A 洞罐组	12.5	17.4	4.9	39.20
	B 洞罐组	19.2	24.9	5.7	29.69
X=0+532.78m	C 洞罐组	12.3	18.7	6.4	52.03
2 号主洞室轴线剖面		11.6	15.3	3.7	31.90
4 号主洞室轴线剖面		16.4	21.1	4.7	28.66
6 号主洞室轴线剖面		16.5	21.6	5.1	30.91

表 8.8　流变和流变损伤计算条件下地下水封洞库围岩位移变化规律 (单位:mm)

剖面位置		流变	流变损伤	增加值	增加幅度/%
X=0+200m	A 洞罐组	11.9	13.6	1.7	14.29
	B 洞罐组	16.2	18.6	2.4	14.81
	C 洞罐组	17.0	19.7	2.7	15.88
X=0+352.32m	A 洞罐组	17.4	21.8	4.4	25.29
	B 洞罐组	24.9	30.0	5.1	20.48
X=0+532.78m	C 洞罐组	18.7	23.3	4.6	24.60
2 号主洞室轴线剖面		14.4	19.5	5.1	35.42
4 号主洞室轴线剖面		20.0	26.5	6.5	32.50
6 号主洞室轴线剖面		19.7	27.4	7.7	39.09

表 8.9　考虑与不考虑渗流应力耦合流变损伤计算条件下洞库围岩位移变化规律 (单位:mm)

剖面位置		流变损伤	渗流应力耦合流变损伤	增加值	增加幅度/%
X=0+200m	A 洞罐组	13.6	13.8	0.2	1.47
	B 洞罐组	18.6	18.7	0.1	0.54
	C 洞罐组	19.7	20.0	0.3	1.52
X=0+352.32m	A 洞罐组	21.8	23.7	1.9	8.72
	B 洞罐组	30.0	32.8	2.8	9.33
X=0+532.78m	C 洞罐组	23.3	24.1	0.8	3.43
2 号主洞室轴线剖面		19.5	20.6	1.1	5.64
4 号主洞室轴线剖面		26.5	28.6	2.1	7.92
6 号主洞室轴线剖面		27.5	29.4	1.9	6.91

从表8.6中可以看出，四种计算条件下，各典型剖面弹塑性计算位移最小，依次是流变、流变损伤，位移值最大的是考虑渗流应力耦合条件下流变损伤计算。从表8.7中可以看出，流变计算条件下的地下水封洞库围岩最大合位移比弹塑性计算条件下增加了29%～52%，洞库围岩的流变变形非常明显。从表8.8中可以看出，考虑流变损伤对洞库围岩变形的影响，流变损伤计算条件下的围岩最大合位移比流变计算条件下增加了14%～30%，流变损伤作用对洞库围岩的变形影响亦是非常明显。

由于地下水封洞库在长期运行过程中长期处于地下水位之下，所以在进行长期稳定性分析过程中还必须考虑地下水渗流应力耦合作用对洞库围岩变形的影响，以及地下水位以下洞库围岩浸水软化的特性。

从表8.9中可以看出，考虑比不考虑渗流应力耦合流变损伤计算条件下地下水封洞库围岩最大合位移增加了0.5%～10%，渗流应力耦合作用既改变了洞库围岩周围岩体渗流场和应力场的分布，又使得围岩力学参数发生劣化，因此，在对地下水封洞库进行长期稳定性数值计算与分析过程中充分考虑地下水渗流应力耦合作用是非常重要的。

8.3.2　地下水封洞库围岩特征点最大合位移对比分析

对四种计算条件下地下水封洞库特征点最大合位移进行统计，结果同样可以表明，四种计算条件下，各典型剖面弹塑性计算位移最小，依次是流变、流变损伤，位移值最大的是考虑渗流应力耦合条件下的流变损伤计算。具体地下水封洞库围岩特征点最大合位移对比如表8.10所示。

表8.10　四种计算条件下地下水封洞库特征点最大合位移　(单位:mm)

特征点编号		1	2	3	4	5	6	7	8
X=0+200m 2号主洞室	弹塑性	2.9	4.1	6.4	6.6	5.6	2.3	4.3	7.4
	流变	2.7	7.4	9.8	9.7	8.6	3.6	3.2	6.2
	流变损伤	3.9	9.2	11.6	11.4	10.3	4.9	3.5	6.0
	渗流应力耦合流变损伤	3.9	9.3	11.6	11.5	10.4	5.0	3.6	6.0
X=0+200m 4号主洞室	弹塑性	3.9	5.3	8.2	9.1	7.9	2.6	4.2	9.3
	流变	3.2	9.9	12.9	13.4	12.2	4.0	2.7	7.7
	流变损伤	4.2	11.9	15.0	15.5	14.2	5.4	3.1	7.3
	渗流应力耦合流变损伤	4.2	12.1	15.2	15.6	14.4	5.4	3.1	7.4

续表

特征点编号		1	2	3	4	5	6	7	8
X=0+200m 8 号主洞室	弹塑性	5.1	4.3	9.9	11.9	9.4	4.4	6.3	11.9
	流变	3.5	8.8	15.4	17.2	15.0	8.0	4.4	9.8
	流变损伤	4.0	11.0	17.9	19.7	17.3	9.8	4.1	8.9
	渗流应力耦合流变损伤	4.0	11.1	18.0	19.8	17.5	9.9	4.3	9.2
X=0+352.32m 4 号主洞室	弹塑性	8.2	—	16.4	15.2	12.5	4.9	6.7	13.7
	流变	8.6	—	22.2	20.5	17.3	6.9	6.2	13.5
	流变损伤	8.1	—	27.3	25.5	22.1	9.6	5.9	12.6
	渗流应力耦合流变损伤	8.4	—	29.5	27.5	24.0	11.1	6.1	12.5
X=0+532.78m 6 号主洞室	弹塑性	4.7	8.2	13.0	15.7	14.3	—	7.8	12.4
	流变	4.2	14.3	19.1	21.4	19.9	—	6.9	12.5
	流变损伤	6.3	19.8	25.0	27.3	25.7	—	6.6	12.0
	渗流应力耦合流变损伤	7.1	21.8	27.3	29.5	27.8	—	6.7	11.4

通过比较表 8.10 中四种计算条件下各剖面特征点的合位移，主洞室开挖完成后，四种计算条件下，每种计算条件对同一断面主洞室的 8 个特征点的位移影响不同，影响最大的是位于主洞室拱顶处的特征点 4；其次，主洞室开挖完成后，对位于不同断面主洞室上的同一特征点的位移影响也不尽相同。

8.3.3　不同计算方案下地下水封洞库围岩变形特征分析

为直观地反映不同计算方案下地下水封洞库工程各主洞室典型剖面的变形特征，选取了 X=0+200m 断面 2 号、4 号和 8 号主洞室以及 X=0+352.32m 断面 4 号和 6 号主洞室 5 个截面，绘制了弹塑性、流变、流变损伤、渗流应力耦合流变

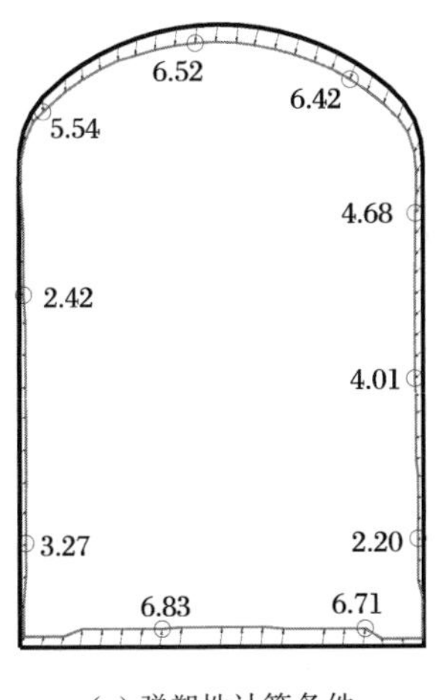

(a) 弹塑性计算条件

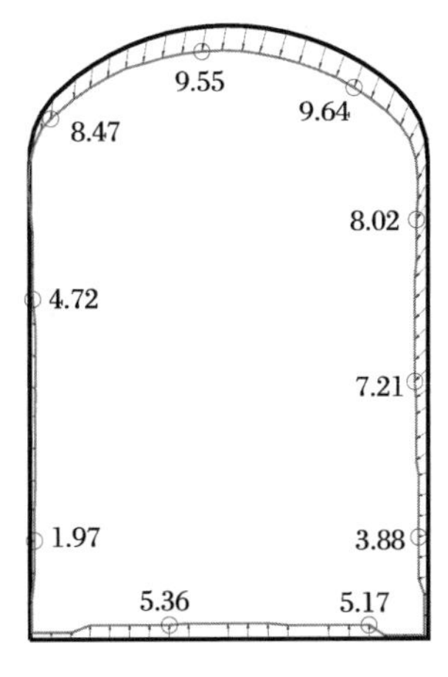

(b) 流变计算条件

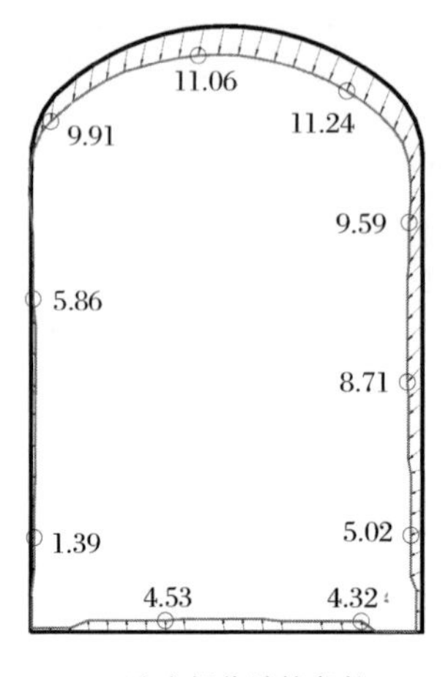

(c) 流变损伤计算条件

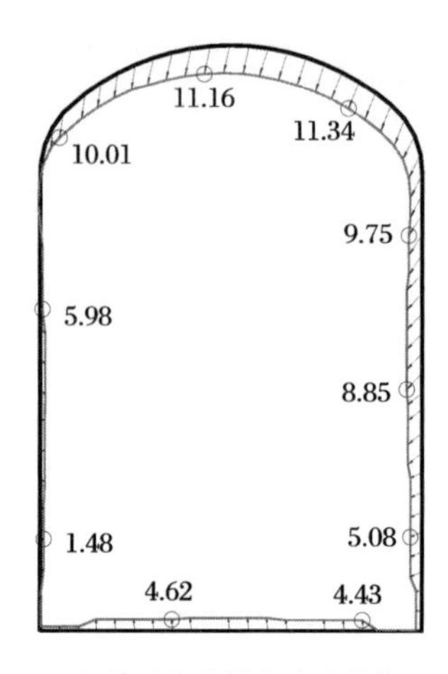

(d) 渗流应力耦合流变损伤

图 8.10 $X=0+200$m 断面 2 号主洞室截面变形图

损伤四种计算条件下的截面变形曲线,如图 8.10～图 8.14 所示。从这些图中可清晰地看出各主洞室在不同计算条件下的变形特征和位移值,洞室围岩位移变化最为明显的出现在顶拱和边墙。

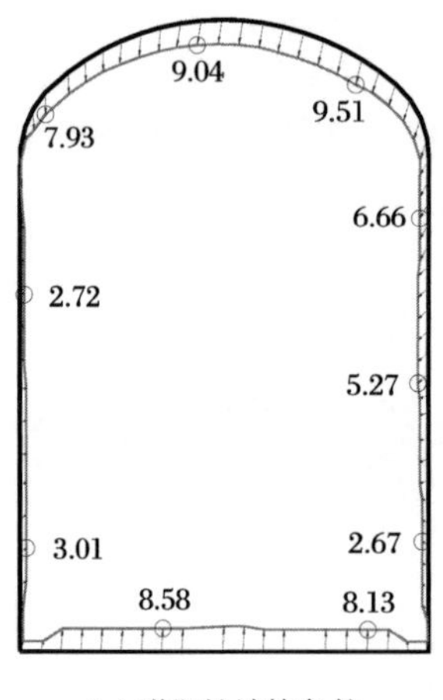

(a) 弹塑性计算条件

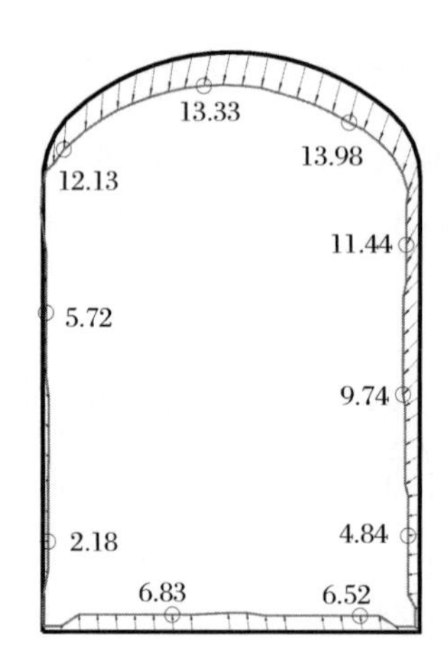

(b) 流变计算条件

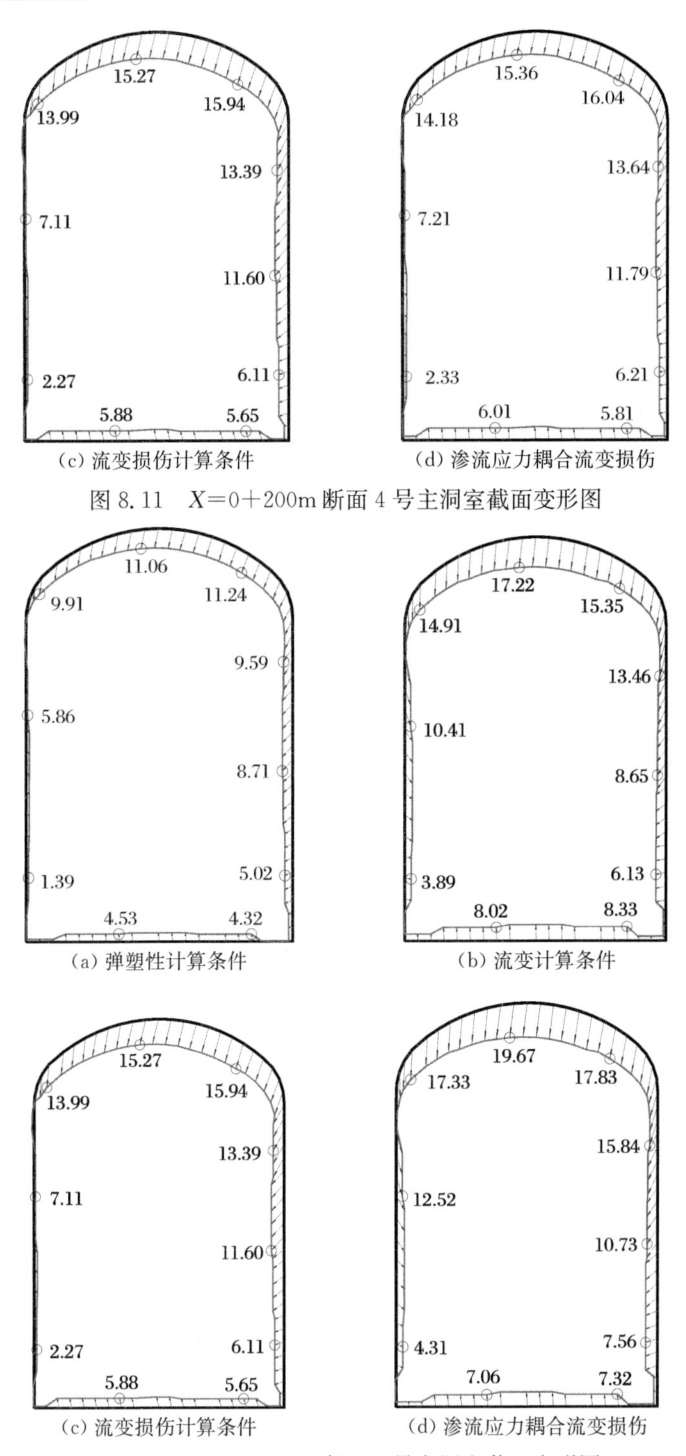

(c) 流变损伤计算条件　　(d) 渗流应力耦合流变损伤

图 8.11　X=0+200m 断面 4 号主洞室截面变形图

(a) 弹塑性计算条件　　(b) 流变计算条件

(c) 流变损伤计算条件　　(d) 渗流应力耦合流变损伤

图 8.12　X=0+200m 断面 8 号主洞室截面变形图

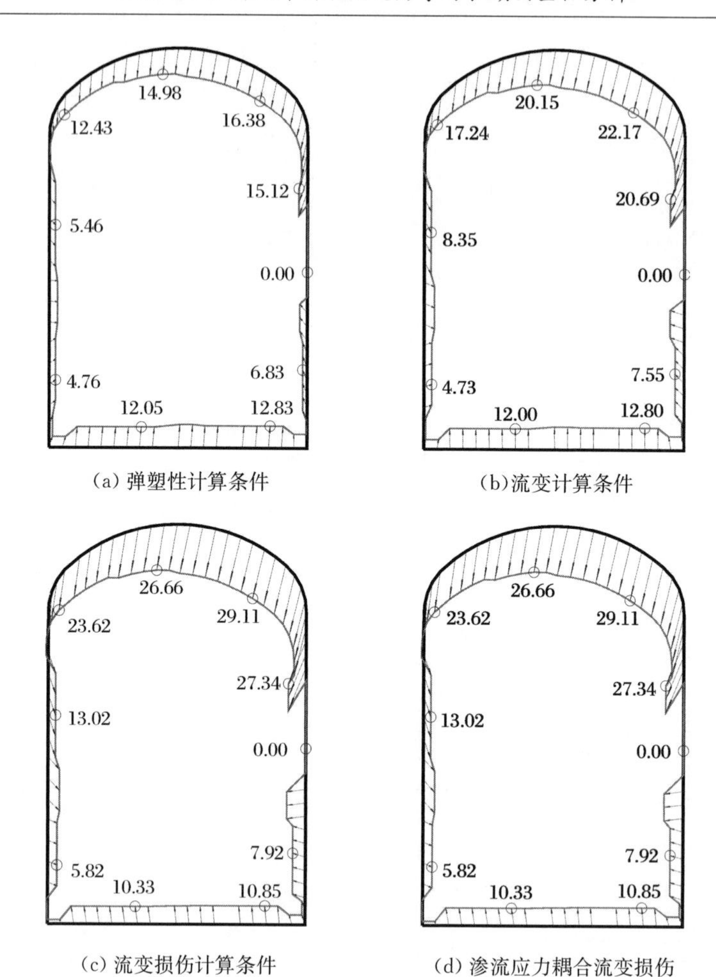

(a) 弹塑性计算条件　　(b)流变计算条件

(c) 流变损伤计算条件　　(d) 渗流应力耦合流变损伤

图 8.13　X=0+352.32m 断面 4 号主洞室截面变形图

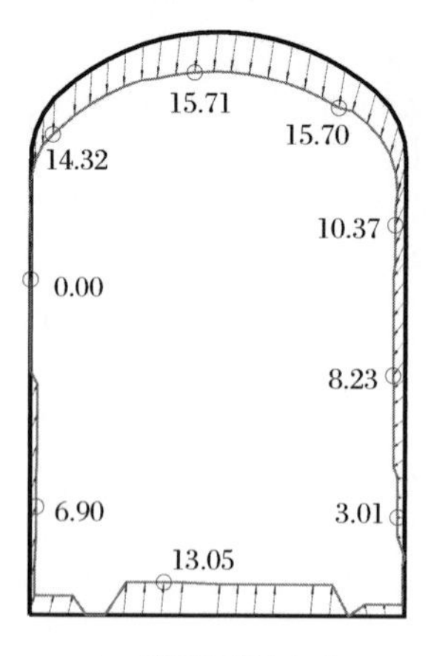

(a) 弹塑性计算条件

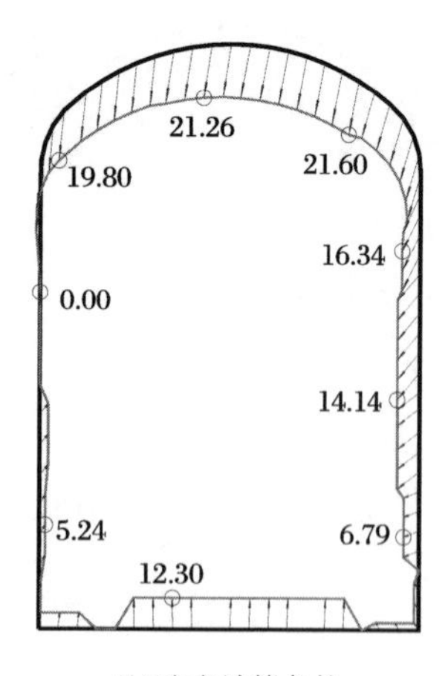

(b)流变计算条件

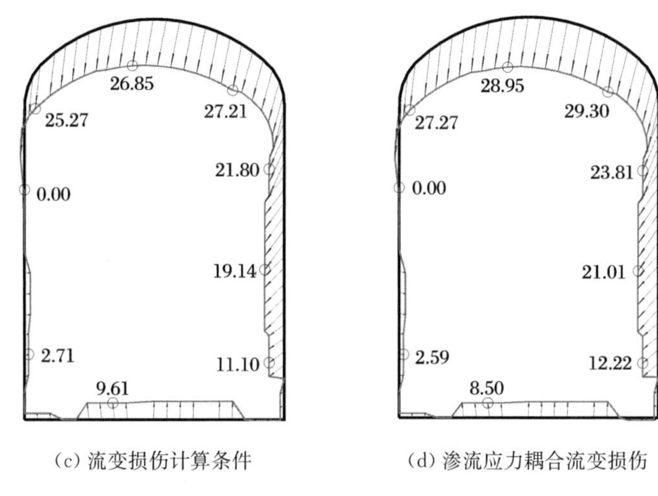

(c) 流变损伤计算条件　　(d) 渗流应力耦合流变损伤

图 8.14　X=0+352.32m 断面 6 号主洞室截面变形图

8.4 本章小结

将考虑渗流应力耦合条件下地下水封洞库流变损伤数值仿真计算结果进行分析，合位移最大值出现在 X＝0＋352.32m 断面 B 洞罐组，最大位移值为 32.8mm。该部位处于断层 F3 附近，为了保证主洞室的长期安全运行，需对断层破碎带采取相应的支护措施。

根据 8.2 节中对不同剖面 8 个特征点位移的统计分析，可以看出，洞室开挖后对主洞室各特征点位移影响不尽相同，特征点 4 位于主洞室拱顶部位，因此对特征点 4 的影响最为明显。

将考虑渗流应力耦合计算条件下的流变损伤计算结果与流变损伤计算结果进行对比可以发现，除 X＝0＋200m 断面 A 洞罐组剖面的耦合位移与流变损伤位移相同，其余剖面考虑渗流应力耦合计算条件下的流变损伤位移均大于流变损伤位移，位移值增大 0.2～2.8mm。

通过对弹塑性、流变、流变损伤以及渗流应力耦合流变损伤四种计算条件下的地下水封洞库围岩变形规律的对比分析，可以发现，考虑流变、流变损伤以及渗流应力耦合作用对洞库围岩在长期运行过程中的变形规律演化非常明显，进行考虑渗流应力耦合作用下的流变损伤数值计算，可有助于对地下水封洞库工程长期稳定性与安全性进行分析与评价。

参考文献

柴军瑞. 2001. 大坝工程渗流力学. 拉萨:西藏人民出版社.

陈炳瑞,冯夏庭,丁秀丽. 2005. 基于模式搜索的岩石流变模型参数识别. 岩石力学与工程学报, 24(2):207—211.

陈鸿杰. 2014. 岩石工程边坡流变力学模型及长期稳定性研究[博士学位论文]. 南京:河海大学.

陈卫忠,王者超,伍国军. 2007. 盐岩非线性蠕变损伤本构模型及其工程应用. 岩石力学与工程学报,26(3):467—472.

陈卫忠,谭贤君,吕森鹏. 2009. 深部软岩大型三轴压缩流变试验及本构模型研究. 岩石力学与工程学报,28 (9):1735—1744.

陈卫忠,伍国军,贾善坡. 2010. ABAQUS在隧道及地下工程中的应用. 北京:中国水利水电出版社.

陈占清,李顺才,茅献彪. 2006. 饱和含水石灰岩散体流变过程中孔隙度变化规律的试验. 煤炭学报,31(1):26—30.

褚卫江,徐卫亚,杨圣奇. 2006. 基于FLAC3D岩石黏弹塑性流变模型的二次开发研究. 岩土力学,27(11):2005—2010.

丁秀丽,付敬,刘建. 2005. 软硬互层边坡岩体的蠕变特性研究及稳定性分析. 岩石力学与工程学报,24(19):3410—3419.

杜国敏,耿晓梅,徐宝华. 2006. 国外地下水封岩洞石油库的建设与发展. 油气储运,25(4):5—6, 8,62.

高飞. 2010. 国内外地下水封洞库发展浅析. 科技资讯,24:55—55.

高延法,肖华强,王波. 2008. 岩石流变扰动效应试验及其本构关系研究. 岩石力学与工程学报, 27(S1):3180—3185.

黄书岭. 2008. 高应力下脆性岩石的力学模型与工程应用研究[博士学位论文]. 武汉:中国科学院武汉岩土力学研究所.

蒋昱州,徐卫亚,王瑞红. 2008. 水电站大型地下洞室长期稳定性数值分析. 岩土力学,29(增刊): 52—58.

蒋昱州,徐卫亚,王瑞红. 2009. 岩石非线性蠕变损伤模型研究. 中国矿业大学学报,38(3): 331—335.

蒋昱州,徐卫亚,王瑞红. 2010. 拱坝坝肩岩石流变力学特性试验研究及其长期稳定性分析. 岩石力学与工程学报,29(S2):3699—3709.

蒋昱州,徐卫亚,王瑞红. 2011. 角闪斜长片麻岩流变力学特性研究. 岩土力学,32(S1): 339—345.

蒋昱州,徐卫亚,朱杰兵. 2009. 含断续软弱夹层岩石流变力学特性研究. 长江科学院院报,12: 71—75,109.

李宝宁. 2012. 宁德城澳后山建设地下水封洞库水封条件分析. 北京:北京交通大学硕士学位论文.

李良权，徐卫亚，王伟. 2009. 基于西原模型的非线性黏弹塑性流变模型. 力学学报，41(5)：671—680.

李良权，徐卫亚，王伟. 2010. 基于流变试验的向家坝砂岩长期强度评价. 工程力学，27(11)：127—136，143.

李世平，李玉寿，吴振业. 1995. 岩石全应力应变过程对应的渗透率-应变方程. 岩土工程学报，17(2)：13—19.

李兆霞. 2002. 损伤力学及其应用. 北京：科学出版社.

刘继山. 1987. 单裂隙受正应力作用时的渗流公式. 水文地质工程地质，14(2)：32—38.

刘明，章青，徐康. 2011. 考虑损伤作用的岩体流固耦合分析. 中国农村水利水电，(8)：132—136.

卢平，沈兆武，朱贵旺. 2002. 岩样应力应变全程中的渗透性表征与试验研究. 中国科学技术大学学报，32(6)：678—684.

冉启全，顾小芸. 1998. 油藏渗流与应力耦合分析. 岩土工程学报，20(2)：69—73.

佘成学. 2009. 岩石非线性黏弹塑性蠕变模型研究. 岩石力学与工程学报，28(10)：2006—2011.

宋飞，赵法锁，卢全中. 2005. 石膏角砾岩流变特性及流变模型研究. 岩石力学与工程学报，24(15)：1659—1665.

孙钧，李永盛. 1989. 岩石力学新进展. 沈阳：东北工学院出版社.

孙钧. 1990. 岩石非线性流变的数值方法及其工程应用研究/岩土力学数值方法的工程应用//第二届全国岩石力学数值计算与模型实验学术研讨会论文集. 上海：同济大学出版社.

孙钧，胡玉银. 1997. 三峡工程饱水花岗岩抗拉强度时效特征研究. 同济大学学报，25(2)：127—134.

孙钧. 1999. 岩土材料流变及其工程应用. 北京：中国建筑工业出版社.

孙钧. 2007. 岩石流变力学及工程应用研究的若干进展. 岩石力学与工程学报，26(6)：1081—1106.

王梦恕，杨会军. 2008. 地下水封岩洞油库设计、施工的基本原则. 中国工程科学，10(4)：11—15.

王如宾，徐卫亚，王伟. 2010. 坝基硬岩蠕变特性试验及其蠕变全过程中的渗流规律. 岩石力学与工程学报，29(5)：960—969.

王芝银，李云鹏. 2008. 岩体流变理论及其数值模拟. 北京：科学出版社.

韦立德，徐卫亚，朱珍德. 2002. 岩石黏弹塑性模型的研究. 岩土力学，23(5)：583—586.

韦立德，杨春和，徐卫亚. 2005. 基于细观力学的盐岩蠕变损伤本构模型研究. 岩石力学与工程学报，24(23)：4253—4258.

巫德斌，徐卫亚，朱珍德. 2004. 泥板岩流变试验与黏弹性本构模型研究. 岩石力学与工程学报，23(8)：1242—1246.

夏才初，孙宗颀. 2002. 工程岩体节理力学. 上海：同济大学出版社.

夏才初，闫子舰，王晓东. 2009. 大理岩卸荷条件下弹塑性本构关系研究. 岩石力学与工程学报，28(3)：459—466.

夏喜林，刘烨. 2004. 浅谈我国地下油库的建设. 石油规划设计，15(4)：26—30.

徐德敏. 2008. 高渗压下岩石(体)渗透及力学特性试验研究. 成都：成都理工大学博士学位论文.

徐卫亚，杨圣奇. 2005a. 节理岩石剪切流变特性试验与模型研究. 岩石力学与工程学报，24(S2)：

5536—5542.

徐卫亚,杨圣奇,杨松林.2005b.绿片岩三轴流变力学特性的研究:试验结果.岩土力学,26(4):531—537.

徐卫亚,周家文,杨圣奇.2006.绿片岩蠕变损伤本构关系研究.岩石力学与工程学报,25(S1):3093—3097.

薛新华,张我华.2012.岩土渗流损伤力学理论与数值分析.成都:四川大学出版社.

闫子舰,夏才初,王晓东.2009.岩石节理流变力学特性及其本构模型.同济大学学报,37(5):601—606.

杨明举,关宝树.2001.地下水封储气洞库原理及数值模拟分析.岩石力学与工程学报,20(3):301—305.

杨强,陈新,周维垣.2005.基于二阶损伤张量的节理岩体各向异性屈服准则.岩石力学与工程学报,24(8):1275—1282.

杨圣奇,徐卫亚,谢守益.2006.饱和状态下硬岩三轴流变变形与破裂机制研究.岩土工程学报,28(8):962—969.

杨圣奇,徐卫亚,杨松林.2007.龙滩水电站泥板岩剪切流变力学特性研究.岩土力学,28(5):895—902.

杨天鸿.2004.岩石破裂过程的渗流特性:理论、模型与应用.北京:科学出版社.

叶源新,刘光廷.2005.岩石渗流应力耦合特性研究.岩石力学与工程学报,24(14):2518—2525.

于崇.2010.水封式地下石油储油库洞室群围岩稳定性及渗流场分析[博士学位论文].武汉:中国科学院武汉岩土力学研究所.

张贵科,徐卫亚.2006.适用于节理岩体的新型黏弹塑性模型研究.岩石力学与工程学报,25(S1):2894—2901.

张向霞.2006.各向异性软岩的渗流耦合本构模型[博士学位论文].上海:同济大学.

张玉,徐卫亚,邵建富.2014.渗流-应力耦合作用下碎屑岩流变特性和渗透演化机制试验研究.岩石力学与工程学报,33(8):1679—1690.

张治亮,徐卫亚,赵海斌.2010.向家坝水电站含弱面砂岩剪切蠕变试验研究.岩石力学与工程学报,29(S2):3693—3698.

张治亮,徐卫亚,王伟.2011.向家坝水电站坝基挤压带岩石三轴蠕变试验及非线性黏弹塑性蠕变模型研究.岩石力学与工程学报,30(1):132—140.

张治亮,徐卫亚,王如宾.2011.含弱面砂岩非线性黏弹塑性流变模型研究.岩石力学与工程学报,30(S1):2634—2639.

赵阳升.1994.矿山岩石流体力学.北京:煤炭工业出版社.

赵阳升.2010.多孔介质多场耦合作用及其工程响应.北京:科学出版社.

周维垣,剡公瑞,杨若琼.1998.岩体弹脆性损伤本构模型及工程应用.岩土工程学报,20(5):57—60.

周先齐,王伟.2012.向家坝大型地下厂房长期稳定性研究.地下空间与工程学报,(5):1026—1033,1047.

朱合华,叶斌.2002.饱水状态下隧道围岩蠕变力学性质的试验研究.岩石力学与工程学报,

21(12):1791—1796.

朱杰兵,汪斌,邬爱清. 2008. 锦屏水电站大理岩卸荷条件下的流变试验及本构模型研究. 固体力学学报,29(S1):99—96.

Biot M A. 1941. General theory of three-dimensional consolidation. Journal of Applied Physics, 12(3):155—164.

Fabre G, Pellet F. 2006. Creep and time-dependent damage in argillaceous rocks. International Journal of Rock Mechanics and Mining Sciences, 43(6):950—960.

Gao Y N, Gao F, Zhang Z Z. 2010. Visco-elastic-plastic model of deep underground rock affected by temperature and humidity. Mining Science and Technology, 20(2):183—187.

Ghorbani M, Sharifzadeh M. 2009. Long-term stability assessment of Siah Bisheh powerhouse cavern based on displacement back analysis method . Tunneling and Underground Space Technology, 24(5):574—583.

Griggs D T. 1939. Creep of rocks . Journal of Geology, 47:225—251.

Haupt M. 1991. A constitutive law for rock salt based on creep anal relaxation tests. Rock Mechanics and Rock Engineering, 24:179—206.

Itasca Consulting Group. 2002. FLAC3D. Fast Lagranginan Analysis of Continua in 3 Dimensions, verion 2. 1, User's Manual.

Jones F O. 1975. A laboratoru study of the effects of confining pressare on fracture flow and storage cqpacity in carbonate rocks. Journal of Petroleam Technology, 21:21—27.

Lemaitre J. 1985. A continuous damage mechanics model for ductile fracture. Journal of Engineering Materials and Technology, 107:83—89.

Li Y S, Xia C C. 2000. Time-dependent tests on intact rocks in uniaxial compression. International Journal of Rock Mechanics and Mining Sciences, 37(3):467—475.

Louis C A. 1969. Study of groundwater flow in jointed rock and its influence on the atability of rock masses. London: Rock Mechanics Research Report 10, Imperial College.

Maranini E, Brignoli M. 1999. Creep behaviour of a weak rock: experimental characterization. International Journal of Rock Mechanics and Mining Sciences, 36(1):127—138.

McKee C R, Bumb A C, Koenig R A. 1988. Stress-dependent permeability and porosity of coal and other geologic formations. SPE Formation Evalution, 1:81—91.

Okubo S, Nishimatsu Y, Fukui K. 1991. Complete creep curves under uniaxial compression. International Journal of Rock Mechanics and Mining Sciences & Geomechanics Abstracts, 28(1): 77—82.

Shao J F, Chau K T, Feng X T. 2006. Modeling of anisotropic damage and creep deformation in brittle rocks. International Journal of Rock Mechanics and Mining Sciences, 43(4):582—592.

Shao J F, Hoxha D, Bart M. 1999. Modelling of induced anisotropic damage in granites. International Journal of Rock Mechanics and Mining Sciences, 36(8):1001—1012.

Shao J F, Chau K T, Feng X T. 2006. Modeling of anisotropic damage and creep deformation in brittle rocks. International Journal of Rock Mechanics & Mining Sciences, 43(4):582—592.

Shiotani T. 2006. Evaluation of long-term stability for rock slope by means of acoustic emission technique. NDT&E International,39(3):217—228.

Snow D T. 1968. Rock fracture spacings,openings,and porosities. Journal Soil Mechanics Foundations Division,94(SM1):73—91.

Steipi D,Gioda G. 2009. Visco-plastic behavior around advancing tunnels squeezing rock. Rock Mechanics and Rock Engineering,42(2):319—339.